龙卷风的数值仿真

刘震卿 著

华中科技大学出版社
中国·武汉

图书在版编目(CIP)数据

龙卷风的数值仿真/刘震卿著.—武汉:华中科技大学出版社,2021.3
ISBN 978-7-5680-7102-4

Ⅰ.①龙…　Ⅱ.①刘…　Ⅲ.①龙卷风-灾害防治　Ⅳ.①P445

中国版本图书馆 CIP 数据核字(2021)第 091052 号

龙卷风的数值仿真　　刘震卿　著
Longjuanfeng de Shuzhi Fangzhen

策划编辑:金　紫　杜　雄
责任编辑:黄　勇
责任校对:李　琴
封面设计:原色设计
责任监印:朱　玢
出版发行:华中科技大学出版社(中国·武汉)　　电话:(027)81321913
武汉市东湖新技术开发区华工科技园　　邮编:430223
录　　排:华中科技大学惠友文印中心
印　　刷:武汉开心印印刷有限公司
开　　本:787mm×1092mm　1/16
印　　张:13.75
字　　数:333 千字
版　　次:2021 年 3 月第 1 版第 1 次印刷
定　　价:78.00 元

前　言

作为极端特异风的一种，龙卷风具有强涡旋、高风速、难预测、易致灾的特点。在我国，龙卷风每年发生200～300次，主要集中在江苏、浙江、广东三省，对我国城镇化水平高、人口密集、经济发达的区域造成严重威胁。2004—2019年，龙卷风给我国造成的年平均经济损失逾7.6亿元，仅2015年发生在广东省佛山市顺德区的一例龙卷风灾害，就造成了逾10亿元的损失，而发生在2016年6月23日江苏省盐城市的龙卷风，更是造成了99人死亡、846人受伤的重大灾害。我国已成为仅次于美国的龙卷风第二受灾国，龙卷风也已成为风工程领域的研究热点。目前关于龙卷风的相关研究面临以下问题。

（1）土木工程结构多存于近地表区域，实验室龙卷风发生装置中较大的缩尺比使准确测量近地表风场异常困难，导致龙卷风时空分布数据匮乏、演化机理不清、数学模型缺失。因此，有必要发展一套可准确再现龙卷风风场，尤其是近地表风场的计算仿真体系，以获得详尽的风场数据，厘清演化机理。

（2）实验室模拟龙卷风的雷诺数远低于真实龙卷风。能否利用实验室模拟的低雷诺数的龙卷风再现真实的高雷诺数的龙卷风，以及如何建立两者之间的有效联系，是龙卷风研究中亟待解决的问题。

（3）目前绝大部分风洞仅能生成直线型风，难以再现龙卷风这种具有大曲率涡旋的流场结构。能否通过风洞获取大曲率龙卷风而引起的建筑风荷载，以及如何简化建筑龙卷风荷载获取方法，是迫切需要解决的问题。

（4）龙卷风飞掷物是最重要的龙卷风致灾因素之一，为了满足飞掷物相似比要求，相关的试验模拟需在较大尺寸的龙卷风模拟器中开展。而满足尺寸要求的龙卷风模拟器极为有限，且在龙卷风模拟器中难以观测飞掷物运行轨迹，进而限制了龙卷风飞掷物的研究。因此，有必要采用数值仿真的手段进行龙卷风飞掷物的相关研究。

2010年，作者开始在日本东京大学攻读博士学位，第一次接触到龙卷风数值仿真这一前沿领域，并在Takeshi Ishihara教授的指导下于2013年完成了题为“LESモデルを用いた数値流体解析による竜巻状渦に伴う流れ场と空気力に関する研究”（中文：龙卷风风场与气动力的大涡模拟研究）的博士课题。作者从2015年回国后延续博士课题方向，进一步对龙卷风雷诺数效应、龙卷风涡旋破裂以及龙卷风飞掷物进行了较为深入的研究，初步建立了龙卷风计算仿真体系，构建了龙卷风时空演化模型，揭示了龙卷风移动与地表阻抗条件下风场畸变机理，探明了龙卷风雷诺效应与演化机制，提出了龙卷风解析模型与荷载简化计算理论，在国际上率先开展了龙卷风飞掷物研究并探明了飞掷物运行与分布规律。

本书对龙卷风数值仿真领域的相关研究进行了较为全面的梳理，共分为12章。第1章为本书概述，主要介绍龙卷风的研究背景及其分类；第2章介绍了数值模拟方法基础；第3章对龙卷风涡旋触地这一过渡阶段进行了详细研究；第4章介绍了各类型龙卷风的三维湍流流场，并进行了涡核区动量收支分析；第5章在前几章的基础上系统研究了雷诺数在1.6

$\times 10^3 \sim 1.6\times 10^6$ 范围内龙卷风流场的雷诺数效应;第 6 章对龙卷风亚临界涡旋破裂阶段进行了详细研究;第 7 章分析了地面粗糙度和龙卷风平移对流场的影响;第 8 章研究了龙卷风诱导气动力,并提出了简化评估方法;第 9 章模拟了冷却塔上龙卷风引起的荷载,并探明了其风荷载动力学特性;第 10 章和第 11 章对不同阶段龙卷风引起的飞掷物进行了数值研究;第 12 章探讨了飞掷物撞击建筑物表面的相关特性。

本书全部内容均基于作者十余年来在龙卷风数值仿真领域中理论和实践的总结。研究生卞维福、胡一冉、李伟鹏、曹益文、樊双龙、彭杰协助完成了本书初稿的撰写,李伟鹏承担了绘图与文字校对工作,胡一冉承担了所有公式的编辑工作,国家自然科学基金(项目号:51608220)资助了本书的编撰与出版,出版社的编辑人员对书稿进行了反复校核,在此一并表示衷心的感谢。

由于算力限制,目前作者所开展的龙卷风数值仿真研究仍有较多问题尚未解决,在本书各个章节中对研究缺陷与研究方向也均作出了讨论,希望能给予读者一定启发。本书难免存在不当之处,敬请广大读者、学者、专家批评指正。

刘震卿
2021 年 3 月

目　录

第 1 章　概述 …… 1
1.1　研究背景 …… 2
1.2　龙卷风的分类 …… 3
1.3　文献综述 …… 5
1.4　本书的目的和结构 …… 11
第 2 章　数值方法 …… 13
2.1　有限体积法 …… 13
2.2　LES 湍流模型 …… 15
2.3　地面粗糙度和龙卷风平移模拟方法 …… 17
2.4　滑动网格法 …… 18
2.5　收敛标准 …… 18
2.6　粒子模型 …… 19
2.7　总结 …… 20
第 3 章　龙卷风状涡旋动力学研究 …… 21
3.1　数值模拟参数 …… 21
3.2　湍流特征 …… 24
3.3　龙卷风状涡旋的动力特性 …… 33
3.4　总结 …… 38
第 4 章　龙卷风状涡旋的相似性 …… 40
4.1　数值模拟参数 …… 40
4.2　流场特性 …… 43
4.3　相似性分析 …… 57
4.4　总结 …… 61
第 5 章　龙卷风状涡旋流场的雷诺数效应 …… 63
5.1　模拟方法 …… 63
5.2　结果和讨论 …… 66
5.3　总结 …… 87
第 6 章　亚临界涡旋破裂阶段龙卷风 …… 88
6.1　流场数据 …… 89
6.2　瞬时流场 …… 100
6.3　总结 …… 105
第 7 章　粗糙度和龙卷风平移影响 …… 107
7.1　数值模拟参数 …… 107

7.2 时间平均流场 …… 109
7.3 龙卷风涡旋的相似性 …… 118
7.4 总结 …… 120
第 8 章 龙卷风诱导气动力 …… 121
8.1 数值模拟参数 …… 121
8.2 数值模拟结果 …… 124
8.3 龙卷风诱导气动力的风洞预测方法 …… 127
8.4 总结 …… 132
第 9 章 龙卷风致冷却塔风载 …… 133
9.1 数值模型 …… 133
9.2 数值模型的验证 …… 138
9.3 冷却塔风荷载 …… 140
9.4 结论与讨论 …… 145
第 10 章 位于不同阶段龙卷风的紧致型飞掷物 …… 147
10.1 数值模型 …… 147
10.2 结果和讨论 …… 149
10.3 总结 …… 166
第 11 章 多涡龙卷风引起的紧致型飞掷物 …… 168
11.1 工况设置 …… 168
11.2 结果和讨论 …… 169
11.3 总结 …… 183
第 12 章 龙卷风飞掷物对低层建筑的影响 …… 185
12.1 工况设置 …… 185
12.2 结果和分析 …… 186
12.3 总结 …… 198
附录 A 轴对称 N-S 方程动量收支平衡的计算 …… 200
附录 B 一种模拟地面粗糙度的方法 …… 201
附录 C 直线风荷载 …… 203
参考文献 …… 205

第1章　概　　述

龙卷风被定义为“悬挂在积雨云上的一种猛烈旋转的气柱，且几乎总是以漏斗云的形式出现”。在局部空间尺度上，龙卷风是破坏性最大的一种大气现象（Huschke，1959[45]）。龙卷风的风速可达 200 km/h，直径约为 76 m，并且在消散之前会行进数千米。最极端的龙卷风风速可达 483 km/h，绵延 3.2 km，会在地面行进数十千米。

龙卷风通常由一种被称为“超晶格”的雷暴发展而来。超晶格中包含中尺度气旋——一个位于大气中几千米高的有组织的旋转区域，通常为 2～10 km 宽。产生自超晶格的龙卷风大多数都遵循一个可识别的生命周期。当出现不断增加的降雨并伴随着一块快速下降的空气区域时，就会产生龙卷风。下沉气流在接近地面时加速，并将超晶格旋转的中气旋拖向地面。当中气旋降低到云层底部以下时，风暴的下沉气流区中潮湿的空气被吸走，上升气流中的暖空气和冷空气汇聚，形成旋转的壁云。随着上升气流的增强，在表面形成一个低压区，以一个可见的冷凝漏斗云的形式将聚集的中气旋拉下来，便形成了龙卷风。虽然上述龙卷风形成的过程不完整，很多形成过程中的细节没有描述出来。但是，从工程角度来看，龙卷风是如何形成的并不重要，因为工程师们所关心的是龙卷风中流场与土木结构的相互作用，以及如何设计能够抵抗龙卷风袭击的建筑结构。因此，龙卷风中流场和作用在建筑物上的气动力是本书的主要研究内容。

为便于讨论，Lewellen[1997][62]和 Snow[1978][104]将气流划分为如图 1.1 所示的 5 个区域。

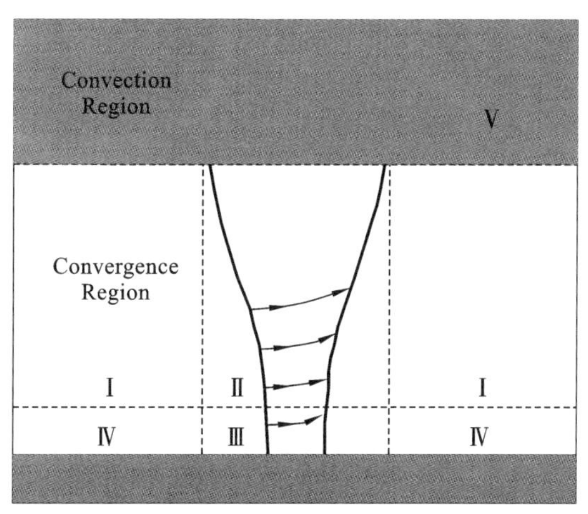

图 1.1　理想化的龙卷风涡旋示意图（摘自 Snow[1978][104]）

注：1. 区域Ⅰ，外部流动区；区域Ⅱ，涡核区；区域Ⅲ，角部区；区域Ⅳ，流入层；区域Ⅴ，对流层。

2. 角部区风速最大，压降最大，是最危险的区域，因此将以角部区（区域Ⅲ）作为研究重点。

在区域Ⅰ,气流呈螺旋状向内、向上流动,当靠近涡核时,流入的空气团角动量维持不变。区域Ⅱ是涡旋的中心,在自然界龙卷风中,该区域由云层底部延伸出来的漏斗状悬挂风团形成。区域Ⅲ被称为角部区,该区域由于流场湍流严重且位置非常接近地面,因此是龙卷风中最不为人所了解的区域。区域Ⅳ是向角部区提供动量的边界流入层。区域Ⅴ包含升力驱动的上升流,以维持整个龙卷风系统。

本章将首先介绍研究背景,然后对龙卷风的一些相关特征进行简要的概述。最后,回顾近几十年来与龙卷风研究相关的文献,再从这些文献综述中发现问题,提出本书研究的目标和大纲。

1.1 研究背景

根据一些气候科学家的说法,随着全球气候变暖,在春季盛行的龙卷风会成为某些龙卷风多发地区的"常客"。

日本全国各地都存在受龙卷风袭击的风险。例如,2006 年,在宫崎市第 13 号台风期间形成的龙卷风造成 3 人死亡,100 多人受伤,该龙卷风同时也摧毁了新干线上的一列特快列车。同年,北海道发生一场龙卷风,一座装配式房屋被摧毁,直接造成 9 人死亡。2012 年在茨城县发生了一场 F3 级龙卷风,造成 1 名高中生死亡,约 50 人受伤。

尽管除南极洲以外的每个大陆几乎都能观测到龙卷风,但是世界上绝大多数龙卷风还是发生在美国的"龙卷风走廊"地区,并且在过去的几十年中,龙卷风发生频率有所增加,美国过去 50 年间的龙卷风数量如图 1.2 所示。20 世纪 60 年代,美国每年发生龙卷风的次数大约是 500 次,然而在最近的 10 年中,每年的发生次数达 1000 多次,不仅发生次数在增加,造成的死亡人数也在上升。2011 年,美国发生的龙卷风造成 500 多人死亡,数千人受伤。其中观测到的一些龙卷风最大风速超过 140 m/s,是台风的几倍,具有极大的破坏性。为了让人们意识到龙卷风的巨大破坏力,相关研究人员已经使用诸多方式来解释这一自然现象。虽然现今已经存在一些相关方面的研究,但仍有很多问题亟待解决。

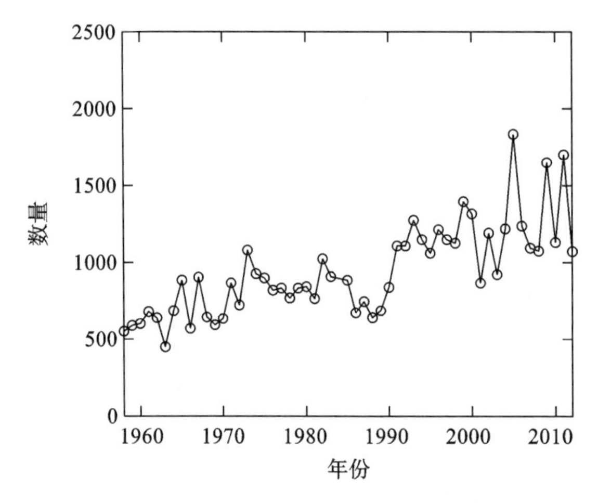

图 1.2 美国过去 50 年间的龙卷风数量

1.2 龙卷风的分类

为了系统地研究龙卷风，研究人员面临的第一个挑战是如何对龙卷风进行分类。在观测中，学者们提出藤田尺度法这个分类方法，并且在实验模拟中也发现了几种典型的龙卷风类型。接下来将简要介绍藤田尺度法和典型的龙卷风类型。

1.2.1 藤田尺度法

20世纪70年代，Fujita[1978][32]提出一种通过观察龙卷风造成的破坏程度来估计龙卷风风速，进而对其进行分类的方法，这个分类方法被称为藤田尺度法。表1.1给出了藤田尺度法中各等级龙卷风的破坏程度以及相应的最大切向速度、最大风速和预计涡核半径。龙卷风的等级分为F0～F5，如果龙卷风没有造成任何结构破坏或破坏很小，即为F0级，损伤越大，F值越高。藤田尺度法为研究人员提供了关于风速和涡核半径之间关系的重要信息，即龙卷风规模越大，风速越高。这对本书找到观测龙卷风和第4章中实验室模拟以及数值建模的龙卷风之间的关系起到重要作用。

表1.1 龙卷风破坏等级(选自Fujita[1978][32])

等级	最大切向速度/(m/s)	最大风速/(m/s)	预计涡核半径/m	破坏程度
F0	12.9～22.8	18.0～32.4	23.0～40.6	轻度
F1	22.8～35.0	32.4～50.4	40.6～62.2	中度
F2	35.0～48.2	50.4～70.7	62.2～85.7	重度
F3	48.2～62.3	70.7～92.7	85.7～110.7	严重
F4	62.3～77.5	92.7～117.0	110.7～137.8	破坏性
F5	77.5～93.5	117.0～143.1	137.8～162.2	极度破坏性

1.2.2 典型的龙卷风类型

目前还没有关于真实龙卷风时间演变的完整图像，但可以从实验室模拟和数值模拟的龙卷风状涡旋中推断出来，且这种模拟的涡旋必须是通过对实际流动的涡旋进行全尺度简化而形成的。通过对龙卷风适当地进行缩放，并且保留基本的物理机制，就可以从实验结果中获得大量的物理信息。Monji[1985][79]研究了雷诺数和涡流比这两个无量纲参数对龙卷风结构的影响，并定义这两个参数为：

$$Re=\frac{W_0 D}{\nu} \tag{1.1}$$

$$S=\frac{\tan\theta}{2a} \tag{1.2}$$

式中，W_0表示上吸孔的平均垂直速度；D表示上吸孔的直径；ν表示流体的黏度；θ表示导叶方向；$a=H/R$表示高宽比，H表示流入层高度。不同涡旋的形成取决于雷诺数和涡流比的组合。但是,除低雷诺数区域外,涡旋类型对雷诺数的依赖性并不明显,涡旋类型随雷诺数和涡流比的变化图如图 1.3 所示。由于龙卷风结构对雷诺数的依赖性较低,因此本书对考察的所有情况都采用固定的雷诺数。

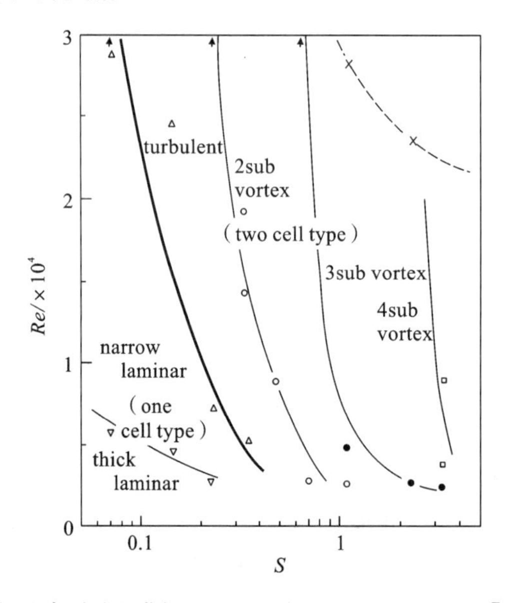

图 1.3　涡旋类型随雷诺数和涡流比的变化图(摘自 Monji[1985][79])

注:1. 单核和双核结构的边界用粗实曲线表示,右上角被一条虚线包围的区域是因湍流太大而无法识别的无组织运动区域。

2. 圆形、三角形和其他小符号表示观察点。

图 1.4 为 Mitsuta 和 Monji[1984][77]在实验室中成功复制出的龙卷风类型。为了清楚地讨论流型的特征,图中还提供了 Snow[1982][105]综述中的图解说明(右侧图)。当涡流比较小时,气流在较宽的范围内盘旋上升,边界层流可以附着在地面上,直接穿透涡核。这一阶段主要以旋转平衡为主,流场为层流(Ishihara 等,2011[47])。如图 1.4(a)和图 1.4(b)所示,涡核的流动方向是向上的,这种涡旋又称单核涡旋。

随着涡流比进一步增大,使得原本稳定的层流变得不稳定,涡泡增大,垂直向上的速度也在此终止,并形成分离点。流过边界层的流量与边界层上方的流量之比增大,底部附近的中心射流增强。这个阶段的核心结构如图 1.4(c)和图 1.4(d)所示。破裂点最初的平均位置在高处,随着涡流比的增大,该点将向地面移动。破裂点以下的流场主要为层状流场。然而,这一阶段的破裂点并不稳定,它的位置会沿着中心线上下移动,因此在该分离点的平均位置可以测量到最大的湍流。

当涡流比继续增大时,主破裂点被迫通过表面边界层,使入流在驻环表面分离,留下一个平静的内部亚核心。旋流趋向于稍微向内射流,然后向上和向外运动。随着破裂涡泡向下移动到表面,涡核扩张,可以看到如图 1.4(e)和图 1.4(f)所示的清晰的双核结构,这种涡旋也称为双核涡旋。

当涡流比的值达到很高时,涡核继续扩张。通过对龙卷风留下的破坏痕迹以及 Mitsuta 和 Monji[1984][77]在实验室重现的高涡流比涡旋的观察,发现对于极高涡流比的龙卷风,在

龙卷风内部存在一个有组织的子结构。图1.4(h)描绘的是3种子涡的典型结构。但是,Snow[1982][105]指出,子涡并不稳定,且倾向于在有利象限形成,围绕涡核旋转后便迅速减弱,随后消散并产生一个新的子涡。不过这种持续围绕龙卷风涡核旋转的"准定常"模式十分罕见。

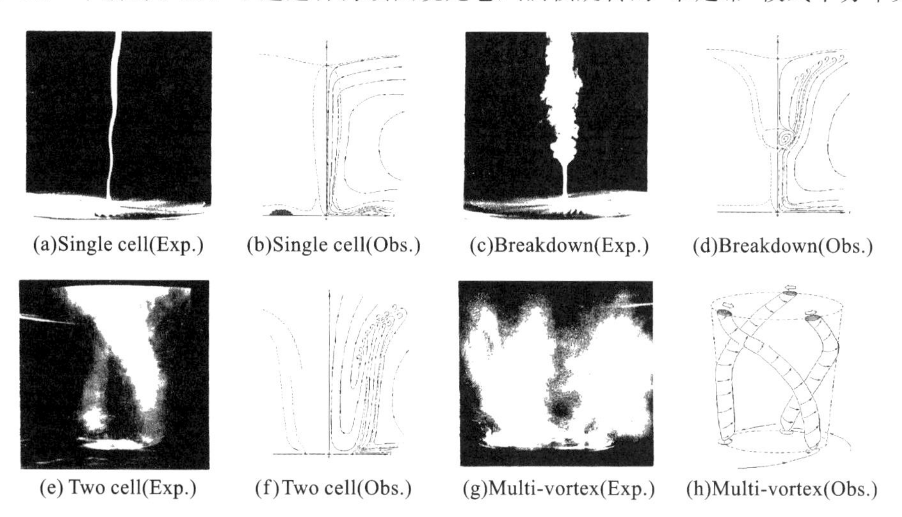

(a)Single cell(Exp.) (b)Single cell(Obs.) (c)Breakdown(Exp.) (d)Breakdown(Obs.)

(e) Two cell(Exp.) (f)Two cell(Obs.) (g)Multi-vortex(Exp.) (h)Multi-vortex(Obs.)

图1.4 实验室模拟的各龙卷风状(摘自 Mitsuta 和 Monji[1984][77])及图解说明(摘自 Snow[1982][105])

1.3 文献综述

正如本章开始时所提到的,对于土木工程师来说,龙卷风涡旋的形成和增强过程并不是他们需要关注的问题。土木工程师希望弄清楚的是龙卷风的动力特性,特别是在龙卷风中形成的强烈柱状涡旋的特性。本节主要目的是物理性地解释涡核附近的流场、地面粗糙度和龙卷风平移的影响,以及龙卷风诱导产生的气动力影响,并阐述不同情况下龙卷风中飞掷物的特性及影响。

1.3.1 流场

研究流场的方法包括对自然界的龙卷风的流场研究、理论分析、实验室模拟和数值模拟。这里从龙卷风观测开始,因为这是学者们用来研究这一自然现象的第一种方法。

1. 龙卷风观测

早期关于观测自然发生的龙卷风的科学研究可以追溯到60年前。由于早期观测方法的局限性,观测者使用的是高质量的龙卷风胶片,通过追踪在龙卷风周围循环的碎云和飞掷物的运动速率来推导风速,如Hoecker[1960][40]。1957年4月2日,天文台观测到达拉斯当日的龙卷风,并计算出了在地面以上一段半径范围和高度范围内切向和垂直风速分量的有限分布,这是第一次获得真实龙卷风的切向和垂直方向的风速分布。

Hoecker[1961][41]利用观测到的切向风速分布和回旋平衡方程$\frac{\partial p}{\partial r}=\rho v^2/r$(其中,$p$为

压力，r 为径向距离，ρ 为空气密度，v 为切向速度)计算出达拉斯龙卷风的三维压力场。尽管压力场是间接计算出的，但其压力数据可以用来解释龙卷风漏斗云形状和大小的变化、龙卷风气流的非典型概念，以及对密闭和通风的建筑的影响。

随着多普勒雷达的发展，Brown 等[1978][10]的研究使采用多普勒雷达测量龙卷风成为可能。研究中发现，在 1973 年 5 月 24 日俄克拉荷马州一场龙卷风的平均多普勒速度数据中出现了独特的龙卷风涡流特征，对这一龙卷风的探测首次证实了云底部以上的龙卷风活动。

在过去的几十年里，Wurman 和 Alexander[2005][119]发明了一种名为"车轮上的多普勒(DOW)"的设备，它由 3 辆装有多普勒天气雷达盘的卡车、1 辆支援车和 3 辆在龙卷风中部署仪表舱的仪表车组成。利用该设备得到了 1998 年 5 月 30 日南达科他州 Spencer 龙卷风的流场，发现龙卷风风速随高度的变化在 200 m 以下的地区最为明显，纵向横截面显示龙卷风的最低层处存在强汇流区。

Rasmussen 和 Straka[2007][92]分析了于 1995 年 6 月发生在得克萨斯州迪米特附近观测到的龙卷风的演变规律。他们利用多普勒雷达得到的数据研究了龙卷风的动力特性，并在此基础上提出龙卷气旋演化的一些假设。

Alexander[2010][2]试图从大型观测数据库中描述超晶格龙卷风及其附近高风速环境下的结构和动力特性，并为此开发出一套算法，将其应用于多普勒雷达观测以保证观测效果，以及检测、跟踪和提取与龙卷风相关的属性。

2. 理论分析

一些研究者通过对真实龙卷风和实验室涡旋资料的分析，发现涡径向角动量通量是向内的，但平衡的一个重要因素是表面摩擦阻力，这与以往的龙卷风动力学理论不同，它意味着平均流入和湍流流出之间的角动量方程是平衡的。因此，Lilly[1969][64]提出了一种基于非黏性动力学方程的理论，可以在合适的低摩擦边界条件约束下求解得出表面摩擦阻力。该解在一定程度上阐明了在龙卷风和其他涡旋条件下气旋和静压近似的意义和有效性。

Kuo[1965][56]通过使用等势温度和密度，建立了一个简化但足够精确的方程组，以用于大气对流问题，并通过引入一个简单的模型，将方程组应用于对流大气涡旋的动力学研究。Kuo[1970][57]后来通过求解径向速度和垂直速度分布的两个非线性边界层方程，得到一个龙卷风状涡旋边界层的三维流动，该三维流动包含大尺度涡核区域和接近涡核的外部区域。在涡核区域的流动是埃克曼层类型，速度在垂直方向上呈振荡分布。基于之前的分析研究，Kuo[1982][58]通过幂级数展开求解垂直速度的非线性边界层方程，并用涡廓线参数表示展开系数，从理论上分析了二次表面应力对龙卷风状涡旋边界层流动二维结构的影响。结果表明，应力子层对主边界层顶部的垂直运动有显著影响。

3. 实验室模拟

Wan 和 Chang[1972][111]首先对龙卷风状涡旋进行物理模拟。他们使用龙卷风模拟器来确定龙卷风状涡旋内部切向速度和径向速度剖面。这种类型的模拟器能够在光滑平面上创建一种能够很好模拟自然龙卷风的流动模式。Ward[1972][115]使用直流蜂窝状结构改进 Wan 和 Chang[1972][111]的模拟器，该设计成为后来龙卷风模拟器的原型，并被命名为

“Ward型”模拟器。Davies-Jones[1973][20]利用“Ward型”模拟器探究涡核半径与涡流比的关系，发现Ⅰ区湍流涡核半径主要为涡流比的函数。因此，对于给定的循环和上升气流半径，需要较高流量才能产生集中涡流。

Jischke[1975][128]用“Ward型”模拟器测量涡流流场，采用冯·卡门动量积分法对旋转涡流流场引起的湍流边界层进行理论研究。Church等[1977][15]对这种“Ward型”模拟器进行修改，使用旋转金属丝网提供环流，并确定了初级涡流中存在的二次循环流。他们探究了龙卷风状涡旋作为涡流比函数的特征，并在研究中标注了单核涡旋结构向双核涡旋结构、双核涡旋结构向三核涡旋结构转换的过渡点。

Monji[1982][78]在总结龙卷风状涡旋的实验室模拟发展的基础上，指出实验室模拟中还存在的一些问题，即：①应解释湍流对平均流场的影响；②非常接近地面的流场难以测量；③应检查由于龙卷风平移引起的涡流的倾斜度；④难以测量龙卷风状涡旋中的湍流。本书将对这4个问题进行数值模拟分析。

Monji[1985][79]对“Ward型”模拟器进行改进，去掉了旋转隔子，并在底部添加导叶以提供角动量。他们主要研究多涡结构，并利用烟雾测量了涡核尺寸、最大速度和其他次涡的特性。速度场的平均值和波动由热线风力机测量。分别以雷诺数和涡流比为函数表示各种类型的涡旋，比如单核、双核或多核涡旋。与雷诺数相比，涡流比是描述涡旋类型更为重要的参数，如图1.3所示。

Haan等[2008][36]采用“Top-Down”的方法设计了一种新的模拟器。该模拟器比前述模拟器更接近真实情况，采用旋转沉流技术，可产生沿地表的涡旋平移，并且可与附着于地面的结构模型相互作用。通过对一般流动结构和切向速度归一化剖面进行分析，结果表明该模拟器模拟结果与Wurman和Alexander[2005][119]得到的雷达数据吻合较好。

4. 数值模拟

随着计算机技术的进步，研究者们进行了很多数值研究，比如Rotunno[1977][98]，Wilson[1977][117]，Nolan和Farrell[1999][84]，D. C. Lewellen和W. S. Lewellen[2007][60]，Lewellen等[1997][62]，Lewellen等[2000][61]，Hangan和Kim[2008][37]，Ishihara等[2011][47]，Ishihara和Liu[2014][46]等，主要有以下3种研究方法。

第1种方法是在二维圆柱坐标内求解轴对称N-S方程。Rotunno[1977][98]是第一个采用数值模拟方法模拟涡流的学者，并通过与Ward[1972][115]实验室测量结果的对比验证了该数值模型的正确性。与Monji[1985][79]的结论相同，Rotunno[1977][98]发现在高雷诺数时，涡核半径与雷诺数无关。Wilson和Rotunno[1986][118]用同样的数值模拟方法对近壁层流进行校核，结果表明，近壁层流的边界层和涡核区域的动力特性主要是无黏性的，这种无黏性性质可以通过检验动量方程中各项平衡得到。Smith[1987][103]研究了轴对称龙卷风状涡旋模型的横向和上部边界条件，以确定这些边界条件的改变是否对涡流的发展有显著影响。研究发现，在高旋流条件下，改变上边界的速度场，压力场涡流仍然无明显变化。Nolan和Farrell[1999][84]通过研究轴对称龙卷风状涡旋结构和动力特性，定义了内部涡流比和涡流雷诺数，提出涡流雷诺数是预测涡结构的有效参数。但是，当涡旋经历破裂阶段时，会突然膨胀，并有徘徊运动的趋势。因此，流动将不再是轴对称的，而这也意味着无法用二维轴对称模型对其进行模拟。

第 2 种方法是三维全尺寸仿真。Lewellen 等[1997][62]对龙卷风涡旋与表面的相互作用进行大涡模拟,试图明确湍流运输特性。结果表明,地表最大旋流速度比上部圆柱区域的最大旋流速度大 60%。Lewellen 等[2000][61]定义了局部涡流比概念,并发现了临界涡流比。在临界涡流比下,最大旋流速度出现在离地面非常近的地方。Gong[2006][34]通过研究飞掷物对龙卷风结构本身的影响,确定了影响飞掷物动力特性的 3 个关键无量纲参数:局部涡流比、特征核速度尺度与自由落体颗粒末端速度之比、涡核流体的特征径向加速度与重力之比。Lewellen 等[2007][60]研究了局部涡流比对角部流动结构和流动增强的作用,并提出在一些更普遍的角部流动中如何得到更大强化因子的方法。但是,实验室观测的数据较为有限。

第 3 种方法是实验室尺度的三维模拟。Kuai 等[2008][54]对龙卷风流场进行模拟,发现 CFD 模型就能够很好地捕捉两种龙卷风的流动特性。Hangan 和 Kim[2008][37]应用 URANS 模型研究涡流比对龙卷风涡旋的影响,结果表明高涡流比涡旋的结果与 Spencer 龙卷风的全尺度数据相匹配。Ishihara 等[2011][47]利用 LES 湍流模型模拟出两种龙卷风涡旋的流场,并与实验室模拟器进行对比来证实该模型的有效性,同时还利用轴对称时均 N-S 方程,探究单核和双核涡旋的形成。Ishihara 和 Liu[2014][46]研究了一种被称为“涡旋触地”的临界状态,用来揭示边界层和角部区域龙卷风状涡旋的动力特性,研究给出了湍流流场的综合图像,并通过力平衡分析检验湍流对平均流动的影响。然而,对于如何将仿真器缩放到真实比例的方法还需要继续研究。

1.3.2 地面粗糙度和龙卷风平移的影响

1. 地面粗糙度影响

Dessens[1972][21]通过实验室模拟研究地面粗糙度对龙卷风的影响。该研究表明,龙卷风通过森林或城镇等地面粗糙度大的地区时将受到很大影响,涡核直径和平均上升气流会增大,而风速会突然减小。与 Dessens[1972][21]的研究不同,Diamond 和 Wilkins[1984][22]的研究发现,引入地面粗糙度后,涡核直径会减小。Leslie[1977][59]通过实验研究地面粗糙度对吸入涡流形成的影响,结果表明:相对于光滑地面,粗糙地面将减弱涡流强度。Monji 和 Wang[1989][80]对 3 种经过不同地面粗糙度的龙卷风进行实验室模拟,得出结论:由于地面粗糙度的影响,在低涡流比时,最大风速位置向上移动,涡核直径增大;而在高涡流比时,这些变化并不明显。为了防止测风探头侵入对边界层流场的扰动,Zhang 和 Sarkar[2009][126]采用 PIV 技术进行测量并研究了地面粗糙度对龙卷风状涡旋的影响。研究表明,地面粗糙度会将高旋流转化为低旋流,并会减小切向速度。研究还发现,随地面粗糙度的增加,涡核直径会减小。Natarajan 和 Hangan[2012][81]通过进行地面粗糙度对龙卷风涡流影响的大涡模拟,得到与 Monji 和 Wang[1989][80]相同的结论。结果发现,在低涡流比的情况下引入地面粗糙度后会增大涡核直径,而在高涡流比情况下这种影响将会减弱。研究还得出结论:地面粗糙度会导致涡流比降低。从以往的实验室模拟和数值模拟中发现,研究人员对地面粗糙度如何影响地面附近流场的看法并不完全一致。

2. 龙卷风平移影响

地面上龙卷风的移动必然会对龙卷风流场结构和动力特性产生一定的影响。Diamond

和 Wilkins[1984][22]进行了一项实验，使用一个安装了可移动接地金属板的改良“Ward 型”模拟器来模拟龙卷风平移，实验发现在平移过程中会产生二次涡旋。在 Lewellen 等[2000][61]的数值研究中，考虑龙卷风平移的影响时，发现表面切应力会产生一个扭矩，这个扭矩趋向于增大涡旋侧的角动量，在这一侧的涡旋速度和表面运动角动量保持一致，同时另一侧的角动量会减小。研究还发现，平移情况下的次级涡旋通常比非平移情况下的少，但该结论仅在高涡流比下的龙卷风进行平移效应时有效。Natarajan 和 Hangan[2012][81]通过数值模拟研究了龙卷风平移对龙卷风在较大涡旋范围内的影响。他们提出，龙卷风平移对龙卷风的影响在不同涡流比范围内也是不相同的。当涡流比较低时，龙卷风平移导致切向速度降低；而当涡流比较高时，龙卷风平移导致的最大平均切向速度略有增大。

1.3.3 龙卷风诱导气动力

随着对龙卷风流场认识的提升，研究龙卷风诱导气动力特性已成为一个新的课题方向。

1. 实验室模拟

考虑到观察自然发生的龙卷风的困难性，实验室模拟是目前研究龙卷风诱导气动力的主要方法。Jischke 和 Light[1983][48]通过修改“Ward 型”模拟器，研究了龙卷风诱导气动力，并提出：与传统的直流风相比，在流场中加入涡旋可以显著改变作用在模型上的力和力矩。此外，他们还认为，了解龙卷风涡流的位置和方向也很重要。Mishra 等[2008][76]使用龙卷风模拟器生成单核龙卷风线性涡旋，并在立方体模型上研究风荷载。结果表明，与直线风和结构的相互作用相比，龙卷风和结构相互作用的压力分布和作用力呈现出明显不同的特点，表明了将龙卷风和结构的相互作用与直线风和结构的相互作用分开研究的必要性，并认为用常规风洞获得的风荷载来表示龙卷风荷载的做法仍待商榷。Haan 等[2010][35]在实验室模拟龙卷风实验中将一个瞬时风荷载加载到一个单层、三角形屋顶的建筑上，并与 Kumar[2010][55]的 ASCE/SEI 7-05 标准规定相比较，发现实验的横向力比标准规定大 50%，垂直上升力比标准规定大 2～3 倍。Hu 等[2011][44]开展了相关实验，研究了几个重要参数对风荷载的影响，包括模型的方向角、模型与龙卷风状涡旋中心的距离等参数。研究发现，龙卷风涡流的位置和方向对作用在模型上的气动力有显著影响。Sabareesh 等[2009][101]通过研究立方体模型上的平均压力系数和峰值压力系数分布来讨论位置和地面粗糙度的影响。Yang 等[2011][122]通过实验研究了高层建筑模型周围龙卷风流动的特征以及实验模型所产生的风荷载。研究发现，高层结构建筑周围龙卷风的流动与传统的边界层风洞有显著不同。然而，由于受实验涡旋模拟器尺寸的限制，为满足几何相似性要求，实验模型尺寸设置得非常小，使得实验模型表面压力难以测量。

2. 数值模拟

数值模拟现已成为一种非常有效的方法，然而有关龙卷风诱导气动力的数值研究还很少。Wilson[1977][117]应用二维数值模型来研究龙卷风对建筑物的影响，但其只计算了水平力，而实际上龙卷风内部的风场是三维的，并且在龙卷风涡核的边界处有强烈的向上流动，这又恰好是造成建筑物破坏的一个重要因素，因此不能用二维数值模型来简化计算。Alrasheedi 和 Selvam[2011][3]应用三维 LES 来比较龙卷风和直流风的风荷载，得出结论：

用传统边界层风洞难以评估龙卷风荷载。但该模型中龙卷风的生成采用的是不含垂直速度分量的 Rankine 涡模型,因而该数值模型只能看作是准三维数值模型。正因如此,有必要对龙卷风诱导气动力进行全三维数值模拟。

1.3.4 龙卷风飞掷物的特性及影响

研究表明,龙卷风引起的建筑物破坏本质上由 3 个因素造成——强风、大压力梯度和龙卷风引起的飞掷物(Baker 和 Sterling,2017[5])。因此,了解龙卷风对破坏建筑物原理的第一步是确定龙卷风中的流场,这项工作主要集中于全尺度观测(Bluestein 等,2003[8];Orwig 和 Schroeder,2007[86];Durañona 等,2007[25])、物理实验模型(Ward,1972[115];Wan 和 Chang,1972[111];Church 等,1979[17];Baker,1981[6];Mitsuta 和 Monji,1984[77];Monji,1985[79];Haan 等,2008[36];Matsui 和 Tamura,2009[72];Zhang 和 Sarkar,2012[127];Tari 等,2010[109];Refan 等,2014[96];Refan 和 Hangan,2016[94];Refan 和 Hangan,2018[95];Tang 等,2018[107];Razavi 和 Sarkar,2018[93];Ashton 等,2019[4]),以及数值模拟(Hangan 和 Kim,2008[37];Ishihara 等,2011[47];Ishihara 和 Liu,2014[46];Liu 和 Ishihara,2015[65];Eguchi 等,2018[26];Yuan 等,2019[123];Gairola 和 Bitsuamlak,2019[33];Kashefizadeh 等,2019[49];Kawaguchi 等,2019[50];Li 等,2019[63])。

随着龙卷风的流动结构变得清晰,在研究过程中发现其中最重要的无量纲参数是涡流比。随着涡流比的增大,涡旋会经历各个阶段。当涡流比较小时,地面上没有集中的涡流。当涡流比较大时,会出现涡旋破裂现象。随着涡流比的进一步增大,涡旋破裂的高度降低。这种类型的龙卷风被称为"溺涡跃变"(Maxworthy,1982[74])。当涡流比进一步增大,涡旋破裂到达表面,并且涡旋变为双核结构。此外,由于涡流比较大,出现了围绕涡流核心旋转的多个涡旋。

除了涡流比,地面粗糙度和龙卷风平移也会影响龙卷风的流场,这在以往的多项研究中均已得到证实(Dessens,1972[21];Diamond 和 Wilkins,1984[22];Zhang 和 Sarkar,2008[125];Natarajan 和 Hangan,2012[81];Liu 和 Ishihara,2016[67];Wang 等,2017[113];Razavi 等,2018[93])。随着对流场的认识更加深入,龙卷风引起的风荷载已成为另一个研究热点。龙卷风对建筑物造成的损坏也可能是由第 3 个因素造成的,即龙卷风引起的飞掷物,其定义是通过剧烈旋转的风拾取和运输的物体,但目前对飞掷物的研究较少。

自 Tachikawa[1983][106]和 Wills 等[2002][116]的开创性工作以来,已经有对传统风(即不伴随龙卷风)引起的飞掷物的研究。研究着重于对飞掷物类型进行分类,同时分析飞掷物的飞行条件和对建筑物造成的破坏,其中包括紧致型(Holmes 等,2004[42];English 和 Holmes,2005[27])、薄片型(Holmes 等,2004[42];Tachikawa,1983[106];Wang,2003[114])以及棒型(Richards 等,2008[97])飞掷物。

Crawford[2012][18]是实验研究龙卷风飞掷物的第一人。在他的研究中,通过爱荷华州立大学(ISU)的龙卷风模拟器,探讨了两种飞掷物(即球体和圆柱体飞掷物)的自由飞行轨迹。研究过程使用两个摄像机捕获实验中飞掷物的轨迹坐标,并将其与数值预测的坐标进行比较。在数值模拟的轨迹中,采用在龙卷风模拟中测得的平均流场,并根据龙卷风的相对速度计算作用在飞掷物上的气动力。使用恒定加速度积分法递推其自由飞行轨迹。球体和

圆柱体的观测轨迹与模拟轨迹之间的误差开始很小,但随着时间的增加,误差逐渐增大。在研究中,对轨迹进行数值预测时未考虑龙卷风中存在的剧烈湍流,这可能是导致误差逐渐增大的原因。Bourriez 等[2020][9]使用伯明翰大学龙卷风状涡旋发生器(UoB -TVG)进行研究,阐明了从一座低层建筑产生的龙卷风飞掷物的轨迹。通过数值计算再现了飞掷物的运动轨迹,计算的轨迹与实验轨迹有一定的相似性。然而,用于计算轨迹的轴对称流场并不能反映龙卷风状流场的复杂性。

Maruyama[2011][71]利用 LES 数值模拟生成的龙卷风状涡旋,对龙卷风携带的紧致型飞掷物进行了研究,为了在计算飞掷物轨迹时便于考虑湍流的影响,模拟在三维速度场中进行,并且获得了最大水平速度的统计分布。研究发现,在最大切向速度半径的 1～2 倍处释放的飞掷物具有最大水平速度,而在涡旋核心附近释放的飞掷物则偏差较大。但是,风速和飞掷物速度之间的比较是有限的,尚不清楚风速统计量在多大程度上可以用来准确估计飞掷物速度。

Baker 和 Sterling[2017][5]建立了一个简单的工程模型来预测风速和飞掷物的影响,并据此开发了基于风险的设计方法以对建筑物的龙卷风荷载进行分析。Baker 和 Sterling [2017][5]建立了龙卷风中的飞掷物模型,且确定了重要的无量纲参数。但是,该龙卷风模型在预测龙卷风边界层和龙卷风湍流方面较弱,而这两者在预测飞掷物最大速度时具有重要意义。此外,还没有关于龙卷风飞掷物浓度的相关研究,而这一因素在评估飞掷物冲击能量时非常重要。

1.4 本书的目的和结构

正如前文所述,土木工程师的关注点主要在于探明龙卷风风场分布、地面粗糙度和龙卷风平移影响、龙卷风诱导气动力影响,以及龙卷风飞掷物的特性及影响,因此本书将重点从以上 4 个方面展开。本书利用大涡模拟对各种类型的龙卷风进行深入细致的流场研究,寻找龙卷风的相似规律,并探讨雷诺数对其流场的影响以及亚临界涡旋破裂阶段龙卷风流场的特性。其中,能否找到实验室模拟或数值模拟的龙卷风与藤田尺度分类的真实龙卷风之间的关系,是本书探讨的重点内容之一。针对龙卷风流场的地面粗糙度和龙卷风平移效应,本书提出了模拟这两个因素的计算方法,并对其产生的机理进行了物理分析。目前对龙卷风诱导气动力的了解还不深入,尤其是如何利用传统的风洞或现有的准则来评估龙卷风诱导气动力的问题尚未得到解决。另外,本书最后还探讨了龙卷风引起的飞掷物特性及其影响。

本书第 2 章介绍了数值模拟方法的基础,即 LES 模拟,且考虑到了地面粗糙度和龙卷风平移对模拟结果的影响,并将滑动网格法应用于龙卷风气动力的模拟,采用粒子法来实现流场可视化。第 3 章对涡旋触地这一过渡状态进行了研究,介绍了一种"Ward 型"龙卷风模拟器的数值模型,包括该模型的尺寸、网格分布和边界条件,以此弄清涡流的平均特征和湍流特征。同时,利用轴对称时均 N-S 方程,对力平衡进行检验,以了解湍流对平均流动的贡献,并用谱分析方法研究触地过程中龙卷风状涡旋的运动规律。第 3 章还研究了阵风速度,以便为设计提供有价值的信息。第 4 章通过详细介绍涡旋的三维湍流流场,分析涡流涡核区的力平衡问题，同时指出模拟龙卷风与全尺度龙卷风的相似性，导出局部涡流比与藤田尺度的关系。第 5 章在前几章的基础上，系统研究了雷诺数在 $1.6\times10^3\sim1.6\times10^6$ 范围内龙卷风状涡旋流场的演化情况，并阐明了瞬时流场、平均速度、速度脉动均方根、速度偏度和峰度以及动量收支等代表性参数。第 6 章利用大涡模拟对亚临界涡旋破裂阶段龙卷风进行了详细研究，阐明了其平均流场和脉动特性。此外，还研究了其脉动参数的相关性，并发现了一种特殊的湍流结构。第 7 章给出了地面粗糙度和龙卷风平移的影响。第 8 章研究了龙卷风诱导气动力，并用数值模拟方法计算了龙卷风诱导气动力对典型建筑物的作用，研究了建筑物大小和龙卷风平移的影响以及龙卷风诱导气动力与直流风诱导气动力相差较大的原因，并在此基础上提出了一种利用传统风洞来评估建筑物龙卷风诱导气动力的方法。第 9 章模拟了龙卷风状涡旋中的旋流流场以及冷却塔上由龙卷风引起的风荷载。第 10 章与第 11 章使用大涡模拟对不同阶段龙卷风引起的飞掷物进行了数值研究，第 12 章探讨了飞掷物入射到建筑物表面的特性，并考虑了飞掷物直径和龙卷风中心与建筑物之间的距离两个因素。

第2章 数值方法

本章采用有限体积法(FVM)对所研究物理现象的偏微分方程进行离散化处理。本章所研究的流体均为不可压缩有黏牛顿流体,并认为流体在不可变形的控制体积 Ω 内被控制表面 $\partial\Omega$ 包围。然后,在绝对参照系中导出运动方程。对于不可压缩流,质量和动量可以分别以积分形式表示为:

$$\int_{\partial\Omega}\boldsymbol{u}\cdot n\mathrm{d}S=0 \tag{2.1}$$

$$\frac{\mathrm{d}}{\mathrm{d}t}\int_{\Omega}\boldsymbol{u}\mathrm{d}\Omega=-\int_{\partial\Omega}\boldsymbol{u}(\boldsymbol{u}\cdot n)\mathrm{d}S-\frac{1}{\rho}\int_{\partial\Omega}np\mathrm{d}S+\frac{1}{v}\int_{\partial\Omega}\nabla^2\boldsymbol{u}\mathrm{d}S+\int_{\Omega}f\mathrm{d}\Omega \tag{2.2}$$

式中,$\boldsymbol{u}(x,t)=(u_x,u_y,u_z)$是速度场,$(u_x,u_y,u_z)$是 x,y,z 方向上的速度,(x,y,z)为笛卡尔坐标系下的 x,y,z 坐标,t 为时间,ρ 为密度,p 为静压,v 为流体的黏度,假设为常数,∇为梯度算子,f 为作用于控制体积的所有外力。在本章中,包括重力在内的所有外力都假设为0。

本章将首先简要概述有限体积法的基本概念和公式,然后详细介绍大涡模拟方法,给出地面粗糙度和龙卷风平移的模拟方法。本章还给出了用于模拟龙卷风与结构相互作用的滑动网格方法和收敛准则,最后给出用于流场可视化的粒子显示方法。

2.1 有限体积法

偏微分方程式(2.1)和式(2.2)必须进行离散化处理,以进行数值求解。有限体积法是一种计算偏微分方程的离散化方法,在一个网格中,将某个量以一种离散的方式求出。有限体积是指网格上每个节点周围的小体积,在有限体积法中,包含散度项的偏微分方程中的体积积分,利用散度定理转换为表面积分,然后将这些项计算为每个有限体积表面上的通量。该方法的主要优点是,由于流入给定体积的通量与流出相邻体积的通量是相同的,因此该方法是满足守恒条件的。本节将概述本书应用的空间离散化、时间离散化以及压力-速度解耦方法。有关这一内容的完整参考资料,感兴趣的读者可以参考 Ferziger 等[2002][30]的著作。

2.1.1 空间离散化

因为式(2.2)左边的非稳态项可以从前面的时间步长中显性或隐性地得到,因此可以看作是源项。由于压力场和速度场的解耦,每次迭代时速度分量的压力场都是已知的,因此,第二项也可以视为源项。由此,式(2.2)可以简化为只包含三个部分:平流项、扩散项和源项。速度分量是按顺序计算的,更新后的流场将根据前一次迭代的流场进行计算。最后,可以将式(2.2)进一步简化为已知速度场中关于量 φ 的一般守恒方程:

$$\int_{\partial\Omega}\varphi\boldsymbol{u}\cdot n\mathrm{d}S=\int_{\partial\Omega}\Gamma\nabla\varphi\cdot n\mathrm{d}S+\int_{\Omega}q_{\varphi}\mathrm{d}\Omega \tag{2.3}$$

式中，φ 是(u_x, u_y, u_z)中的任意变量，Γ 是 φ 的扩散系数，通过一个定义了控制体边界的网格将求解域细分为有限数量的小控制体。将式(2.3)应用于计算域中的每个控制体或单元。对于给定的单元，式(2.3)可离散为：

$$\sum_{f}^{N_{\text{faces}}} \varphi_f \boldsymbol{u} \cdot \vec{A}_f = \sum_{f}^{N_{\text{faces}}} \Gamma(\nabla\varphi)_f \cdot \vec{A}_f + q_\varphi V \tag{2.4}$$

式中，N_{faces}表示包围单元的面数，f 为包围单元的面标记，φ_f 为单元表面 f 上的 φ 值，A_f 为面 f 的面积，V 为单元体积。标量 φ 存储在单元中心，但需要从单元中心值插入单元面值 φ_f。本书利用二阶中心差分法完成这一工作，如下所示：

$$\varphi_f = \frac{1}{2}(\varphi_0 + \varphi_1) + \frac{1}{2}(\nabla\varphi_{r,0} \cdot \vec{r}_0 + \nabla\varphi_{r,1} \cdot \vec{r}_1) \tag{2.5}$$

式中，指数 0 和 1 表示公共面 f 的单元，$\vec{r}$ 为单元质心向面心方向的速度矢量。两个相邻控制体积单元如图 2.1 所示。式(2.5)需要确定每个单元内的梯度∇。该梯度由散度定理计算得出，离散形式写为：

$$\nabla\varphi = \frac{1}{V}\sum_{f}^{N_{\text{faces}}} \varphi_f \vec{A}_f \tag{2.6}$$

式中，φ_f 由相邻两个单元的平均 φ 值计算得出。

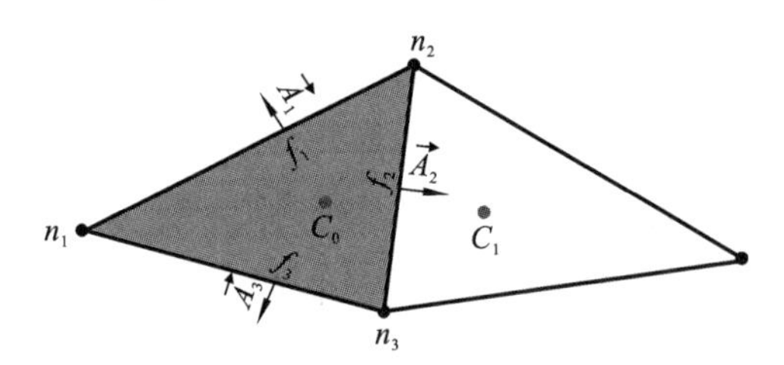

图 2.1　两个相邻控制体积单元的示意图

注：灰色阴影的是单元格 C_0，与之相邻的是单元格 C_1，这两个单元的中心如图所示为“•”。f_1、f_2 和 f_3 是包围单元 C_0 的三个面；$\vec{A}_1$、$\vec{A}_2$ 和 $\vec{A}_3$ 为面 f_i 的外矢量；n_1、n_2 和 n_3 为单元 C_0 的网格节点。

由式(2.5)和式(2.6)建立简化动量方程式(2.3)的空间离散化方程。式(2.3)的线性化形式为：

$$a_P\varphi = \sum_{nb} a_{nb}\varphi_{nb} + b \tag{2.7}$$

式中，下标 P 和 nb 分别表示单元和相邻单元，a_P 和 a_{nb} 为 φ 和 φ_{nb} 的线性化系数。每个单元的相邻单元数量取决于网格拓扑结构，但通常与包围单元的面数相等。网格中的每个单元写出类似的方程后，可得到一组由稀疏矩阵组成系数的代数方程。通过求解离散化方程，可以确定变量 φ。

2.1.2　时间离散化

对于瞬态模拟，控制方程必须在空间和时间上离散。时间方程的空间离散化与稳态情况相同。时间离散化涉及微分方程中每一项在一个时间步长 Δt 上的积分。在该模型中，采用二阶隐式格式离散非稳态项：

$$\varphi_i^{n+1}=\frac{4}{3}\varphi^n-\frac{1}{3}\varphi^{n-1}+\frac{2}{3}\Delta tF(\varphi_i^{n+1}) \tag{2.8}$$

式中，φ_i^{n+1}表示φ^{n+1}的迭代值，迭代进行到φ_i^{n+1}不变时停止。全隐式格式的优点是它在时间步长方面是无条件稳定的。

2.1.3 压力-速度解耦

获取压力场的难点在于：虽然已经给出了速度(u_x,u_y,u_z)和压力 p 的控制方程，但是连续性方程中没有显性地包含 p。动量方程提供了一组离散化的方程，只要我们知道压力场，就可以求解速度，但通过连续性方程式(2.1)不能直接得到压力场。相反，本书使用迭代方法来调整压力场，以确保所得到的速度场满足连续性要求，这种方法一般称为压力修正方法。在每一次迭代中，都会计算压力分布的修正值，目的是让局部速度场满足动量和连续性方程的要求。本书采用半隐式压力联立方程(SIMPLE)算法，关于该算法的细节，读者可以参考 Caretto 等[1973][13]。这里简单地将这个算法过程总结如下：

(1) 设置边界条件；

(2) 假设压强和速度场；

(3) 计算速度和压力梯度；

(4) 求解离散动量方程，以此创建过渡速度场u^*；

(5) 在面m_f^*中计算未修正的质量通量；

(6) 求解压力校正方程，$a_P p'=\sum_{nb}a_{nb}p'_{nb}+b$，其中源项 b 是进入单元的净流量，$b=\sum_f^{N_{\text{faces}}}m^*\vec{A}_f$，以产生压力修正值 p'的单元值；

(7) 迭代压力场，$p^{n+1}=p^n+\omega p'$，ω 是压力的低松弛因子；

(8) 迭代边界压力修正值 p'_b；

(9) 修正表面质量通量：$m_f^{n+1}=m_f^*+m'_f$；

(10) 修正单元速度，$\boldsymbol{u}^{n+1}=\boldsymbol{u}^*-\frac{V\nabla p'}{a_P}$；

(11) 重复以上步骤，直到收敛。

在上述(4)和(6)中，有一组方程待求解，本书采用代数多重网格(AMG)方法求解。Falgout[2006][29]的报告中对该算法进行了详细介绍。

2.2 LES 湍流模型

有些情况下雷诺数较高，流场湍流强度较高，因此准确模拟流动中的湍流是一项必不可少的任务。涡流大尺度运动通常比小尺度运动更具有能量，因此，一种处理大尺度涡流的仿真方法就有了其研究意义，而这也推动了 LES 的其他相关研究。

通过对具有时间依赖性 N-S 方程进行滤波得到 LES 控制方程，滤波过程有效地滤除了尺度小于计算中使用的滤波器宽度或网格间距的涡旋，由此产生的方程控制着大涡旋的动力特征。滤波后的变量定义为：

$$\tilde{\varphi}(x) = \frac{1}{\Omega}\int_{\Omega}\varphi(x)\mathrm{d}x, x \in \Omega \tag{2.9}$$

式中，"～"表示过滤。对 N-S 方程进行滤波，得到：

$$\frac{\partial \rho \tilde{u}_i}{\partial x_i} = 0 \tag{2.10}$$

$$\frac{\partial \rho \tilde{u}_i}{t} + \frac{\partial \rho \tilde{u}_i \tilde{u}_j}{x_j} = \frac{\partial}{\partial x_j}\left(\mu \frac{\partial \tilde{u}_i}{\partial x_j}\right) - \frac{\partial \tilde{p}}{\partial x_i} - \frac{\partial \tau_{ij}}{\partial x_j} \tag{2.11}$$

式中，$\tilde{u}_i$和 p 分别是经过滤波的速度和压力，而τ_{ij}为亚格子尺度(SGS)雷诺应力。SGS 雷诺应力不能直接得到，需要一些模型来估计 SGS 雷诺应力值，这些模型在历史上被称为亚格子模型。LES 湍流模型研究中常用的亚格子模型大致可分为涡黏性模型和尺度相似模型两类。涡黏性模型假设亚格子尺度的应力和大尺度(可分辨)应变率张量之间有直接关系。尺度相似模型涉及双重滤波，它是基于已分辨尺度和未分辨尺度之间的重要相互作用而形成的，这些相互作用由已分辨尺度的最小涡旋和未分辨尺度的最大涡旋引起。本书使用 Smagorinsky[1963][102]提出的涡黏性模型之一——Smagorinsky 模型来估计 SGS 雷诺应力值。该模型计算的 SGS 雷诺应力如下：

$$\tau_{ij} = -2\mu_t \tilde{S}_{ij} + \frac{1}{3}\tau_{kk}\delta_{ij} \tag{2.12}$$

$$\tilde{S}_{ij} = \frac{1}{2}\left(\frac{\partial \tilde{u}_i}{\partial x_j} + \frac{\partial \tilde{u}_j}{\partial x_i}\right) \tag{2.13}$$

式中，μ_t为 SGS 湍流黏度，$\tilde{S}_{ij}$为解析尺度的应变速率张量，δ_{ij}为张量积。SGS 湍流黏度采用 Smagorinsky-Lilly 模型计算：

$$\mu_t = \rho L_s^2 |\tilde{S}| = \rho L_S \sqrt{2\tilde{S}_{ij}\tilde{S}_{ij}} \tag{2.14}$$

$$L_s = \min(Kd,\ C_S V^{1/3}) \tag{2.15}$$

式中，L_s表示亚格子尺度的混合长度；K 是卡门常数，值为 0.42；d 是离墙体最近的距离；C_S为 Smagorinsky 常数。在上述公式中，需要确定 Smagorinsky 常数C_S。这个值可以由 Kolmogorov 常数C_K来假设得到，即：

$$C_S = \frac{1}{\pi^2}\left(\frac{3C_K}{2}\right)^{3/2} \tag{2.16}$$

$C_K \approx 1.4$ 时，得到$C_S \approx 0.033$。Ferziger 等[2002][30]指出，C_S不是常数，它可以是雷诺数或其他无量纲参数的函数，在不同的流动中可能取不同的值。而 Oka 和 Ishihara[2009][85]的研究确定了 Smagorinsky 常数C_S为 0.032。在随后的模拟中，发现该值也适用于实验室模拟的龙卷风状涡旋。

对于相邻壁单元，由层流亚层的应力-应变关系得到壁切应力：

$$\frac{\tilde{u}}{u_\tau} = \frac{\rho u_\tau \Delta y}{\mu} \tag{2.17}$$

当相邻的壁单元的形心位于边界层对数范围内，采用壁面法则得到：

$$\frac{\tilde{u}}{u_\tau} = \frac{1}{K}\ln E\left(\frac{\rho u_\tau \Delta y}{\mu}\right) \tag{2.18}$$

式中，$\tilde{u}$ 为过滤后切向壁面的速度，Δy 为单元中心到壁面的距离，u_τ 为摩擦速度，常数 E 为 9.793。

2.3 地面粗糙度和龙卷风平移模拟方法

如前所述，自然界中的龙卷风总是以一定的速度平移的，而且龙卷风也经常发生在地面粗糙度大的城市地区，因此需要研究模拟地面粗糙度和龙卷风平移的数值方法。本节将首先概述模拟地面粗糙度的方法，然后介绍模拟龙卷风平移的方法。

2.3.1 地面粗糙度模拟

在实验研究中，模拟地面粗糙度是通过使用粗糙元的形式，并通过改变块的面密度来改变粗糙度大小。根据这一思路，Natarajan 和 Hangan[2012][81] 在数值研究中，通过在地表添加一些锥形钉来实现对地面粗糙度的物理模拟。然而，使用这种方法会给生成网格带来较大困难。Enoki 和 Ishihara[2012][28] 通过在 N-S 方程式(2.10)、式(2.11)中加入适当的动量源项，提出一种数值模拟地面粗糙度的方法，见下式：

$$\rho\frac{\partial\tilde{u}_i}{\partial t}+\rho\frac{\partial\tilde{u}_i\tilde{u}_j}{\partial x_j}=\frac{\partial}{\partial x_j}\left(\mu\frac{\partial\tilde{u}_i}{\partial x_j}\right)-\frac{\partial\tilde{p}}{\partial x_i}-\frac{\partial\tau_{ij}}{\partial x_j}+f_{\tilde{u},i} \tag{2.19}$$

式中，$f_{\tilde{u},i}$ 是第 i 个动量方程的源项，可以通过下式计算：

$$f_{\tilde{u},i}=-\frac{1}{2}\rho C_{D,\tilde{u}_i}a_{\tilde{u}}\tilde{u}_{mag}\tilde{u}_i \tag{2.20}$$

式中，$C_{D,\tilde{u}_i}$ 为粗糙度的阻力系数，其值可由 $\min\left[\frac{1.53}{1-\gamma_u},2.75(1-\gamma_u)\right]$ 来确定，γ_u 为建筑所占的体积与粗糙度地区网格所占体积之比；正面积密度 $a_{\tilde{u}}$ 定义为方向面积 x_i 与带有粗糙度的流体体积的比值；$\tilde{u}_{mag}$ 是速度的大小。后面的研究将应用这种方法来考虑地面粗糙度对龙卷风的影响。

本书模拟的是类似城市核心的这种极端情况，因此选择了 50 m 作为粗糙度区域高度 h_0，并假设粗糙度区域的体积密度 γ_0 为 0.25。

2.3.2 龙卷风平移模拟

由于"Ward 型"龙卷风模拟器安装在地面上，无法移动模拟器，因此难以对龙卷风平移进行实验模拟。Diamond 和 Wilkins[1984][22] 在"Ward 型"模拟器上安装了一个可移动的接地板，使之可以在地上移动，但实际上模拟器是静止的。Haan 等[2008][36] 使用"Top-Down"的方法开发出一种新型模拟器，该模拟器由起重机支撑，悬挂在地面上。模拟器与吊车平面之间可以 0.61 m/s 的速度平移。利用 Haan 等[2008][36] 的设计来模拟龙卷风平移更接近于真实情况，但考虑到计算的便捷性，以及从工程的角度来看，近地表区域的研究更有意义，本书决定按照 Diamond 和 Wilkins[1984][22] 的设计来模拟龙卷风平移，即保持模拟器静止，转而移动地面来模拟龙卷风平移。

2.4 滑动网格法

在本书中还需要模拟龙卷风与建筑之间的相互作用，也就是模拟龙卷风靠近建筑的动态过程。本书采用滑动网格法对该相对运动进行模拟，本节介绍滑动网格法的简要思想。

滑动网格法的基本思想可以用图 2.2 来解释。图 2.2(a)给出了两个相邻网格表面匹配情况，图 2.2(b)给出了两个相邻网格表面不匹配的情况。将滑动网格法应用于非匹配网格和相对运动网格主要有 3 个步骤：①识别每个单元的相邻单元；②在单元的质心处插值；③关联网格间交换信息。单元值可采用下式计算：

$$\varphi = \sum_{i=1}^{i=n} w_i \varphi_i \tag{2.21}$$

式中，φ 表示任意流场变量，w_i 为第 i 个相邻单元的质量，n 是相邻单元数。采用单元面积加权插值法确定质量 w_i。

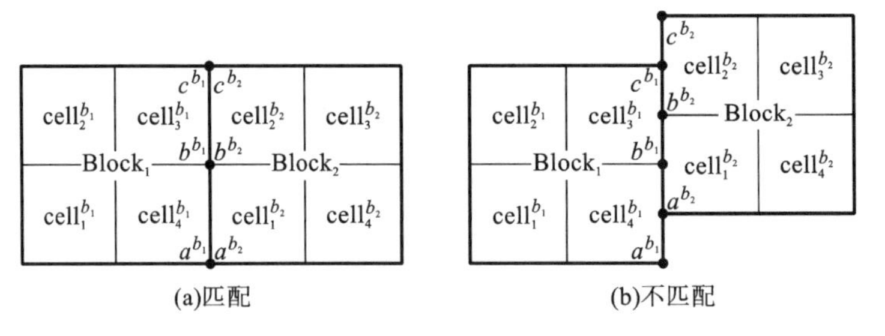

图 2.2 单元格表面滑动平面界面

在网格滑移过程中，需要移除网格移动速度，并对 N-S 方程进行修正。在被一个封闭曲面 S 包围的任意移动单元 Ω 上，控制方程的积分形式表示为：

$$\oint_{\partial\Omega} \varphi(\boldsymbol{u} - \boldsymbol{u}_S) \cdot n\mathrm{d}S = \oint_{\partial\Omega} \Gamma \nabla\varphi \cdot n\mathrm{d}S + \int_{\Omega} q_\varphi \mathrm{d}\Omega \tag{2.22}$$

由于连续性条件的约束，网格运动速度需要满足：

$$\oint_{\partial\Omega} \boldsymbol{u}_S \cdot n\mathrm{d}S = 0 \tag{2.23}$$

考虑到研究中网格仅向 x 轴正方向移动，且速度为常数，则自然满足式(2.23)，因此，在求解 N-S 方程时，仅对动量方程的网格速度进行修正。

2.5 收 敛 标 准

在每次求解迭代结束时，计算并存储每个守恒变量的总残差。当在精确度无限大的计算机上求解时，残差将趋于零，但是在实际的计算机上，残差衰减到某个小值时，就会停止变化。对于单精度(工作站和大多数计算机的默认值)计算，残差可以下降到 6 个数量级，双精度残差可以下降到 12 个数量级。

经过离散化后，在单元 P 处，一般变量 φ 的守恒方程可表示为式(2.7)。基于压力求解

器计算的残差R^{φ}是在式(2.7)中对所有计算单元 P 的非平衡部分求积,公式为:

$$R^{\varphi}=\sum_{\text{cells }P}\left|\sum_{nb}a_{nb}\varphi_{nb}+b-a_{P}\varphi_{P}\right| \tag{2.24}$$

一般来说,由于没有使用缩放变换,通过检查由式(2.24)定义的残差很难判断收敛性,在这里将使用一个比例因子来衡量通过网格区域的流动率 φ 的大小。此残差定义为:

$$R^{\varphi}=\frac{\sum_{\text{cells }P}\left|\sum_{nb}a_{nb}\varphi_{nb}+b-a_{P}\varphi_{P}\right|}{\sum_{\text{cells }P}\left|a_{P}\varphi_{P}\right|} \tag{2.25}$$

对于动量方程,将分母项$a_P\varphi_P$替换为$a_P|\boldsymbol{u}|_P$,其中$|\boldsymbol{u}|$是单元 P 的速度。对于大多数情况来说,比例残差是一个更为合适的收敛指标,在本书中,u_x、u_y 和u_z的比例残差都设为 0.005。

对于连续性方程,压力求解器残差定义为:

$$R^{c}=\sum_{\text{cells }P}\left|\text{rate of mass creation in cell }P\right| \tag{2.26}$$

对于连续性方程,压力求解器的尺度残差定义为:

$$\frac{R^{c}_{\text{iteration }N}}{R^{c}_{\text{iteration }5}} \tag{2.27}$$

式(2.27)的分母为前 5 次迭代中连续性方程残差绝对值的最大值,并将其设为 0.005。

2.6 粒子模型

为使流场可视化,可采用与实验研究中同样的方式,例如从底部注入烟雾。本书介绍一种计算粒子质点位置的方法,即在拉格朗日参考系中将第二离散相注入连续流场。

在拉格朗日参考系中,通过对作用在质点上的合力进行积分,来预测离散相质点的运动轨迹。此力平衡使质点的惯量与作用在质点上的力相等,见下式:

$$\frac{\mathrm{d}\boldsymbol{u}_P}{\mathrm{d}t}=F_D(\boldsymbol{u}-\boldsymbol{u}_P)+F_x \tag{2.28}$$

式中,$\boldsymbol{u}_P$为质点速度,F_x为附加加速度项,F_D为单位质点质量阻力。F_D 表示为下式:

$$F_D=\frac{18\mu}{\rho_P d_P^2}\cdot\frac{C_D Re^{\text{rel}}}{24} \tag{2.29}$$

式中,d_P为颗粒直径,Re^{rel}为相对雷诺数。Re^{rel}定义为:

$$Re^{\text{rel}}=\frac{\rho d_P|\boldsymbol{u}-\boldsymbol{u}_P|}{\mu} \tag{2.30}$$

阻力系数C_D可表示为:

$$C_D=a_1+\frac{a_2}{Re^{\text{rel}}}+\frac{a_3}{(Re^{\text{rel}})^2} \tag{2.31}$$

式中,a_1、a_2、a_3为适用于光滑球面质子的常数。

粒子-壁的相互作用如图 2.3 所示。粒子反射恢复系数为 e,法向分量为$e_n=\frac{V_{2,n}}{V_{1,n}}$,切向分量为$e_t=\frac{V_{1,t}}{V_{2,t}}$,并将系数$e_n$和$e_t$分别设为−1 和 1。

计算出粒子的加速度后，采用龙格-库塔积分法得到质点位置。

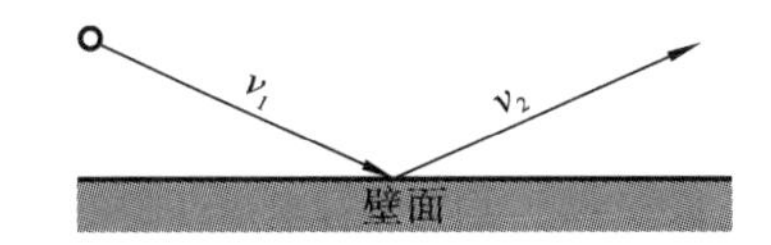

图 2.3　粒子-壁的相互作用

注：v_1 为粒子的碰撞速度，v_2 为反射速度，灰色阴影区域表示壁面边界。

2.7　总　结

本章重点介绍本书所采用的数值方法。首先概述有限体积法，包括空间离散化、时间离散化和压力-速度耦合方法，并采用二阶隐式格式离散非稳态项；采用 SIMIPLE 算法完成压力-速度解耦；通过 AMG 方法求解代数方程；采用 Smagorinsky 模型计算 SGS 雷诺应力。为了模拟地面粗糙度，在动量方程中加入阻力源项，通过给地面提供相对速度来模拟龙卷风平移。应用滑动网格技术来模拟龙卷风与建筑之间的相互作用，采用单元格区域加权插值方法在相邻网格块之间进行信息传输。最后介绍了流场可视化的粒子方法。

第 3 章　龙卷风状涡旋动力学研究

本章利用 LES 湍流模型对触地龙卷风状涡旋进行了全面研究，以阐明工程应用所关注的角部龙卷风状涡旋的动力特性。本章内容如下：第 1 节介绍了“Ward 型”龙卷风模拟器的数值模型，包括其尺寸、边界条件和网格分布；第 2 节旨在阐明涡旋的平均流场和脉动特性，并通过轴对称时均 N-S 方程检验力平衡和湍流对平均流场的贡献；第 3 节使用瞬时流场和频谱分析来探究触地状态下龙卷风状涡旋中有组织的运动情况，并对阵风速度开展了相关研究。

3.1　数值模拟参数

本节首先介绍模拟器的几何形状，然后介绍模型的边界条件和计算参数，最后将简要介绍模型的网格系统。

3.1.1　模拟器几何形状

实验室中常使用一种“Ward 型”模拟器，模型几何结构如图 3.1 所示。该结构与 Matsui 和 Tamura[2009][72]使用的结构相同，角动量由安装在地面上的导叶提供，通过旋转导叶可以改变模拟龙卷风的涡流比。本章的目的之一是验证该数值模型的正确性，故采用的“Ward 型”模拟器模拟与 Matsui 和 Tamura[2009][72]所使用的数值模型是完全一致的，因此，会将 Matsui 和 Tamura[2009][72]研究得到的实验室流场结果和本书得到的数值模拟结果进行比较。

在 Matsui 和 Tamura[2009][72]的实验室模拟器中，进入汇流区气流的角动量由安装在地面上半径为 750 mm 的 24 个导叶获得。因此，本书选择同样的方法，使用壁面来模拟导叶。导叶高度为 200 mm，宽度为 300 mm，导叶叶片的角度是 60°。进口层高度 h 和上升气流孔半径r_0分别为 200 mm 和 150 mm。总出流率 $Q=\pi r_t^2 W_0$保持不变，为 0.3 m^3/s，其中r_t为排气孔半径，排风出口处垂直风速W_0为 9.55 m/s。实验模型采用蜂窝状结构以减少进入对流区域风叶片产生的湍流，在数值仿真中排风导叶使用 Dirichlet 边界模拟。

决定龙卷风状涡旋结构的主要参数为涡流比，其表达式为 $S=\tan\theta/2a$，其中 a 为内部高宽比，大小为 h/r_0。需要指出的是，对涡流比的定义不仅只有上述一种，研究者们还提出了多种涡流比定义。下一章将比较涡流比的不同定义，并阐明这些不同定义的优缺点。另一个主要参数是雷诺数，表达式为 $Re=W_0D/v$，其中 D 为上吸孔直径，$Re=1.63\times10^5$。旋转平衡区内最大平均切向速度V_c为 8.33 m/s，产生最大平均切向速度时的半径r_c为 32.6 mm。

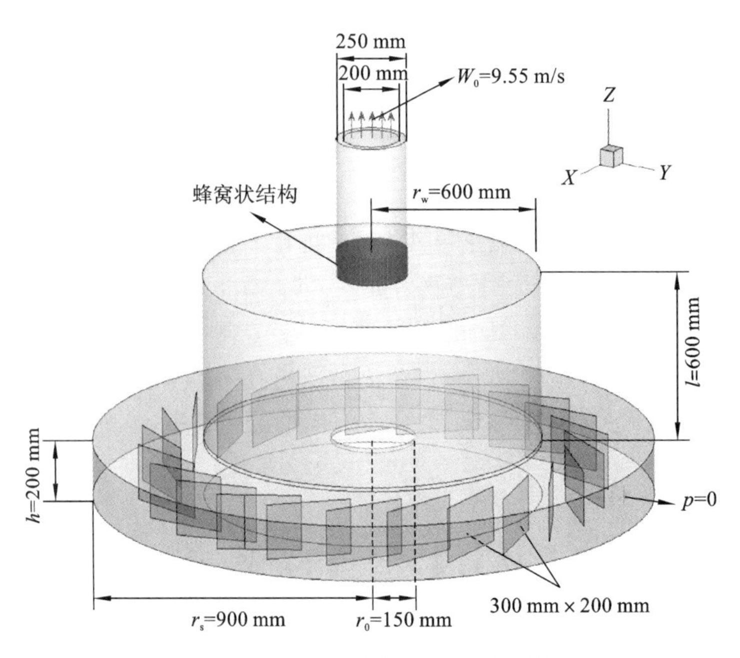

图 3.1 "Ward 型"模拟器的几何结构

3.1.2 边界条件及计算参数

在汇流区入口，压强设为 0，流场中所有参数的法向梯度为 0，即 $\partial\varphi/\partial n=0$。出口处边界设置为匀速边界条件，径向速度、切向速度和垂直速度分别为 0 m/s、0 m/s 和 9.55 m/s，其法向梯度也为 0。模拟器底部、导叶和壁面设置为无滑移边界条件，其中速度分量使用 Dirichlet 边界条件，即 $u=0$；压力分量使用 Neumann 边界条件，即 $\partial\varphi/\partial n=0$。

对于动量方程和连续性方程中采用的比例残差分别为 0.005 和 0.005，计算公式分别见式(2.25)和式(2.27)。进行数值求解时，去除前 10 s 数据以消除过渡计算的影响。利用 10～30 s 的数据，获得龙卷风状涡旋流场的统计信息，包括时间平均值 $\varphi_{\text{mean}}=\dfrac{1}{N}\sum\limits_{i=1}^{N}\varphi_i$、均方根 $\varphi_{\text{rms}}=\sqrt{\dfrac{1}{N}\sum_{i=1}^{N}(\varphi_i-\varphi_{\text{mean}})}$。相对误差用计算平均值 5 s 后的差值与计算平均值的比值来确定，即 $(\varphi_{\text{mean}}^{t+5}-\varphi_{\text{mean}}^{t})/\varphi_{\text{mean}}^{t}$。当时间为 20 s 时，旋转平衡区最大平均切向速度的相对误差小于 1%。

3.1.3 网格系统

考虑龙卷风状涡旋的轴对称性质，采用轴对称拓扑方法进行研究，数值模型的网格划分如图 3.2 所示。在模拟器的中心和底部区域流场会出现较大脉动，因此这些区域的网格较为细密。其中在径向使用 68 个节点，在垂直方向使用 25 个节点。径向最小网格尺寸约为 2 mm，垂直方向最小网格尺寸约为 1 mm。为了避免网格尺寸的突然变化，两个方向的网格间距比均小于 1.2，总网格数约为 6×10^5 个。模拟器中心采用非结构化四边形网格，其他区域

采用结构化四边形网格。网格的最大偏斜度小于0.4,偏斜度的计算公式为:偏斜度=(理想单元尺寸−实际单元尺寸)/理想单元尺寸。其中,理想单元尺寸等于与外接圆半径相等的等边三角形单元的尺寸。表3.1总结了龙卷风模拟器的几何与网格参数。

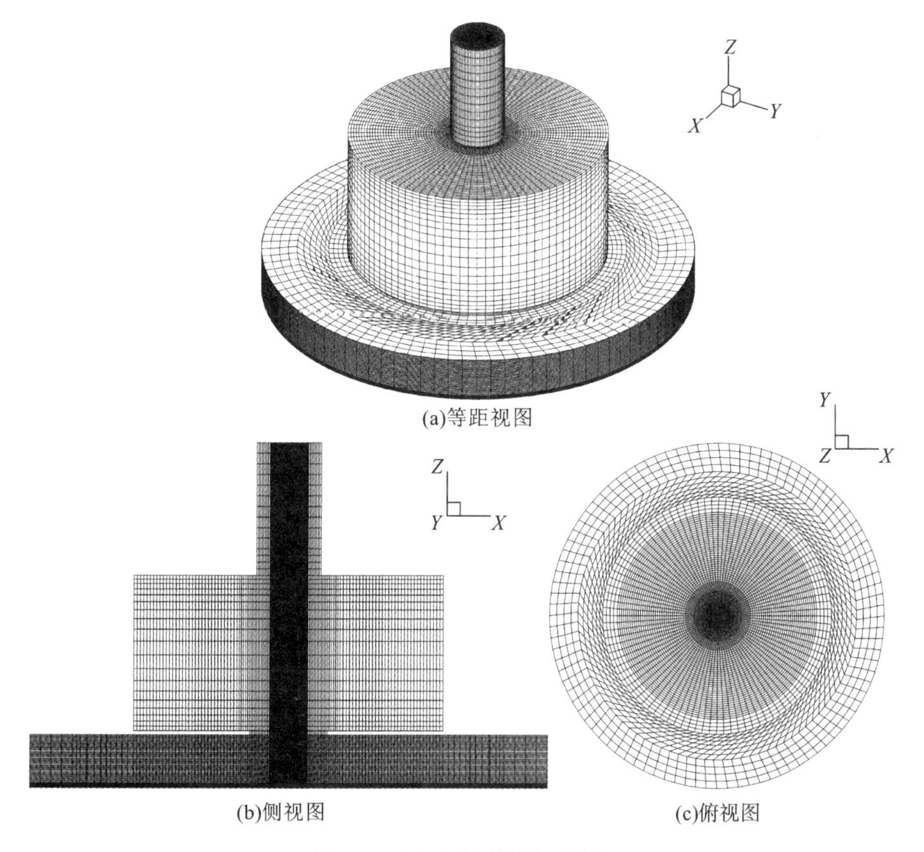

图3.2 数值模型的网格划分

表3.1 龙卷风模拟器的几何与网格参数

参　　数	值
导叶叶片角度 θ/(°)	60
进口层高度 h/mm	200
上升气流孔半径 r_0/mm	150
排气孔半径 r_t/mm	200
出口处垂直风速 W_0/(m/s)	9.55
总流量 $Q=\pi r_t^2 W_0$,m/s	0.3
内部高宽比 $a=h/r_0$	1.33
径向网格尺寸/mm	2.0～26.0
垂直方向网格尺寸/mm	1.0～5.0
网格数量/个	610497

续表

参　　数	值
最大切向平均速度V_c/(m/s)	8.33
V_c出现时的半径r_c/(m/s)	32.6
雷诺数 $Re=2r_0W_0/v$	1.63×10^5
无量纲时间步长 $\Delta t W_0/2r_0$	0.032
涡流比 $S=\tan\theta/2a$	0.65

3.2　湍流特征

本节将总结触地龙卷风状涡旋的湍流特征。首先，本节将讨论湍流平均速度、脉动速度和压力剖面，以及湍流动能(TKE)和雷诺应力。然后，计算径向和垂直方向上的动量收支。

3.2.1　湍流流场

为了使流场可视化，从模型底部注入粒子作为可视化介质。粒子颗粒直径均匀，直径大小为 1×10^{-5} m，注入速率为 0.1 g/s。本实验忽略颗粒重力，对颗粒的位置直接进行积分而不考虑其与流体的相互作用，且流场进入稳定阶段后才释放颗粒。图 3.3 为实验室模拟流场与数值龙卷风模拟器流场的对比图。从图中可以看出，两者涡核半径几乎相同。

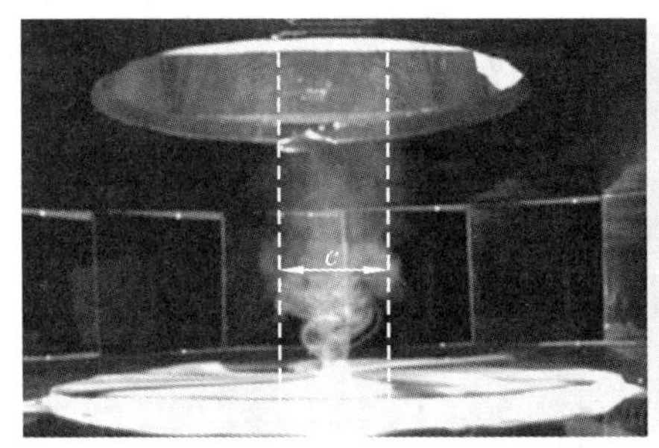

(a)实验室模拟

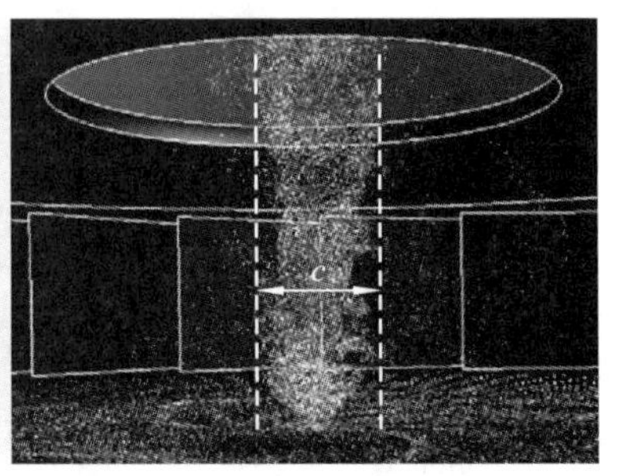

(b)数值模拟

图 3.3　实验室模拟流场与数值龙卷风模拟器流场对比

注：1.(a)为实验室模拟装置底部喷入烟气的流场，(b)为数值模拟装置底部喷入小颗粒的流场。

2.虚线表示的是龙卷风的涡核边界，c 表示涡核直径。

$z=0.2r_c$处水平截面和 $y=0$ 处垂直截面的平均速度矢量分别如图 3.4(a)和图 3.4(b)所示。图中尺寸根据涡核半径 r 进行缩放，矢量长度根据速度大小绘制。在水平截面上可以清晰地观察到轴对称流型，流场中心与模型中心重合。在外围区域，除切向分量外，还存在显著的径向分量，从图 3.4(a)叠加的流线中可以发现螺旋运动特征。在垂直截面上，气流在中心处向下移动，在靠近地面处，径向射流穿透轴线，然后向上移动。径向射流和向下射流分别在驻点 $r=0$ 和 $z=0.3r_c$处分离，并在近地面锥形涡和高空圆柱形涡的交界处形成环流区。

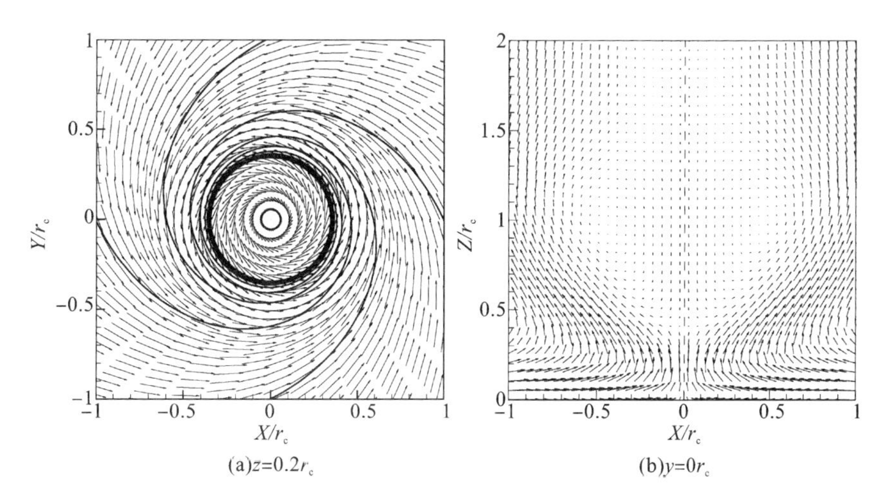

(a)$z=0.2r_c$　(b)$y=0r_c$

图 3.4　$z=0.2\ r_c$处水平截面和 $y=0$ 处垂直截面上的平均速度矢量

注:叠加在(a)中的水平切片上的实线为流线,(b)中的虚线为模拟器的中心。

图 3.5 给出了在三个垂直位置处由 r_c 和V_c归一化处理的平均径向速度和径向脉动速度均方根的径向剖面。图 3.5(a)为平均径向速度剖面。在 $z=0.2\ r_c$高度处的剖面中可以发现,大部分径向流入集中分布在靠近地面的薄层中。在 $z=r_c$高度处,最大径向向内速度可以达到 $0.7\ V_c$左右。平均径向速度随径向距离的减小而减小,并在中心附近改变其方向。在 $z=0.5\ r_c$高度处,平均径向速度在涡核区 $r<0.35\ r_c$时为正,可以解释为中心向下流动与向上流动相遇,推动径向流动向外扩展。在 $z=2.0\ r_c$高度处,流动达到旋转平衡,这意味着由于流体运动产生的离心力与压力梯度平衡,并且流动的方向应垂直于压力梯度方向,因此流动只能在切向或垂直方向上进行。在 $z=2.0\ r_c$高度处的平均径向速度剖面中可以很明显地看到,该处平均径向速度约等于 0。图 3.5 (b)显示的是径向脉动速度均方根剖面,其中径向脉动速度在大部分高度上随径向距离的减小而增大,并在中心出现峰值。值得关注的是,在 $z=0.5\ r_c$高度处,由于混流的原因,径向脉动速度在涡核区域几乎是一个常数。在中心处径向脉动速度值较大,而平均径向速度为 0,这种现象将在下面关于龙卷风动力特性的讨论中加以解释。

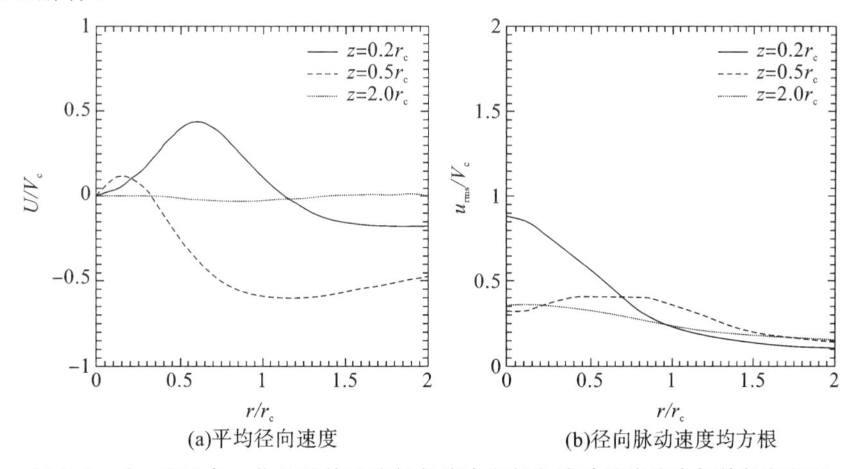

(a)平均径向速度　(b)径向脉动速度均方根

图 3.5　由r_c和V_c归一化处理的平均径向速度和径向脉动速度均方根的径向剖面

图 3.6 给出了在四个径向位置处由 r_c 和 V_c 归一化处理的平均径向速度和径向脉动速度均方根的垂直剖面。图 3.6(a)为平均径向速度沿无量纲高度分布的剖面，大部分径向流入集中在靠近地面的厚度小于 0.5 r_c 的薄层中。由于平均流场的对称性，平均径向速度在轴线处减小为 0。由于径向向内速度的突然减小以及连续性条件，气流不得不向上移动，导致轴向速度增大。峰值径向向内速度所处的高度随半径的增大而减小。平均径向速度随高度减小呈正负交替变化，并在剖面中出现两个反转点。Wan 和 Chang[1972][111] 的实验研究和 Kuai 等[2008][54] 的数值研究也捕捉到上述规律，但 Tari 等[2010][109] 的实验研究却没有得出上述规律。这种差异可能是由于角部处的流场是三维的，而角部处是龙卷风状涡旋中最复杂的区域，所以 Tari 等[2010][109] 使用的 PIV 方法难以准确测量其速度。图 3.6(b)显示的是径向脉动速度均方根沿无量纲高度分布的剖面。径向脉动速度均方根的峰值随着高度从 $z=0.5\,r_c$ 到 $z=0.15\,r_c$，其大小突然从 $r=r_c$ 时的 0.35 V_c 跃迁到 $r=0$ 时的 0.97 V_c，这一过程表明触地涡的形成。

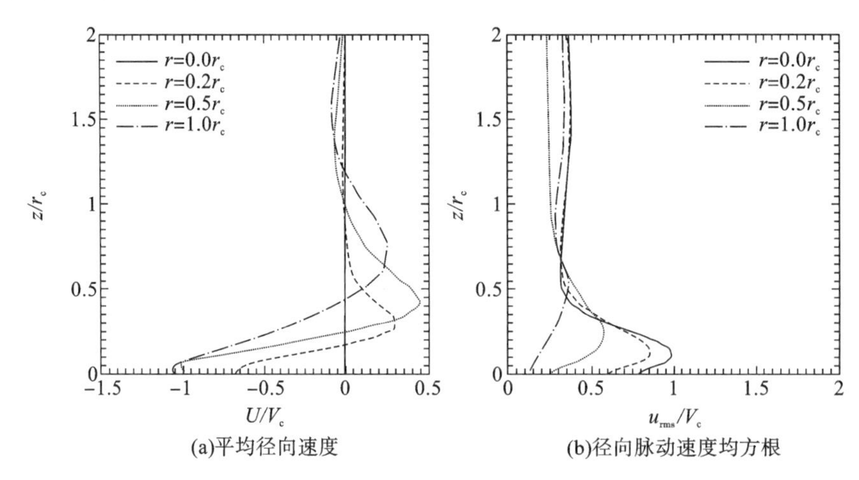

图 3.6　由 r_c 和 V_c 归一化处理的平均径向速度和径向脉动速度均方根的垂直剖面

中心处径向波动速度的均方根最大而平均径向速度均值为 0，这意味着径向分量的湍流强度为无穷大。另一方面，在涡核 $z=r_c$ 的环形处，平均径向向内速度的最大值约等于 V_c，对应的径向脉动速度均方根为 0.2 V_c，因此湍流强度为 0.2，处于充分发展边界层的湍流强度范围(0.1～0.4)内。

由 r_c 和 V_c 归一化处理的平均切向速度和切向脉动速度均方根的径向剖面如图3.7所示。从图 3.7(a)可以看出，除了近地表位置外，整体上平均切向速度最大值出现在 $z=r_c$ 高度处，在靠近地面位置 $z=0.2\,r_c$ 高度处平均切向速度增加到约 1.4 V_c。由于大部分工程结构处于龙卷风边界层中，因此平均切向速度的增加在抗风设计中具有重要意义。通过对不同高度处平均切向速度剖面的比较，可以发现剖面在形状上存在明显相似性。中心处的平均切向速度最初为 0，然后逐渐增大至最大值，最后随着径向距离的增大，平均切向速度逐渐减小。对比 Matsui 和 Tamura[2009][72] 的实验结果，绘制出 $z=1.67\,r_c$ 高度处的切向速度剖面，其与实验结果吻合较好。切向脉动速度均方根的剖面如图 3.7(b)所示，与径向湍流相似，在大多数的高度处，切向脉动速度均方根在中心处值最大，而在 $z=0.5\,r_c$ 高度处，切向脉动速度均方根从 $r=0$ 到 $r=0.4\,r_c$ 处几乎是一个常数。与径向分量一样，切向分量湍流的产生与

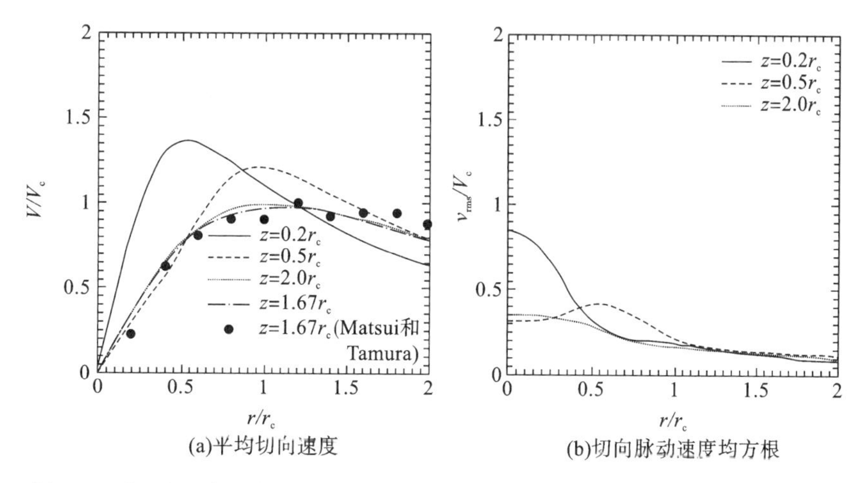

(a)平均切向速度　　(b)切向脉动速度均方根

图 3.7　由r_c和V_c归一化处理的平均切向速度和切向脉动速度均方根的径向剖面

一般湍流的产生是完全不同的。

由r_c和V_c归一化处理的平均切向速度和切向脉动速度均方根的垂直剖面如图3.8所示。图 3.8(a)所示的波浪形平均切向速度剖面表明近地面锥形涡因涡触地而向空中伸展，最大平均切向速度高度减小意味着边界层厚度沿半径方向减小，平均流场的对称性导致中心线上的平均切向速度为 0。可以观察到，对于每个径向位置，最大平均切向速度出现的位置都在最大径向向内速度出现的位置之上。涡核处切向脉动速度均方根剖面如图 3.8(b)所示，可以发现切向脉动速度均方根剖面图与平均切向速度剖面图形状相似。中心处的切向脉动速度均方根最大，然而平均切向速度却为 0。最大平均切向速度 1.4 V_c出现在 z=0.2 r_c、r=r_c处，而在这两处切向脉动速度均方根为 0.2 V_c，因此湍流强度为 0.14。

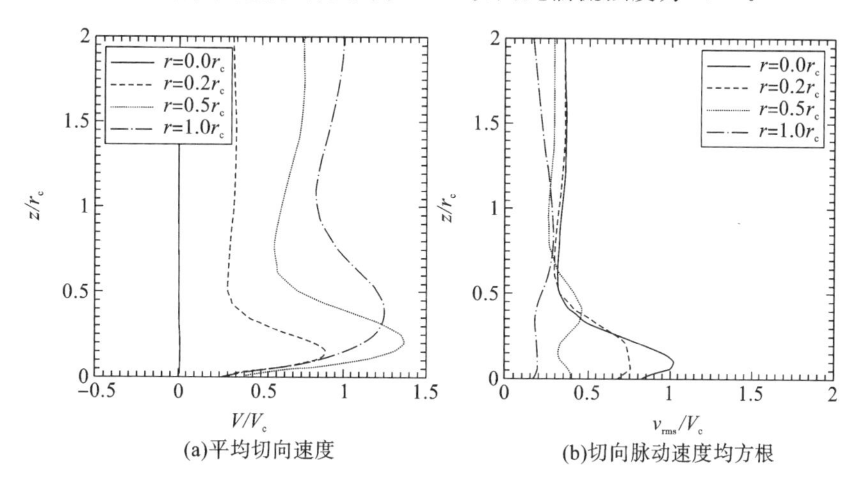

(a)平均切向速度　　(b)切向脉动速度均方根

图 3.8　由r_c和V_c归一化处理的平均切向速度和切向脉动速度均方根的垂直剖面

由r_c和V_c归一化处理的平均垂直速度和垂直脉动速度均方根的径向剖面如图3.9所示。图 3.9(a)中表明最大平均垂直速度 0.6 V_c出现在中心位置，高度为 0.2 r_c。这里出现最大平均垂直速度是由于径向射流在这里改变了方向。在 z>0.5 r_c的上部区域，垂直速度随径向距离的减小先增大后减小，并在涡核处观察到向下的垂直速度。Mitsuta 和 Monji

[1984][77]在实验室模拟中绘制了归一化垂直速度，在 $z=1.3\ r_c$ 高度处，预测速度与实测速度十分吻合。如图 3.9(b)所示，尽管垂直脉动速度均方根的应力值相对较小，但其剖面与径向脉动速度均方根应力值和切向脉动速度均方根应力值的剖面相似。在 $z=0.2\ r_c$ 高度处的近地表处，垂直脉动速度均方根随径向距离的减小而增大。垂直脉动速度均方根的最大值 $0.45\ V_c$ 出现在中心处，并且另一个较大的垂直脉动速度均方根出现在 $z=0.5\ r_c$、$r=0.4\ r_c$ 处，此处可以观察到较强的混合效应。

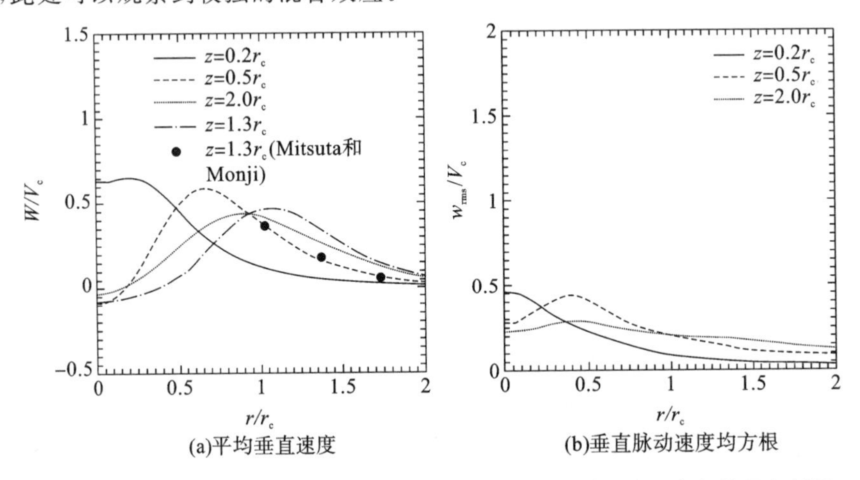

(a)平均垂直速度　　(b)垂直脉动速度均方根

图 3.9　由 r_c 和 V_c 归一化处理的平均垂直速度和垂直脉动速度均方根的径向剖面

由 r_c 和 V_c 归一化处理的平均垂直速度和垂直脉动速度均方根的垂直剖面如图3.10所示。图 3.10(a)为平均垂直速度与无量纲高度的函数关系。在 $z>r_c$ 的上部区域，垂直速度随径向距离的减小而减小。在 $z=0$ 和 $z=0.2\ r_c$ 高度处的位置观测到向下的垂直速度，表明近地表存在破裂泡。在较低的区域($z<r_c$)，随着半径的减小，平均垂直速度峰值增大，峰值出现的高程也在减小。最大平均垂直速度 $0.7\ V_c$ 出现在中心位置，高度为 $0.2\ r_c$。这一较大的平均垂直速度是由于径向射流在这里改变方向所致，射流方向变为向上。垂直脉动速度均方根近似等于径向和切向脉动速度均方根，如图 3.10(b)所示，垂直脉动速度均方根峰值变化范围为：从 $z=1.1\ r_c$ 高度处的 $0.37\ V_c$ 到 $z=0.3\ r_c$ 高度处的 $0.5\ V_c$。

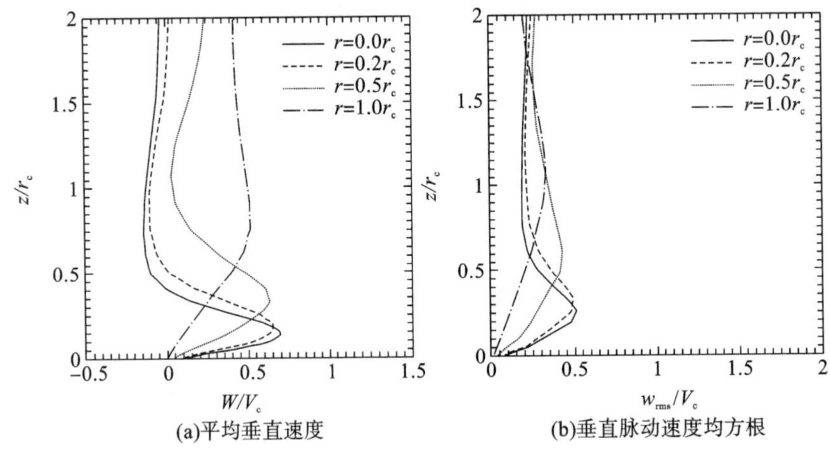

(a)平均垂直速度　　(b)垂直脉动速度均方根

图 3.10　由 r_c 和 V_c 归一化处理的平均垂直速度和垂直脉动速度均方根的垂直剖面

归一化湍动能 k 在三个垂直位置的径向分布如图 3.11(a)所示。最大湍动能出现在轴线高度为 $0.2\,r_c$处，约为 $0.8\,V_c$。湍动能的产生主要来自径向和切向的脉动速度，沿中心线的平均径向速度和平均切向速度为 0，从中可以得出结论：龙卷风中心的湍流是龙卷风造成破坏的主要原因。图 3.11(b)给出了湍动能在四个径向位置的垂直分布。可以看到湍动能在中心处很大，因此有必要讨论其阵风速度。

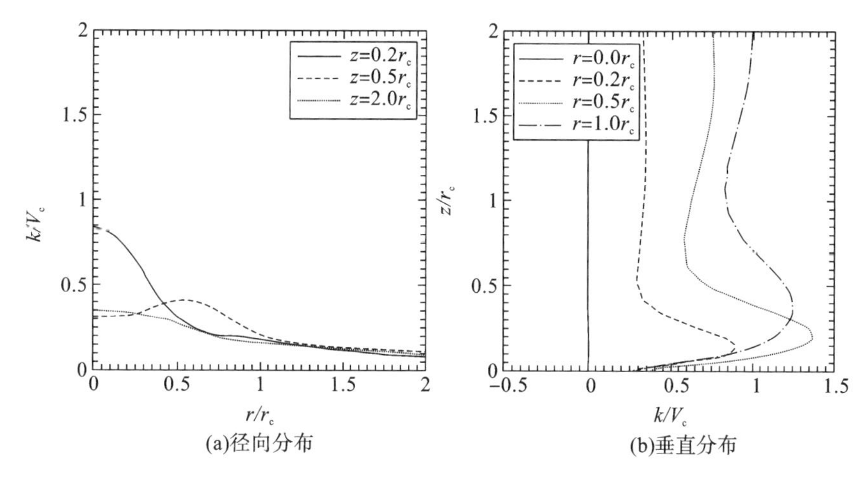

图 3.11 湍动能 k 在垂直位置的径向分布和在径向位置的垂直分布

另一个用于分析湍流的重要变量是雷诺应力，图 3.12(a)为归一化雷诺应力 uw 在三个垂直位置的径向分布。与正应力相比，切应力要小一个数量级。此外，在中心线处切应力为 0，而正应力值最大。归一化雷诺应力 uw 在四个径向位置的垂直分布如图 3.12(b)所示。雷诺应力垂直分布图在上部区域呈现出明显的规律：由于高空双核结构的形成和轴向分量脉动部分方向向下，上部区域的雷诺应力为负。随着径向距离的增加，雷诺应力分布的反向点逐渐抬高。

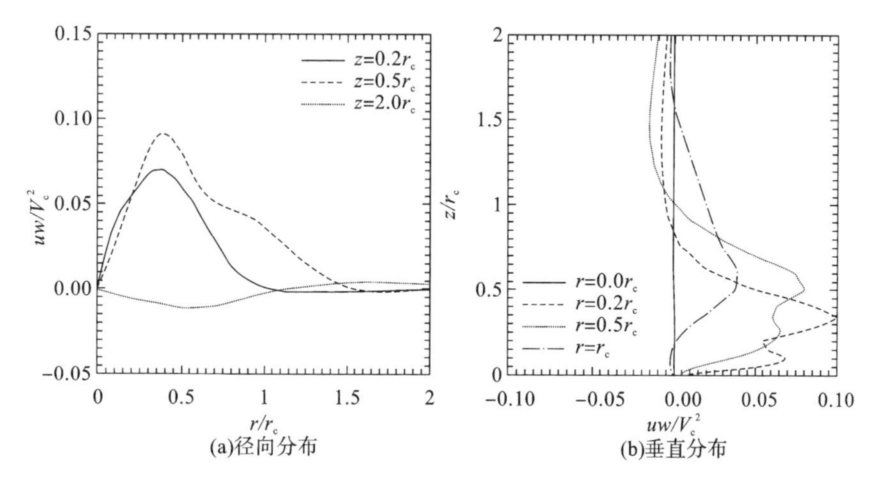

图 3.12 雷诺应力 uw 在垂直位置的径向分布和在径向位置的垂直分布

由r_c和V_c归一化处理的平均压强和压强脉动均方根的径向分布如图 3.13 所示。由图 3.13(a)可知，不同于速度分量的是，压强剖面在不同的高度呈现几乎相同的形状。当靠近中心轴时，可以观察到明显的压降。图 3.13(b)中显示，压强脉动均方根最大值 0.45 ρV_c^2出现在 0.2 r_c高度处，其大小比所有位置处的平均压强值要小得多。

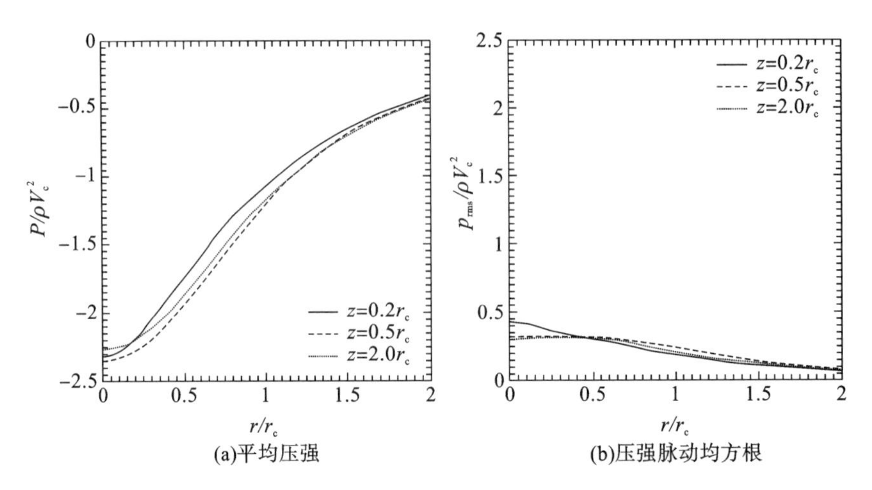

(a)平均压强 (b)压强脉动均方根

图 3.13 由r_c和V_c归一化处理的平均压强和压强脉动均方根的径向分布

由r_c和V_c归一化处理的平均压强和压强脉动均方根的垂直分布如图 3.14 所示。图 3.14(a)显示了归一化平均压强随无量纲高度变化的曲线图。在压力和垂直速度剖面中，峰值出现在几乎相同的位置处，这一现象表明了垂直加速度和压力梯度之间的相关性。压强脉动均方根的垂直分布如图 3.14(b)所示，与速度脉动值类似的是，压强脉动均方根的峰值高度随着径向距离的减小而减小，并且其值比各个位置处的压强均值小得多。

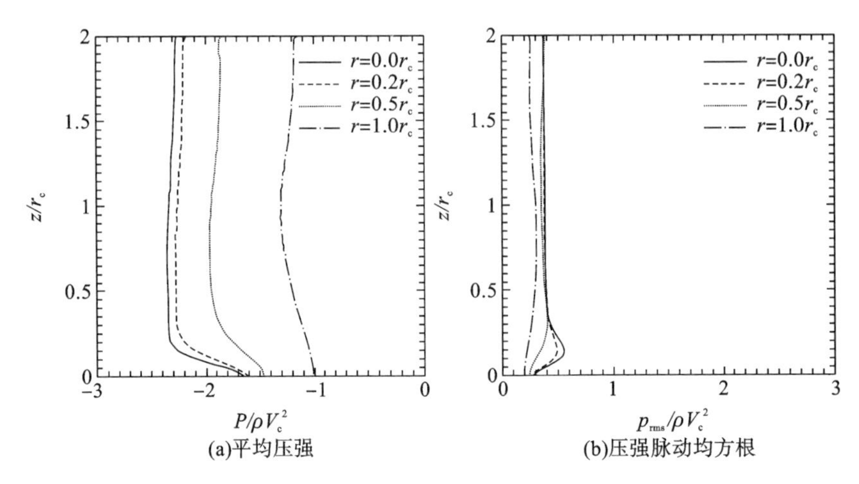

(a)平均压强 (b)压强脉动均方根

图 3.14 由r_c和V_c归一化处理平均压强和压强脉动均方根的垂直分布

3.2.2 径向和垂直方向动量收支

本节采用 Ishihara 等[2011][47]提出的轴对称时均 N-S 方程来研究龙卷风状涡旋的径向力平衡和垂直方向力平衡，并详细分析了湍流子项，以研究湍流对平均流场的影响。

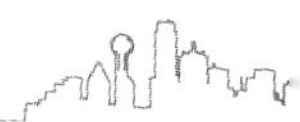

1. 径向力平衡

径向时均 N-S 方程可表示为：

$$U\frac{\partial U}{\partial r}+W\frac{\partial U}{\partial z}-\frac{V^2}{r}=-\frac{1}{\rho}\frac{\partial P}{\partial r}-\left(\frac{\partial u^2}{\partial r}+\frac{\partial uw}{\partial z}-\frac{v^2}{r}+\frac{u^2}{r}\right)+D_{\mathrm{u}} \tag{3.1}$$

方程的左边分别为径向对流项A_{ru}、垂直对流项A_{zu}、离心力项C_{r}。方程的右边分别为径向压力梯度项P_{r}、湍流项T_{u}、扩散项D_{u}。湍流项中的子项为T_{ru2}、T_{zuw}、T_{v2}和T_{u2}。方程中的扩散项与其他项相比足够小，因此可以忽略。$-V^2/r$、$-v^2/r$ 和u^2/r 在中心线处的项按附录 A 中所述方法计算。

径向时均 N-S 方程在 $z=0.2\,r_{\mathrm{c}}$处的力平衡如图 3.15(a)所示，从中可以看到总平衡的主要部分为离心力项、压力梯度项和垂直对流项，而湍流项对平衡的作用不大。离心力项在角部区域最大，并随着半径的减小而增大，直到在 $r=0.4\,r_{\mathrm{c}}$附近达到最大值，最终在涡核处趋于 0。垂直对流项和压力梯度项与离心力项有相似的趋势。

为了详细研究湍流贡献，图 3.15(b)显示了湍流各子项随半径变化的趋势。T_{v2}和T_{u2}两个子项明显占优，并且在角部区域观测到T_{v2}和T_{u2}急剧增大。脉动速度的非零均方根值使得T_{v2}和T_{u2}在中心达到无穷大，但它们几乎相互抵消，这一原因将在3.3.1中进行分析。

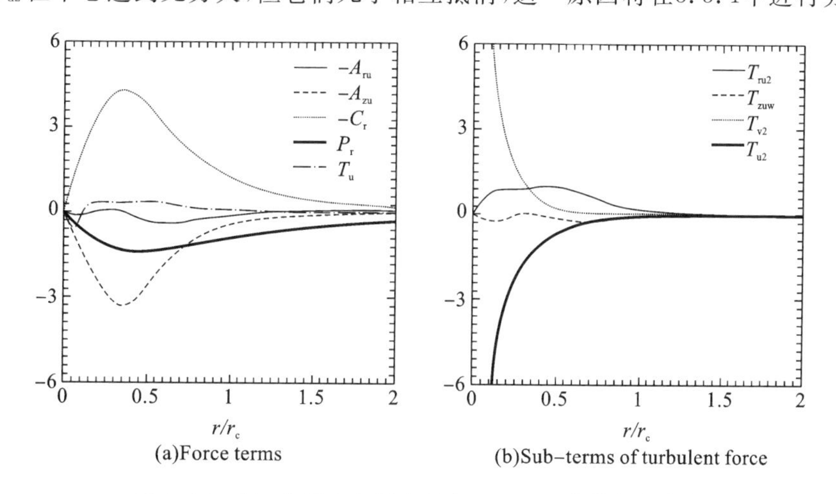

图 3.15 归一化径向作用力项在 $z=0.2\,r_{\mathrm{c}}$处的径向分布

注：(a)表示对流项、压力梯度项、离心力项和湍流项，(b)表示湍流项的子项。

切向速度可以由离心力项、压力梯度项和垂直对流项之间的平衡估算得出，如下式所示：

$$V_{P+A}=\sqrt{V_P^2+V_A^2}=\sqrt{\frac{1}{\rho}\frac{\partial P}{\partial r}+W\frac{\partial U}{\partial z}r} \tag{3.2}$$

式中，V_P和V_A分别由式$\sqrt{1/\rho\cdot\partial P/\partial r\cdot r}$和$\sqrt{W\cdot\partial U/\partial z\cdot r}$计算得出。根据式(3.2)计算得到的切向速度与模拟的切向速度吻合较好，如图 3.16 所示。这表明，近地面切向速度的增大不仅来自压力梯度项P_{r}，而且来自垂直对流项A_{zu}。流场的机理可以这样解释：压力梯度与高度无关，地面压力梯度由于摩擦力的影响不与离心力平衡，因此，较大的径向流入会发生在靠近地面的地区，并导致该处切向速度的增大。

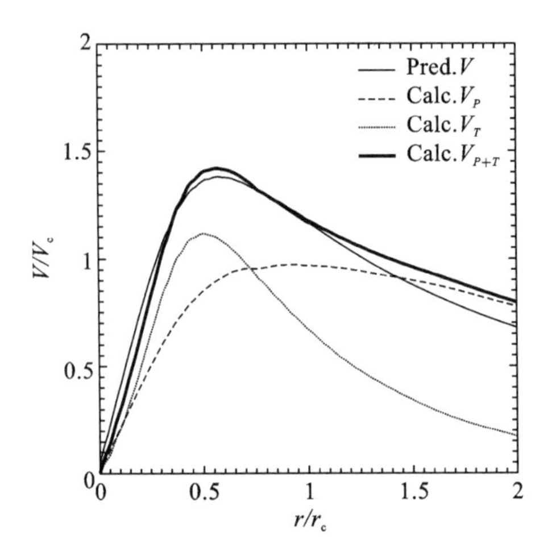

图 3.16　在 $z=0.2\ r_c$ 处计算得出的和模拟的切向速度对比

注："Pred."表示模拟结果，"Calc."表示由式(3.2)计算得出的结果。

2. 垂直方向力平衡

垂直方向时均 N-S 方程可以表示为：

$$U\frac{\partial W}{\partial r}+W\frac{\partial W}{\partial z}=-\frac{1}{\rho}\frac{\partial P}{\partial z}-\left(\frac{\partial uw}{\partial r}+\frac{\partial w^2}{\partial z}+\frac{uw}{r}\right)+D_w \tag{3.3}$$

方程的左侧分别为径向对流项A_{rw}和垂直对流项A_{zw}，方程的右侧分别为径向压力梯度项P_z、湍流项T_w和扩散项D_w。湍流子项为T_{ruw}、T_{zw2}和T_{uw}。由于方程中的扩散项与其他项相比足够小，因此可以忽略。中心线上的 $\partial uw/\partial r$ 和 uw/r 的计算见附录 A。

图 3.17(a)为涡核垂直方向上时均 N-S 方程中垂直动量收支情况。结果表明，垂直对流项主要与压力梯度项和湍流项平衡。根据平均垂直速度的对称性，径向对流项在所有高度处均为 0。垂直对流项随高度改变呈正负交替变化，剖面中反向点高度为 0.15 r_c。压力梯度项和湍流项的大小表现出相似的趋势，即随高度的减小先增大后减小，并在 0.2 r_c高度以下区域出现最大值。在 0.4 r_c高度以上区域，由于涡旋上部流场相对稳定，各项几乎都为 0。

图 3.17(b)为 $r=0$ 处的湍流子项。可以看到，在 0.7 r_c高度以上区域的湍流子项约为 0。在介于 0.7 r_c和 0.4 r_c高度之间的区域，非零项几乎可以相互抵消。在近地面区域，$\partial uw/\partial r$ 和 uw/r 的总和为负值，而 $\partial w^2/\partial z$ 随高度增大从负变为正。垂直速度可以由垂直对流项、压力梯度项和湍流项之间的平衡来估算，如下式：

$$\begin{cases} W_{P+T}=\sqrt{W_P^2-W_T^2}=\sqrt{2\dfrac{P_s-P}{\rho}-2\displaystyle\int_0^z T_w\mathrm{d}z} & W\leqslant 0 \\ -\sqrt{W_P^2-W_T^2}=-\sqrt{2\dfrac{P_s-P}{\rho}-2\displaystyle\int_0^z T_w\mathrm{d}z} & W<0 \end{cases} \tag{3.4}$$

式中，W_P和W_T分别通过 $W_P=\sqrt{2(P_s-P)/\rho}$和 $W_T=\sqrt{2\int_0^z T_w\mathrm{d}z}$ 计算得出，P_s为表面压力，P 为 z 高度处压力，W 的符号可以由以下方式确定。

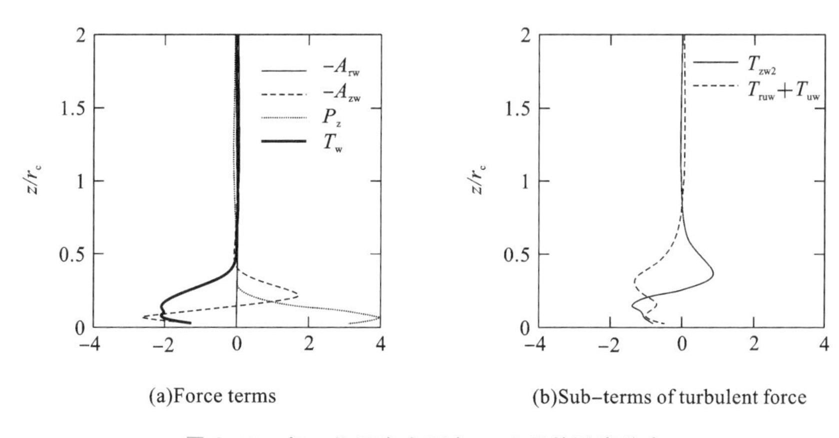

图 3.17 归一化垂直力项在 $r=0$ 处的垂直分布

注：(a)为对流项、压力梯度项和湍流项，(b)为湍流项的子项。

垂直速度 W，在非常接近底部的范围必须是正的，因为气流不可能在此处向下移动。随着高度的增加，W 在某高度处为 0，且在高度的进一步增加中 W 会变成负数。如图 3.18 所示，根据式(3.4)计算的垂直速度与模拟结果值吻合较好。如不考虑湍流影响，垂直速度大于模拟结果。这说明压力梯度会增大垂直速度，而湍流则会减小垂直速度。

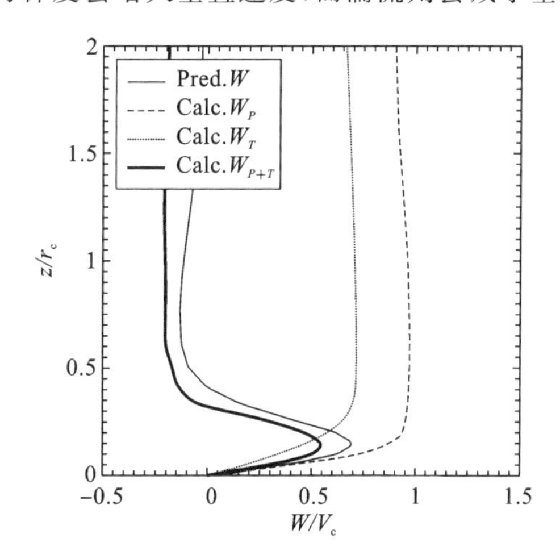

图 3.18 在 $r=0$ 处计算得出的和模拟的垂直速度比较

注："Pred."表示模拟结果，"Calc."表示由式(3.4)计算得出的结果。

3.3 龙卷风状涡旋的动力特性

本节将揭示龙卷风触地涡旋的动力特性。首先，通过压强等值面、速度矢量以及速度时程来分析瞬态流场结构。然后对脉动速度的功率谱进行研究，以量化龙卷风有组织的涡旋运动。最后，通过计算龙卷风状触地涡旋阵风速度，从工程角度提供有价值的信息。在接下来的讨论中，基于涡核旋转假设，本节将时间以涡旋周期$V_c/2\pi r_c$进行归一化处理，其中涡核处的平均切向速度与径向距离成正比。

3.3.1 瞬时流场

图 3.19 为流场压强为 0.7 P_{min}的三维压强，其中P_{min}为流场最小压强，实心点为龙卷风模拟器的中心位置，t 为归一化时间。由图 3.19 中的实心点可以看出，涡核并不是静止的，且涡核与模拟器中心的涡旋运动有关。涡旋在归一化时间为 1033.2、1036.6、1039.5 和 1042 时分别到达南侧、东侧、北侧和西侧，这说明涡核公旋角速度远低于自旋角速度。涡旋运动是有组织的，而不是随机的或混乱的，这一点将在频谱分析中得到进一步解释。

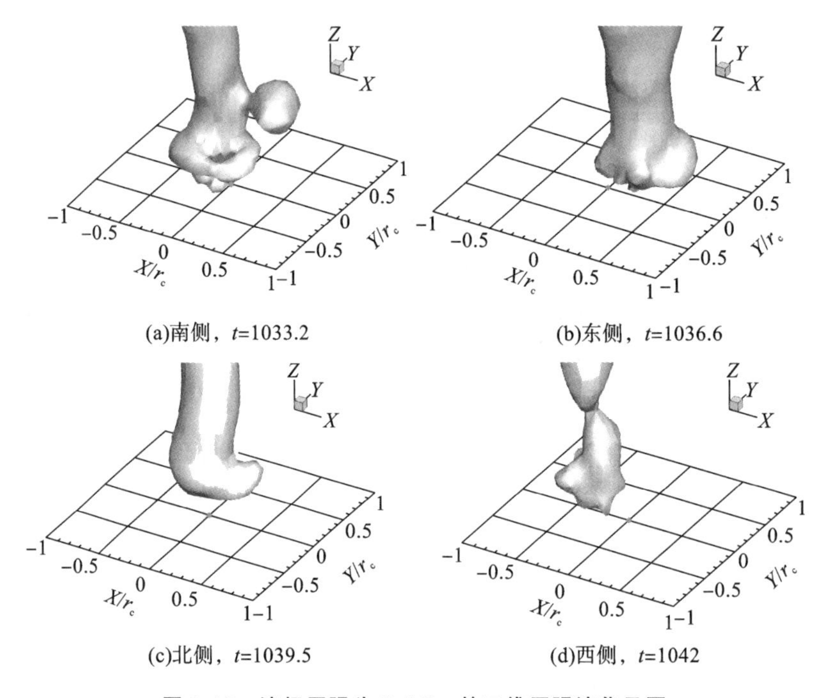

(a)南侧，t=1033.2 (b)东侧，t=1036.6

(c)北侧，t=1039.5 (d)西侧，t=1042

图 3.19 流场压强为 0.7 P_{min}的三维压强演化云图

图 3.20 显示的是涡旋在 $z=0.2\ r_c$水平截面处的瞬时速度矢量。如图 3.20(a)和图 3.20(c)所示，当涡旋向南侧和北侧移动时，中心处瞬时速度矢量几乎与 x 轴平行，这说明出现了较大的径向速度和较小的切向速度。当涡旋向东侧和西侧移动时，中心处瞬时速度矢量几乎垂直于 x 轴，这意味着径向速度较小，而切向速度较大，如图 3.20(b)和图 3.20(d)所示。由图可知，径向速度和切向速度的时间关系曲线呈现周期性变化。涡旋中的湍流不同于传统大气边界层中的湍流，其水平速度波动的主要来源是有组织的涡旋运动。

图 3.21 所示的是在 $r=0$，$z=0.2\ r_c$处，从归一化时间 $t=1032$ 到 $t=1044$ 范围内，瞬时径向速度和切向速度的时程图。从图中可以观察到，由于有组织的涡旋运动，切向速度和径向速度出现明显脉动；径向速度和切向速度时程图的形状相似且具有周期性；径向速度和切向速度的最大值不同时出现。当龙卷风状涡旋运动到东侧和西侧时，切向风速比径向风速大；而当龙卷风状涡旋向南侧和北侧运动时，切向风速小于径向风速。径向速度和切向速度的正弦形状导致其时均值为 0，同时脉动标准差也几乎相同，这就是在中心处的径向力平衡中，v^2/r 和u^2/r 这两个湍流子项相互抵消的原因。

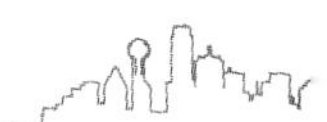

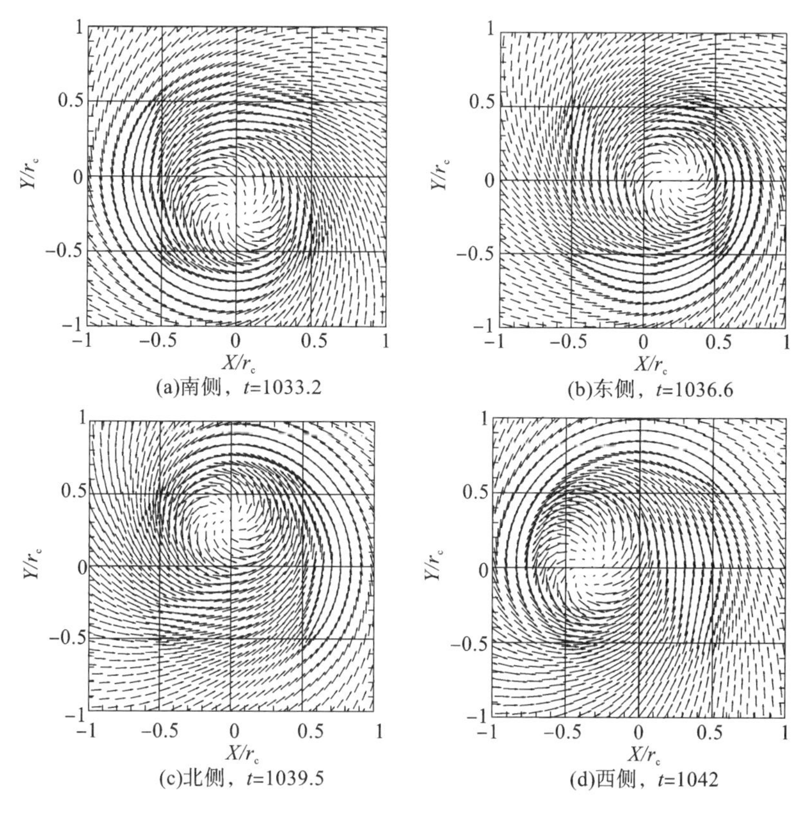

图 3.20 涡旋在 $z=0.2\ r_c$ 水平截面处的瞬时速度矢量

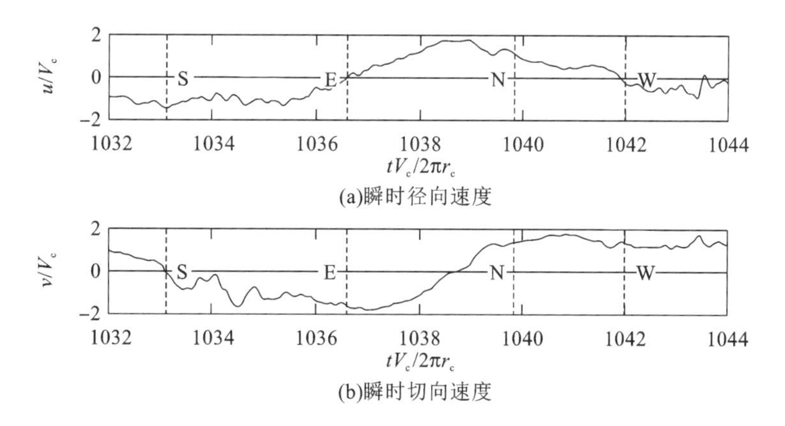

图 3.21 瞬时径向速度和瞬时切向速度的时程图

注：虚线从左到右分别表示龙卷风状涡旋移动到南侧、东侧、北侧和西侧的时间。

图 3.22 为在 $y=0$ 水平截面上矢量分布的时间序列图。每个高度处中心线的垂直速度不会发生明显变化，这可以解释为：即使存在有组织的涡旋运动，模拟器中心和瞬时涡核的距离也不会相差太大，大约会保持 $0.25\ r_c$ 的距离。

在 $r=0$，$z=0.2\ r_c$ 处，从归一化时间 $t=1032$ 到 $t=1044$ 范围内，瞬时径向速度和瞬时垂直速度的时程图如图 3.23 所示。垂直分量中产生非常小且随机的脉动，这一现象表明有组织的涡旋运动与垂直速度脉动之间的相关性并不明显。有组织的涡旋运动并不是垂直速度湍流的主要来源。

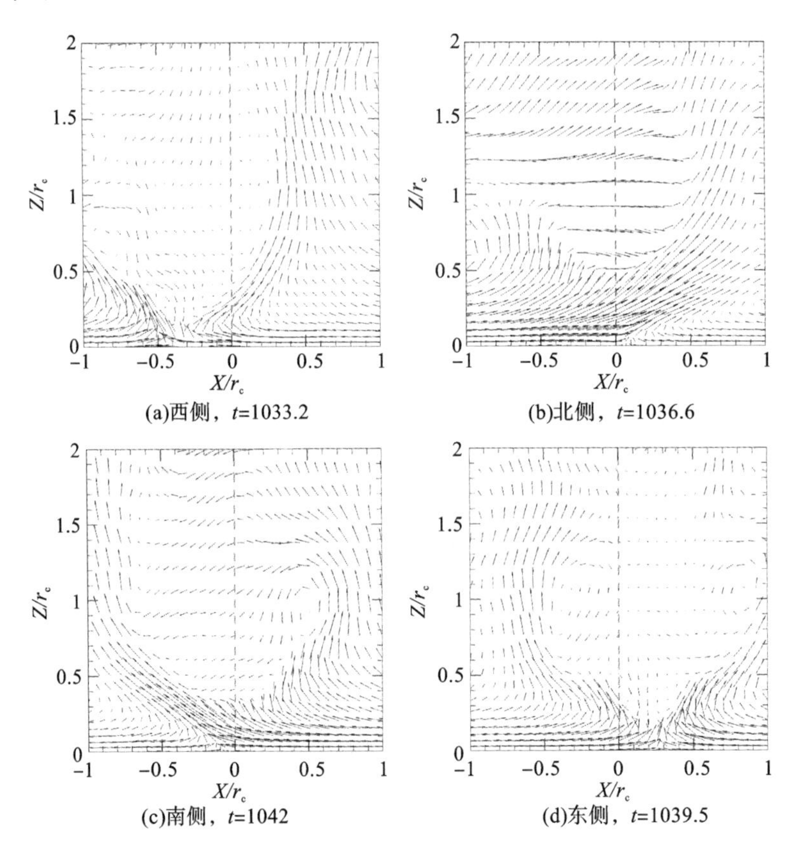

图 3.22　在 $y=0$ 水平截面上矢量分布的时间序列图

注：虚线表示龙卷风的涡核，以便清楚地确定龙卷风的位置，时间 t 是归一化时间。

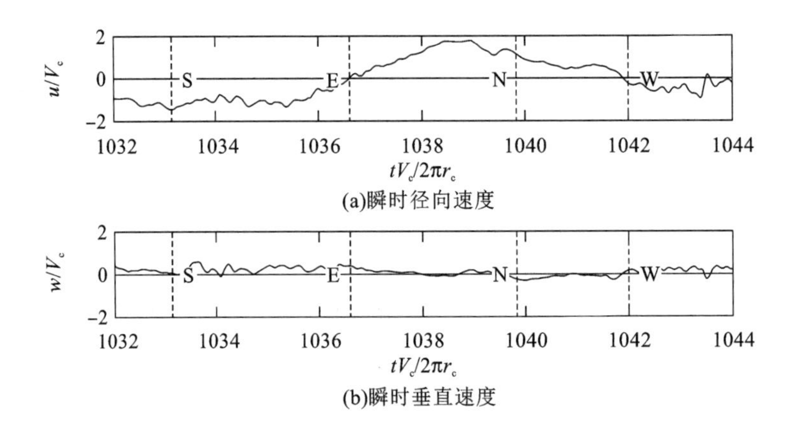

图 3.23　瞬时径向速度和瞬时垂直速度的时程图

注：虚线从左到右分别表示龙卷风状涡旋移动到南侧、东侧、北侧和西侧的时间。

3.3.2 频谱分析

为了量化龙卷风有组织的涡旋运动，采用最大熵模型（MEM）计算出脉动速度 u、v、w 的功率谱密度。在 $r=0$ 处，径向、切向和垂直速度分量相对于无量纲频率 $f=n2\pi r_c/V_c$ 的归一化频谱如图 3.24 所示，其中 n 为自然频率，单位为 Hz。

半径 $r=0$ 处的径向速度谱如图 3.24(a)所示。从图中可看出，在 $z=0.2r_c$ 高度处只观察到 $f=0.08$ 附近出现一个峰值，该峰值对应于有组织的涡旋运动，因此径向脉动速度的主要能量来自涡旋运动。在 $z=0.5r_c$ 高度处，由于流体强混合作用，径向速度分量没有明显峰值。与 $z=0.2r_c$ 处的数据相比，$z=2.0r_c$ 处的主频略向高频区偏移，在 $f=1$ 附近出现一个峰值，对应于龙卷风的自旋。图 3.24(b)所示半径 $r=0$ 处的切向速度谱与径向速度谱相似，脉动能量集中在低频区，这说明切向脉动速度也主要来自涡旋运动。与径向速度分量和切向速度分量相比，图 3.24(c)所示的垂直速度谱较宽，说明垂直脉动速度没有像径向速度分量那样有组织性。此外，在较大高度 $z=2.0r_c$ 处，脉动能量集中在高频区，且在 $f=1$ 附近出现峰值，这说明垂直脉动速度主要是由龙卷风涡核在较大高度处的自旋造成的。

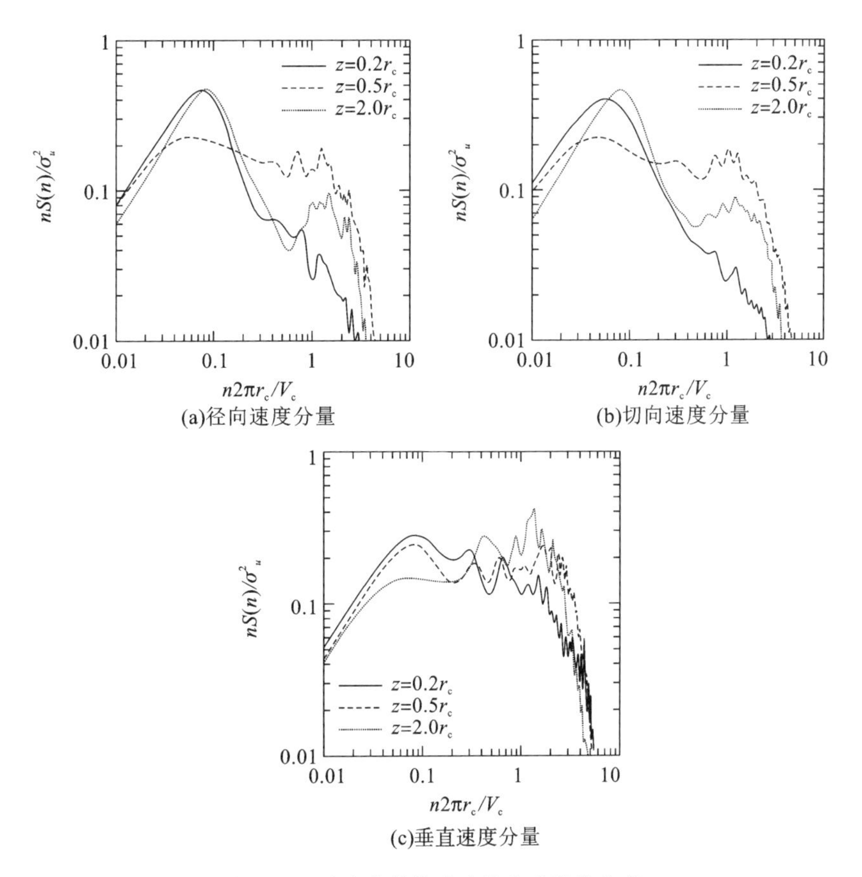

图 3.24 速度分量的脉动速度功率谱密度

注：功率谱密度用σ_u^2/n归一化处理，频率用$V_c/2\pi r_c$归一化处理。

3.3.3 阵风速度

阵风速度是结构设计中的重要参数，通常被称为“3 s 阵风”。模拟龙卷风与自然龙卷风的相似比见表 3.2，其中λ_l、λ_v和λ_t分别表示尺度比、速度比和时间比。本章中用到的自然龙卷风数据来自 DOW 雷达数据库(Dowell 等，2005[24])。

表 3.2　模拟龙卷风与自然龙卷风的相似比

	自然龙卷风	模拟龙卷风	相似比
r_c/m	200	0.0326	$\lambda_l=6134$
V_c/(m/s)	65	8.33	$\lambda_v=7.8$
平均时间/s	3	0.0038	$\lambda_t=786$

图 3.25 为 0.2 r_c高度处，$r=0$ 和 $r=0.5\ r_c$时的归一化平均速度、标准差和阵风速度。从图中可以看到，虽然中心处的平均速度接近于 0，但其阵风速度约为最大平均速度的 2 倍，这说明涡旋运动的速度脉动能产生较大的阵风速度。平均速度和阵风速度在 $r=0.5\ r_c$处时分别增加到 1.37 V_c和 1.88 V_c，而标准差减小到 0.32 V_c，因此，平均速度是阵风速度的主要来源，这也是高阵风速度龙卷风会在中心区域造成巨大破坏的原因。

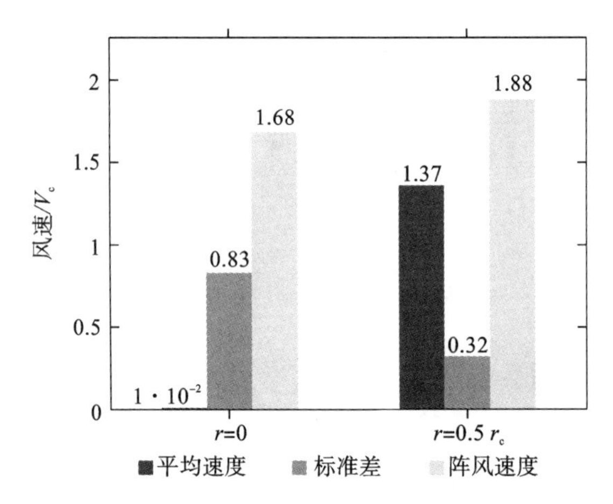

图 3.25　0.2 r_c高度处，$r=0$ 和 $r=0.5\ r_c$时的归一化平均速度、标准差和阵风速度

3.4 总　　结

本章利用 LES 方法研究了触地龙卷风状涡旋的三维湍流流场和动力特性。研究的结论总结如下。

(1) 龙卷风数值模拟器成功地模拟出触地龙卷风状涡旋，且其模拟结果与实验室模拟结果吻合较好。近地面区 $r=0.5\ r_c$处的切向速度达到 1.4 V_c，径向流入集中在近地面薄层中，且在 $r=0.5\ r_c$处径向向内速度峰值约等于V_c。湍流动能的最大值在涡核处，而涡核处的切应力为 0。

(2) 轴对称时均 N-S 方程很好地解释了近地面切向速度和涡核垂直速度的增大。湍流在径向力平衡中作用不大，但在垂直方向力平衡中不可忽视。

(3) 涡旋触地与涡旋运动有关，该涡旋运动是有组织的，而不是随机的。同时涡旋运动是径向和切向湍流分量的主要来源。

(4) 从与龙卷风有组织的涡旋运动有关的脉动速度功率谱密度中可以观察到两个典型的峰值：一个峰值出现在 $f=0.08$ 附近，对应有组织的涡旋运动；另一个峰值出现在 $f=1$ 附近，对应龙卷风涡核的旋转。

(5) 涡核处的平均速度约为0，其阵风速度为 $1.68\,V_c$，在 $r=0.5\,r_c$ 处的阵风速度主要来源于平均速度。这可以解释为什么高阵风速度龙卷风会在中心区域造成巨大破坏。

第 4 章　龙卷风状涡旋的相似性

第 3 章研究了触地状态下龙卷风状涡旋的动力特性，通过将模拟流场与实验流场进行比较，发现模拟结果与实验结果吻合较好，验证了该数值方法对这类流体良好的模拟效果。然而，要系统地研究龙卷风状涡旋，仅研究一种情况是不够的，因为自然界中的龙卷风种类多样。藤田尺度法是根据龙卷风造成的破坏程度对其进行分类的，并在抗龙卷风设计中已经得到了全球认可。正如第 1 章所介绍的，风速以及龙卷风的涡核半径也可以用藤田尺度来估计。在实验室模拟和数值模拟中，虽然已经能够重现在自然界中观察到的所有龙卷风状涡旋类型，但是，如何将模拟结果转化为真实结果仍未解决，且这意味着无法将模拟得到的龙卷风状涡旋用于土木结构设计中。本章将提出一种建立模拟龙卷风与自然龙卷风之间有效联系的方法。

本章采用 LES 方法来研究单核涡和多核涡。第 1 节介绍了一种改进的数值模型，包括改进的边界条件和改进的网格生成方法。第 2 节研究了 4 种典型的龙卷风结构——单核涡、涡旋破裂、涡触地和多核涡，并提供湍流流场相关的详细信息。采用轴对称时均 N-S 方程计算径向和垂直方向的力平衡。第 3 节用局部涡流比来描述龙卷风表面强度和龙卷风状涡旋几何形状，并探究了模拟龙卷风与全尺度龙卷风的相似性，导出局部涡流比与藤田尺度的关系，将模拟龙卷风状涡旋转换为全尺度龙卷风。最后，第 4 节对研究结果进行了总结。

4.1　数值模拟参数

本节将着重介绍如何改进数值模拟器，由于本书所使用的模拟器在所有情况下的几何形状都是相同的，因此在本节中只提供关于边界条件设置和网格系统生成的修改信息。本节还总结了涡流比的各种定义，并给出具体的表达式。

4.1.1　边界条件和网格系统

第 3 章的实验研究对导叶进行直接模拟，但这一做法不便于进行系统检验，因为要验证导叶角度，必须重新生成数值模拟器，这是非常耗时的。另一个重要的问题是，如果导叶角度非常大，偏斜的角度将会变小，会导致网格质量下降。为了克服导叶模拟的难题，本节提供另一个简化的数值模拟器，该模拟器能在保持网格质量的同时进行系统仿真。

改进后的数值模拟器的几何形状如图 4.1 所示，将第 3 章使用的导叶全部移除，使用速度剖面来代替其提供汇流区的角动量。壁面核底部设置为无滑移壁面边界条件，$u=(0,0,0)$以及 $\partial p/\partial n=0$。在汇流区入口处，边界条件为 $\partial p/\partial n=0$。模拟器出口处的边界条件为 $p=0$ 和 $\partial\varphi/\partial n=0$。在多孔介质模拟的对流区域，采用蜂窝状结构以减少湍流进入，同时，将惯性阻力因子C_d在 x、y、z 方向上的值分别设为 1000、1000、0。大气边界层的风廓线通常是对数

性质的，因此使用对数风廓线方程。实际中，在无法获得地面粗糙度或大气稳定性信息的情况下，也常采用风廓线幂次关系来代替对数风廓线。图4.1详细地给出了速度分量的剖面图，利用风廓线幂次关系，将入口处的速度剖面计算公式表示为：

$$\begin{cases} u_{r_s}=U_1\left(\dfrac{z}{z_1}\right)^{\frac{1}{n}} \\ V_{r_s}=-U_{r_s}\tan\theta \end{cases} \tag{4.1}$$

式中，U_{r_s} 和 V_{r_s} 分别是 $r=r_s$ 处的径向速度和切向速度。指数 $1/n$ 是根据经验导出的系数，随大气稳定性变化而变化。对于中性稳定条件，n 的值约为7(该项研究采用这个值)。θ 为流入角的大小。为了匹配第3章导叶内环处的速度剖面，将速度 U_1 和高度 z_1 分别设置为0.24 m/s和0.01 m，其中流入角为60°。

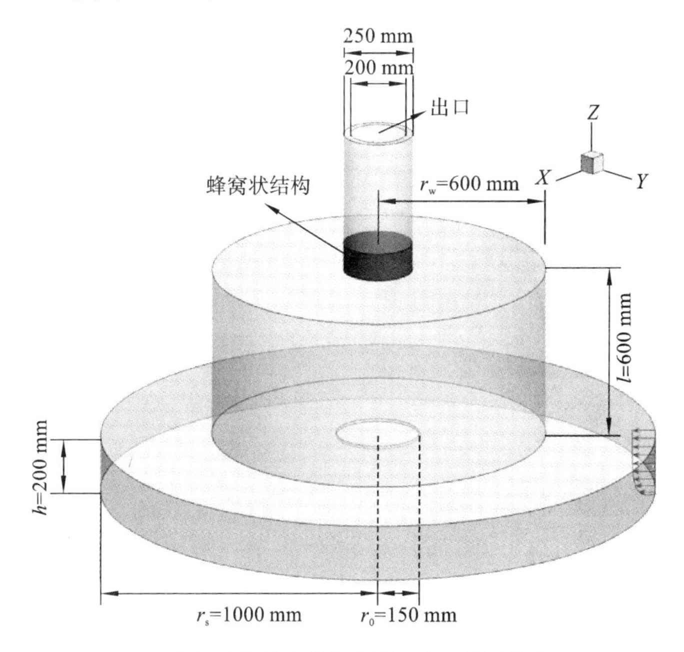

图4.1 改进后的数值模拟器的几何形状(单位:mm)

图4.2为改进后的数值模型的网格系统，可以清楚地看到：移除导叶后更容易生成网格，同时网格质量也相应得到提高。与第3章方法相同，在模型的正中心处应用非结构化四边形网格，从 $r=2.5$ cm处到汇流区入口都采用结构化网格。最小网格偏斜度大于70°，相应的偏斜度计算结果为0.15。

4.1.2 涡流比定义

Monji[1985][79]认为涡流比是确定龙卷风状涡旋流动结构的最重要参数，特别是对于高雷诺数的情况。在过去的几十年里，人们对该参数提出了各种各样的定义，因此在这里有必要简要介绍这些定义。

在Church等[1979][17]、Mitsuta和Monji[1984][77]、Mishra等[2008][76]、Matsui和Tamura[2009][72]、Tari等[2010][109]的实验室模拟研究，以及Rotunno[1977][98]、Wilson

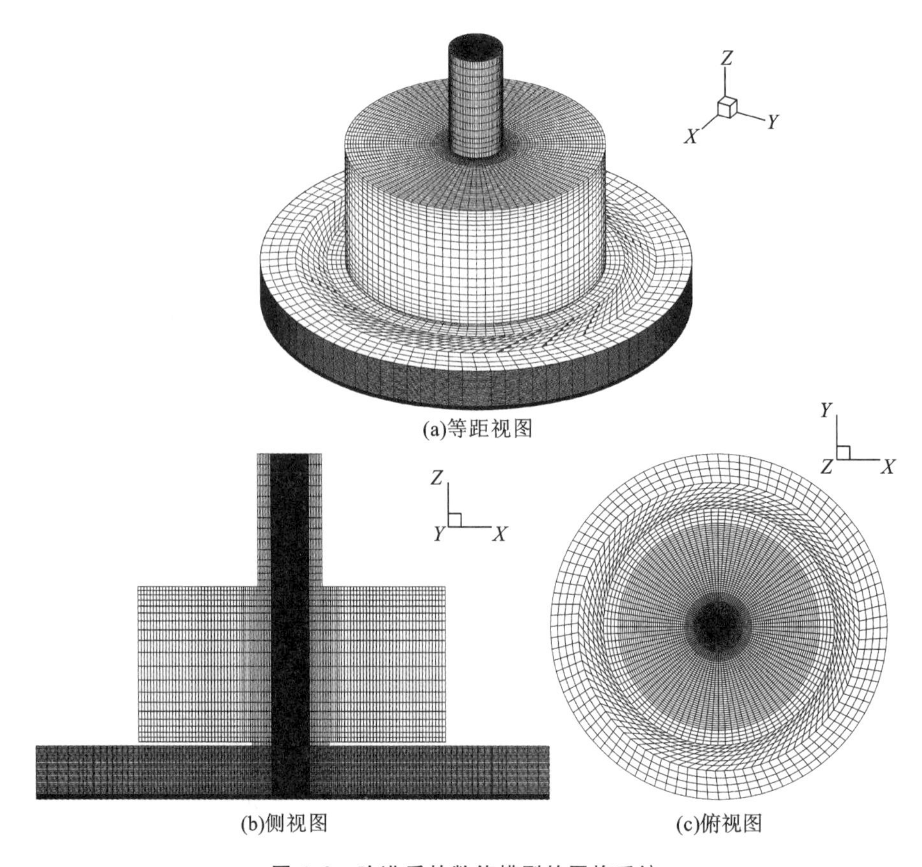

图 4.2 改进后的数值模型的网格系统

[1977][117]和 Ishihara 等[2011][47]的数值模拟研究中，涡流比被定义为角动量与径向涡流动量之比，表达式为：

$$S_E=\frac{\Gamma_\infty}{2Qa}=\frac{\tan\theta}{2a} \tag{4.2}$$

式中，Γ_∞是汇流区外边缘处的环周动量，该值可用旋转隔子提供角动量的模拟器计算得出，计算公式为$\Gamma_\infty=2\pi r_s h V_{r_s}$。$a$ 为入口层高度 h 与上吸孔半径r_0之比。当采用导叶代替旋转隔子时，可以用 $\tan\theta$ 代替环周动量与体积流量的比值，其中，θ 为导叶角度。上述涡流比表达式中的所有参数均由几何形状确定，因此该定义可归类为外部涡流比。

然而，Haan 等[2008][36]将涡流比修正为：

$$S=\frac{r_c\Gamma_c}{2Qh}=\frac{\pi r_c^2 V_c}{Q} \tag{4.3}$$

式中，Γ_c 是涡旋的涡核区域的环周动量，计算公式为 $\Gamma_c=2\pi r_c h V_c$；V_c为最大切向速度；r_c代表半径。在此表达式中，参数不再是显式的，因为根据外部几何条件无法直接得到 V_c 和 r_c。因此该定义可归类为混合涡流比。在 4.2 节中，将采用混合涡流比 S 对流场进行系统比较。

对于自然界中的龙卷风，由于无法控制其环流和流量，所以外部涡流比和混合涡流比不再适用。因此，根据测量涡流周围控制体内的环流和流量，涡流比S_l可定义为：

$$S_{\mathrm{I}} = \frac{r_v}{2h_v} = \frac{\int_0^{h_v} \Gamma(r_v, z)\mathrm{d}z}{\int_0^{r_v} W(r, h_v) 2\pi r \mathrm{d}r} \tag{4.4}$$

式中，r_v和h_v分别是涡流周围控制体的半径和高度；Γ是单位高度的环周动量，计算公式为$\Gamma=2\pi V_r$。Haan 等[2008][36]对内部涡流比进行研究，发现该内部涡流比与外部涡流比和混合涡流比具有相同的特征。不同的是，内部涡流比取决于控制体尺寸的大小，在较大的控制体中具有较高的数值，在较小的控制体中具有较低的数值。

Lewellen 等[2000][61]提出了局部涡流比S_c的定义，表示为：

$$S_c = \frac{r_c^* \Gamma_\infty^{*2}}{Y} \tag{4.5}$$

式中，r_c^*为特征长度尺度，计算公式为$r_c^* \equiv \Gamma_\infty^*/V_c$。外部区域单位高度内的环周动量表示为$\Gamma_\infty^* = V(r_2, z_2) r_2$。流经角部区的环周动量$Y$，表示为：

$$Y \approx 2\pi \int_0^{r_2} W(r, z_2) \Gamma_d(r, z_2) r \mathrm{d}r \tag{4.6}$$

式中，Γ_d为角动量，定义为$\Gamma_d(r, z_2) = V(r_2, z_2) r_2 - V(r, z_2) r$，$r_2$和$z_2$值的大小由 Lewellen 等[2000][61]给出，见表 4.1。在 4.3 节中，采用局部涡流比S_c进行龙卷风状涡旋相似性分析。工况设置及龙卷风状涡旋参数，包括外部涡流比、混合涡流比、局部涡流比等见表 4.1。

表 4.1 工况设置及龙卷风状涡旋参数

工况	入流角/(°)	S_E	S	S_c	V_c/(m/s)	r_c/m	r_2/m	z_2/m
1	46.8	0.4	0.02	0.71	10.7	0.014	0.123	0.049
2	58.0	0.6	0.06	1.59	9.8	0.024	0.120	0.039
3	64.9	0.8	0.12	2.36	9.1	0.035	0.146	0.039
4	69.4	1.0	0.23	2.93	9.6	0.047	0.150	0.042
5	76.0	1.5	0.34	4.16	11.0	0.054	0.152	0.041
6	79.4	2.0	0.69	5.39	12.4	0.073	0.171	0.039
7	82.1	2.7	1.06	6.74	14.3	0.084	0.193	0.036
8	83.5	3.3	1.58	7.96	16.0	0.097	0.239	0.035
9	84.4	3.8	2.44	8.89	18.6	0.112	0.295	0.034

4.2 流场特性

本节将首先对流场进行可视化，以提供不同涡流比下龙卷风结构的形态，然后详细研究平均流场和湍流流场，最后分析径向和垂直方向的动量收支。

4.2.1 流场可视化

为了使气流可见，从模型底部注入粒子作为可视化物质。随着涡流比的增大，涡旋将经历不同的阶段,四种典型龙卷风状涡旋的粒子可视化图像如图 4.3 所示。忽略惯性效应以及粒子与周围流体之间的相互作用,通过流体对粒子产生力的积分,计算出粒子的位置。

当 $S=0.02$ 时,龙卷风中心处具有平滑的层流。核心从地表向上延伸至高海拔处,并在径向上随高度增大而轻微扩展,如图 4.3(a)所示。正如 Ward[1972][115] 所发现的一样,粒子会在高海拔处形成一种螺旋面。

当 $S=0.06$ 时,流体从一个紧密的层流涡过渡到湍流状态,出现涡旋破裂现象。底部核心狭窄的层流向上流动,直至遇到突然膨胀的循环涡泡,如图 4.3(b)所示。在过渡区,流体通常为湍流状态。粒子显示表明涡旋在破裂阶段非常不稳定,且在一个平均位置附近振荡。

当涡流比进一步增大,涡核半径增大,破裂高度减小,如图 4.3(c)所示,当 $S=0.23$ 时,涡旋恰好在边界层上方破裂。下部径向射流和向下射流脱离垂直轴,在近地面锥形涡和高空圆柱形涡的交界面上产生一个畸变气泡,该阶段为涡旋触地阶段,并在第 3 章的数值模型中对其进行了详细研究。

随着涡流比的进一步增大,当 $S=2.44$ 时,破裂涡旋被迫向地表移动,且涡旋核心急剧膨胀,留下一个相对平静的内部核心,如图 4.3(d)所示。随着核心的膨胀,内部下行流渗透至下表面,且明显看出几个子涡围绕母涡旋转。

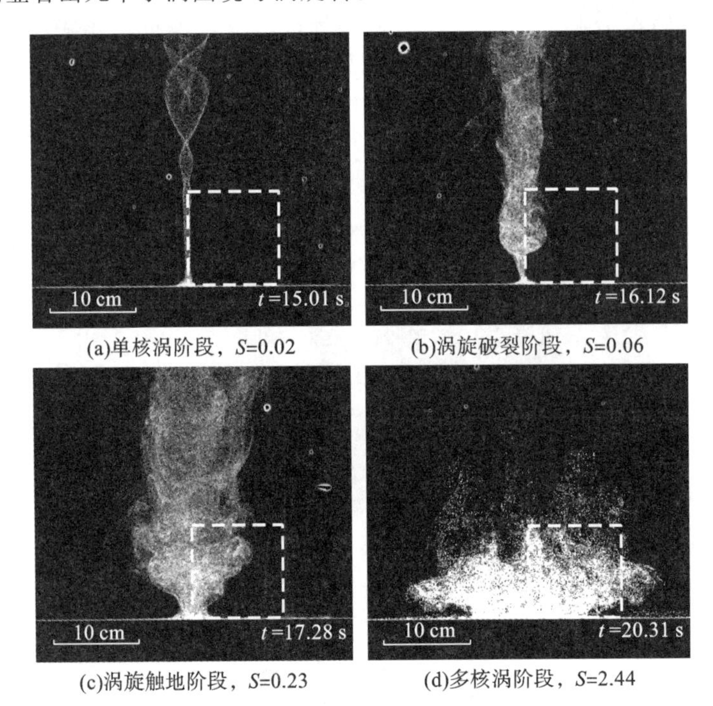

图 4.3 四种典型龙卷风状涡旋的粒子可视化图像

注:1. 用虚线绘制的正方形表示流线区,实线表示图中的尺寸比例。

2. 龙卷风的形状随时间变化而变化,图中只显示了具有代表性的时间点的形状。

涡旋结构与雷诺数有关,Church 等[1979][17] 和 Monji[1985][79] 表明涡旋类型是雷诺数和涡流比的函数。但涡旋类型与雷诺数的关系不大,且随着雷诺数的增大,对涡旋类型的影响逐渐减小。

四种典型龙卷风状涡旋径向-垂直面的平均流场流线如图 4.4 所示，在 $S=0.02$ 的情况下，边界层入射流一直穿透到轴线处，然后向上转变为强上升气流，形成单核涡，如图 4.4(a)所示。随着涡流比增大到涡旋破裂阶段，边界层内流也穿透到中心并上升，但垂直流脱离垂直轴从而形成膨胀泡。在涡旋触地阶段，即 $S=0.23$ 时，内部向下流体渗透到地面上方位置，畸变气泡向更靠近地面位置移动，如图 4.4(c)所示。图 4.4(d)中，当涡流比增大到 2.44 时存在明显的双核结构。径向射流不能穿透中心，而是在驻环上向上和向外运动。该现象产生的原因为内部下行流体接触地面并改变方向，成为向外的径向射流，与向内的径向射流相互作用，阻止其进一步靠近轴线，因此形成驻环。值得注意的是，虽然最大速度的径向位置随着涡流比的增大而向外移动，但其高度变化很小，维持在约 0.012m。

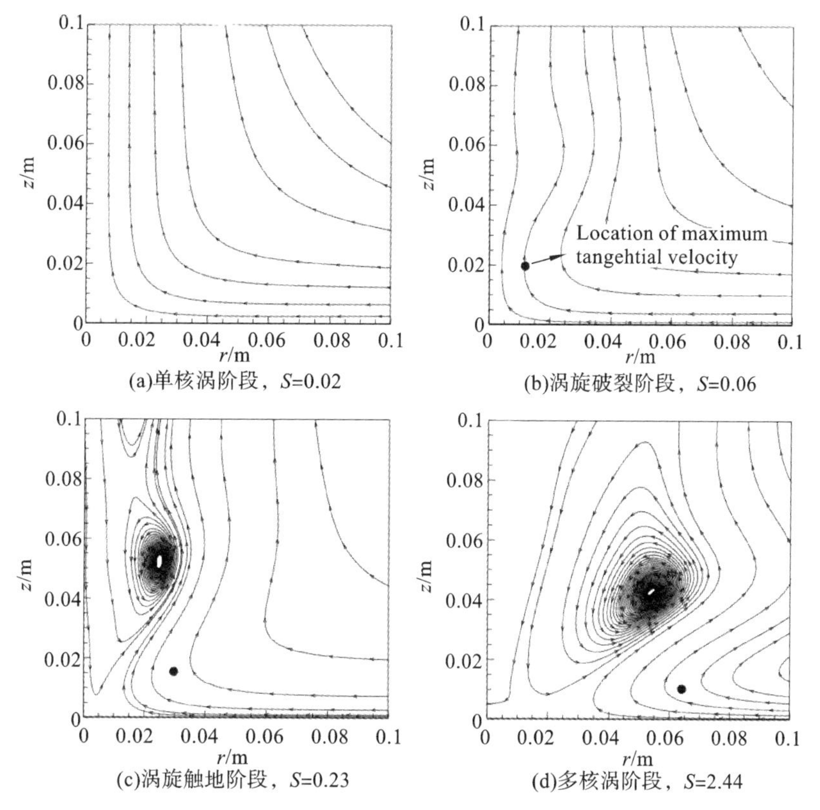

图 4.4 四种典型龙卷风状涡旋径向-垂直面的平均流场流线

注：最大方位速度的位置标记为“·”，箭头表示流体的方向。

图 4.5 为四个典型阶段的平均压力等值面，图中清楚地显示了龙卷风核心的膨胀过程。当涡流较弱时，中心低压无法接触底部，因此地面上的压降并不明显。当涡流比增大到涡旋破裂阶段时，涡形较薄处受到扰动，从压力等值面中可以清晰地识别出涡泡。从图 4.5(c)中可以看出，中心低压接触地面后，出现一个非常大的压降，该现象将在接下来的讨论中进行定量研究。当龙卷风达到多核涡阶段时，核心尺寸将进一步增大，如图 4.5(d)所示。

上述现象的定量分析可以通过研究平均速度分量来实现。在接下来的讨论中，流场将通过旋转平衡区的最大切向速度V_c进行归一化处理，而垂直尺寸则根据上吸孔半径r_0进行

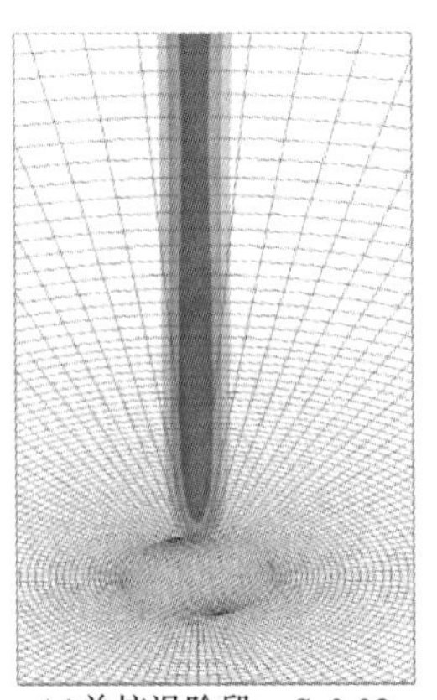

(a)单核涡阶段，S=0.02

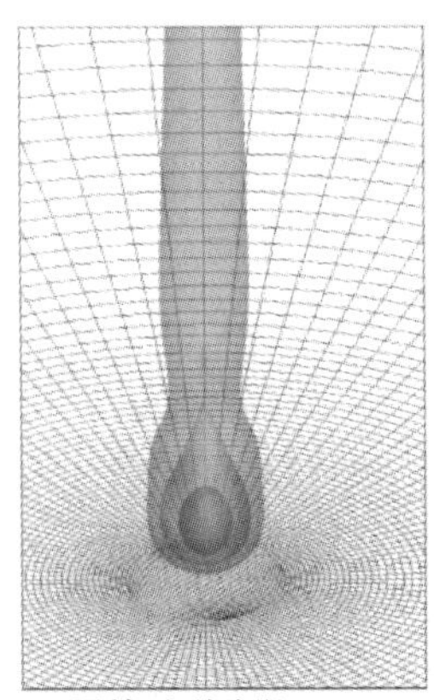

(b)涡旋破裂阶段，S=0.06

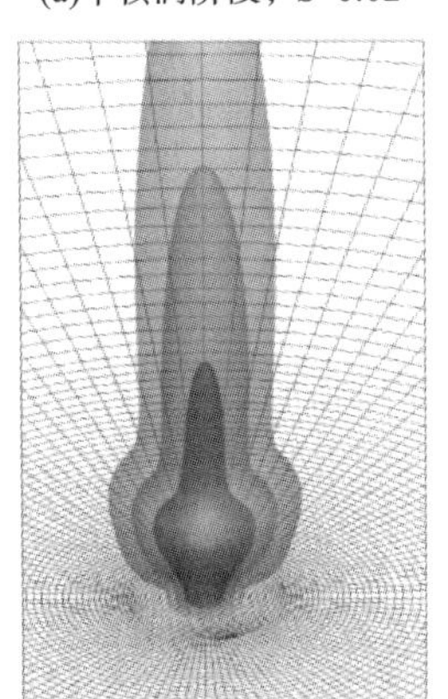

(c)涡旋触地阶段，S=0.23

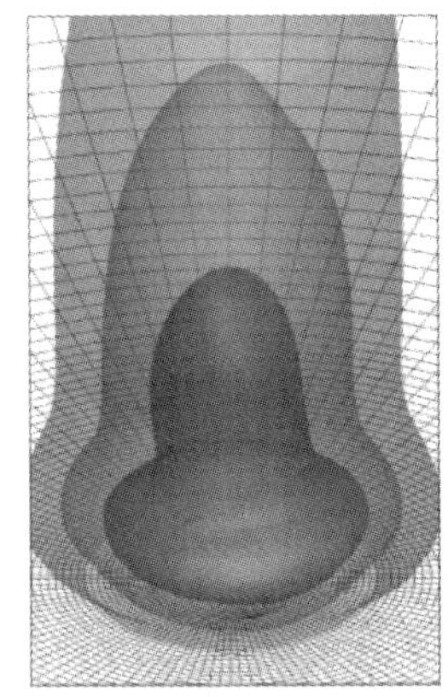

(d)多核涡阶段，S=2.44

图 4.5 四个典型阶段的平均压力等值面

调整，在垂直方向上选择该无量纲参数是考虑到最大切向速度的高度几乎为常数。此外，径向距离采用旋转平衡区内龙卷风状涡旋的核心半径r_c归一化。

4.2.2 平均流场

图 4.6 显示了四种典型龙卷风状涡旋归一化平均切向速度的径向剖面。对于 $S=0.02$ 这种极小的涡流比，除了非常接近地面的位置外，平均切向速度场均为二维形态，且根据每个高程最大切向速度位置定义的涡核半径几乎是一致的。如图 4.6(b)所示，对于 $S=0.06$ 这种较大的涡流比，其三维特征显著。一方面，涡旋射流出现在最大切向速度为 1.6 V_c的表层；另一方面，核心半径随高度从 0.5 r_c增加到r_c后形成了漏斗形状。进一步增大涡流比到涡旋触地和多核涡阶段，最大切向速度V_{max}与V_c之比接近一个常数，其值在 1.3～1.5 之间变化，其中V_{max}的径向位置变化较小，始终在 0.5 r_c附近。与 Matsui 和 Tamura[2009][72]的混合涡流比为 1.14 的实验结果以及 Haan 等[2008][36]的实验结果对比，结果表明数值模拟结果与实验结果吻合较好。

图 4.7 为四种典型龙卷风状涡旋归一化平均径向速度的垂直剖面。当 $S=0.02$ 时，径向速度在外部区域的最大值为 0.6 V_c，并随着向中心的靠近而减小，如图 4.7(a)所示。随着

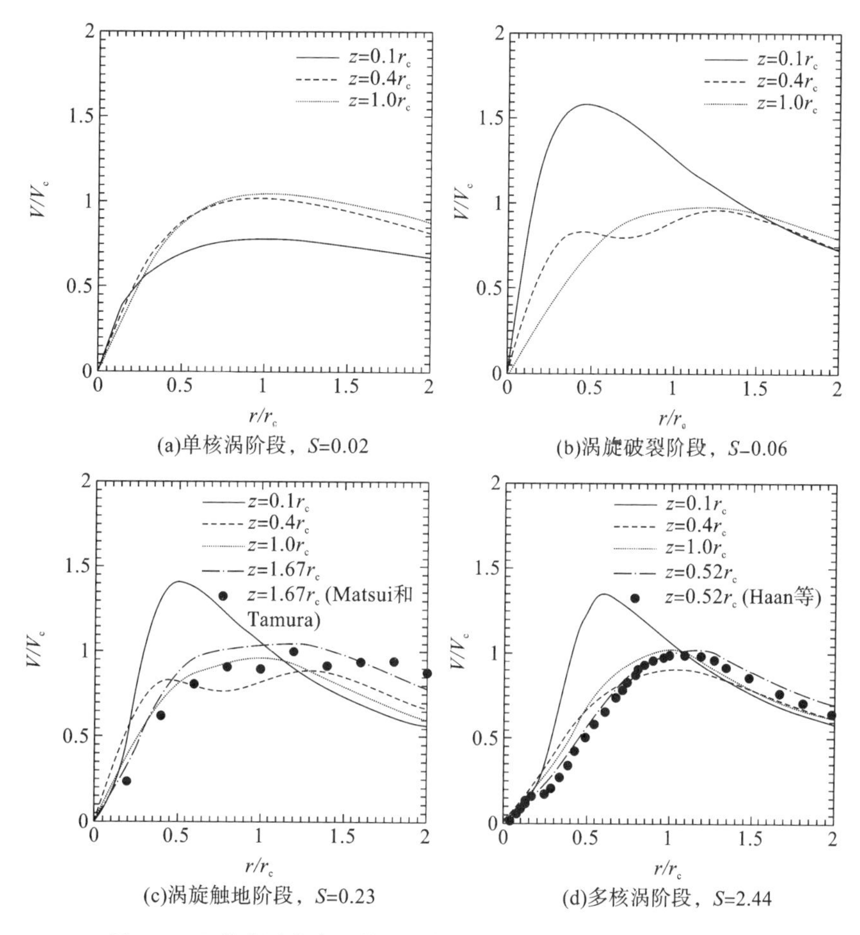

图 4.6　四种典型龙卷风状涡旋归一化平均切向速度的径向剖面

注：图中以"•"图示的实验数据取自 Matsui 和 Tamura[2009][72]以及 Haan 等[2008][36]的研究。

涡流比的增大，当 $S=0.06$ 时，在核心出现径向速度的反转点。在核心的环状区域处，$r=r_c$ 时，径向速度峰值约为V_c。进一步增大涡流比至 $S=0.23$ 和 $S=2.44$ 时，径向速度分布与涡旋破裂阶段有明显的相似性。首先，在外部区域没有反转点；其次，最大径向速度约为V_c且反转点的厚度随着径向距离的减小而减小。通过对不同情况下的剖面进行比较，可以看出大部分径向流动集中在紧邻地面厚度小于 $0.4\,r_c$ 的薄层中。这种径向流动的集中是由于表面摩擦产生有利的径向压力梯度造成的。

如图 4.8 所示为四种典型龙卷风状涡旋归一化平均垂直速度的垂直剖面。当 $S=0.02$ 时，垂直速度在中心处最大，且随着半径的增大而减小。当 $S=0.06$ 时，中部垂直射流发生在低高程位置，且最大垂直速度W_{max}约为V_c的 2.6 倍，这种明显的垂直射流是由于径向射流改变其方向为向上所致，然而垂直速度随高度的增加急剧下降，最终在 $z=r_0$ 处几乎为零。随着径向距离的增加，垂直速度峰值减小，其对应高度向上移动。当涡流比增大到涡旋触地阶段时，中心处的垂直速度方向转为向下，且最大垂直速度减小到 $0.8\,V_c$，对应位置移动到 $r=0.5\,r_c$处，垂直速度集中在 $0.5\,r_c<r<r_c$区域。对于较大的涡流比，即 $S=2.44$ 时，由于涡核膨胀并留下了一个平静的内部亚核心，垂直向下速度比涡旋触地阶段小。

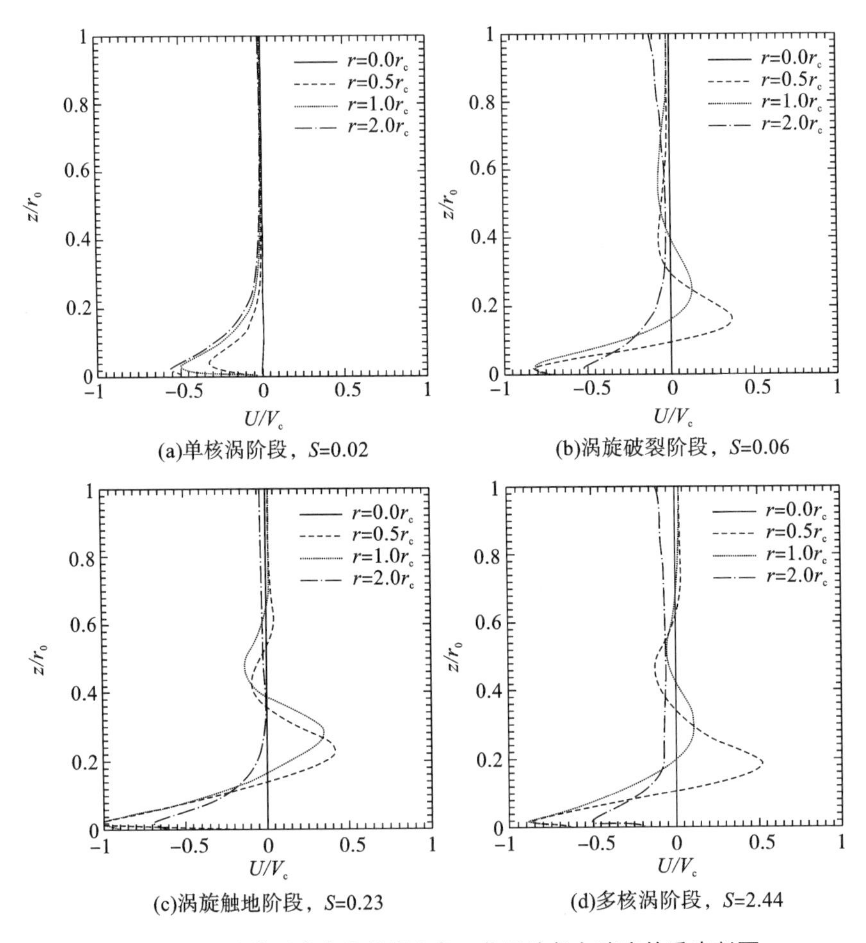

(a)单核涡阶段，S=0.02　(b)涡旋破裂阶段，S=0.06

(c)涡旋触地阶段，S=0.23　(d)多核涡阶段，S=2.44

图 4.7　四种典型龙卷风状涡旋归一化平均径向速度的垂直剖面

压力系数C_p是抗风设计的另一个重要参数，以进气口压强作为参考压强计算压力系数，用V_c计算动压。图 4.9 为不同涡流比下的地表压力系数的径向分布图。在单核涡状态下，剖面基本平坦，中心的压降很小。对于较高的涡流比，剖面在外部区域表现出一致性，但在中心附近各不相同。涡旋破裂阶段的压降与涡旋触地阶段和多核涡阶段相比较小。随着涡流比增大到 $S=0.23$ 时，中心的压力系数迅速下降到 -2.6，说明涡泡向表层移动。当涡流比进一步增大到多核涡阶段时，剖面中心附近变平。在 Haan 等[2008][36] 的研究中也出现了中心地表压力系数的平坦剖面，并且与工况 9 的龙卷风的结果吻合较好。这种平坦曲线可能是中心沿涡轴向下的气流造成的(Haan 等，2008[36])。

图 4.10 为最大切向速度和核心半径相对于高度的垂直分布。如图 4.10(a)所示，在高度较高时，最大切向速度在 $r=r_c$处约为V_c，在接近地面时，最大切向速度约为 1.5 V_c。由于大多数工程结构存在于地表层，因此这种切向速度的增大对抗风设计影响很大。通过对最大切向速度分布的比较，可以发现涡旋破裂阶段后的形状具有相似性。切向速度初始时增大到最大值，随着高度的进一步增大，其减小到一个较小值并变成一个常数，最大切向速度在高度为 0.1 r_0 附近经历涡旋破裂阶段后没有表现出剧烈变化。单核涡核心半径 R 几乎是一个常数，如图 4.10(b)所示。当涡流比增大到涡旋破裂阶段时，核心半径受到干扰，随着

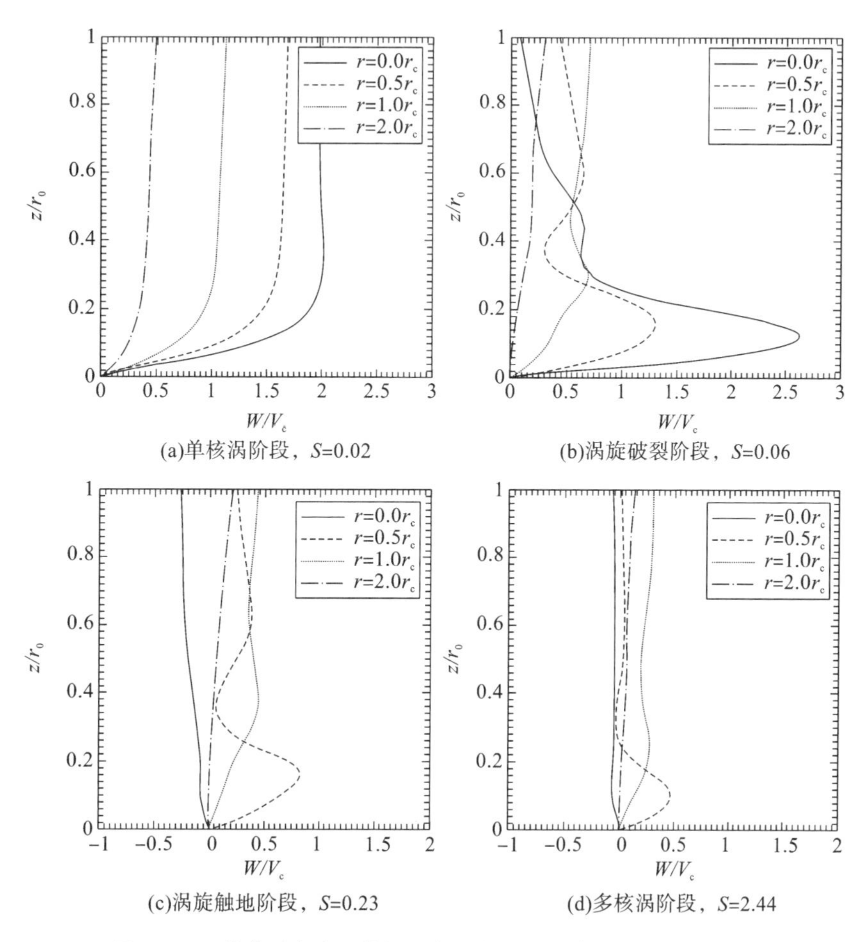

图 4.8　四种典型龙卷风状涡旋归一化平均垂直速度的垂直剖面

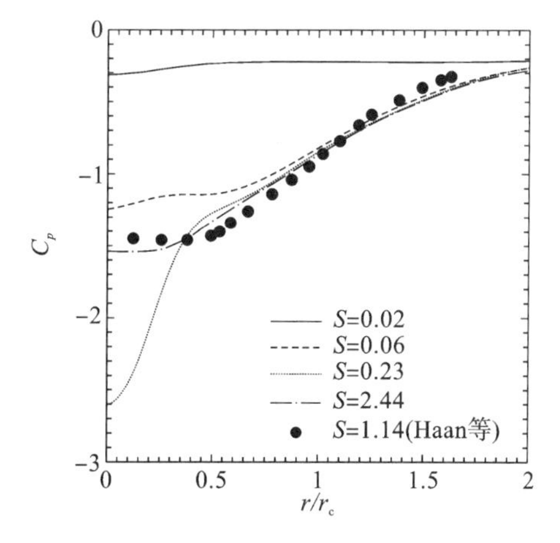

图 4.9　不同涡流比下的地表压力系数的径向分布图

注："•"为 Haan 等[2008][36]的实验数据。

高度的增加，核心半径从小于中心半径r_c的值增加到最大值为 1.2 r_c，然后在高度较大时逐渐减小，最后成为一个常数r_c。$S=0.23$ 时的核心半径分布与涡旋破裂阶段时相似，但进一步增大涡流比时，核心半径在剖面中出现不连续现象，表明在近地面处形成了锥形涡，而在高空形成了圆柱形涡，Hangan 和 Kim[2008][37]在 CFD 模拟中也捕捉到了这种不连续性。

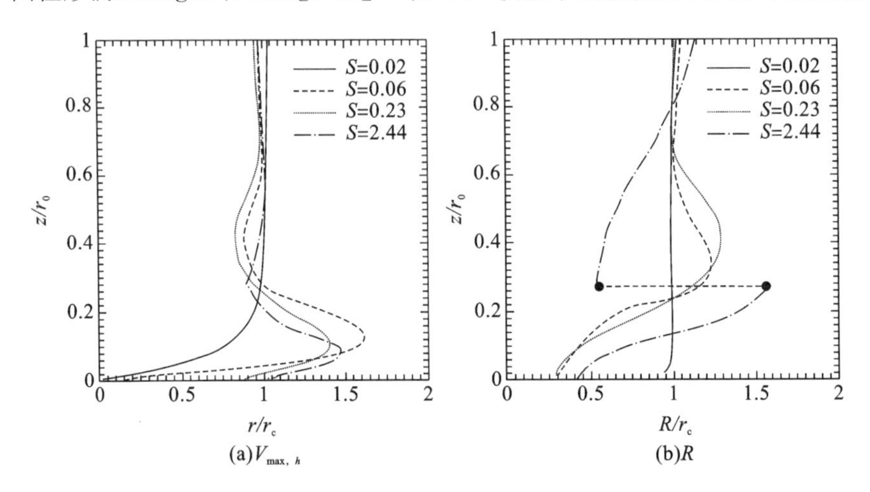

(a)$V_{max,h}$　　(b)R

图 4.10　最大切向速度和核心半径相对于高度的垂直分布

注：在高涡流比的情况下，核心半径不连续，用两个“•”之间的虚线表示。

表 4.2 为龙卷风状涡旋的代表性参数及数值结果，以提供有关地表强化和龙卷风状涡旋几何结构的综合信息。

表 4.2　龙卷风状涡旋的代表性参数及数值结果

工况	S	S_E	S_I	S_c	V_c/(m/s)	r_c/m	r_2/m	z_2/m
1	0.02	—	—	—	—	—	—	−5
2	0.06	−10.6	15.7	25.3	0.013	0.02	—	−106
3	0.12	−8.6	12.2	10.1	0.021	0.016	0.013	−205
4	0.23	−9.2	13	6.2	0.027	0.015	0.018	−216
5	0.34	−9.6	13.7	6	0.035	0.014	0.023	−339
6	0.69	−11.1	17.1	5.7	0.043	0.013	0.033	−410
7	1.06	−11.8	19	4.7	0.055	0.012	0.041	−509
8	1.58	−13.7	21.8	4.7	0.058	0.011	0.05	−619
9	2.44	−15.9	26.6	5	0.063	0.01	0.06	−674

图 4.11 为代表性参数与涡流比的关系。在单核涡阶段，流场为二维状态，且在地面附近没有增强，因此只对涡旋破裂后（包括涡旋破裂）的阶段进行代表性参数研究。如图 4.11(a)所示，V_{max}和V_c由涡旋破裂阶段突然下降为涡旋触地阶段。在涡旋破裂阶段后，V_{max}和V_c几乎随涡流比的增大而呈线性增大，这说明可以将涡旋破裂后的阶段划分为一组，对于

$-U_{min}$也可以发现类似的趋势。W_{max}在涡旋破裂阶段可以识别出一个非常大的值。从图4.3(b)的流场显示中可以发现地表附近存在一个涡旋破裂的收缩段,这意味着向上流动的水平截面面积非常有限,因此径向向内流动的流体在中心相遇后将向上运动,因此流体会有相当大的加速度。在涡旋破裂阶段后,W_{max}呈缓慢下降趋势,然后趋于稳定。由 Ishihara 等[2011][47]提出的切向速度产生的离心力与压强梯度平衡可知,P_{min}与V_{max}有关。从图4.11(c)可以看出,与V_{max}和V_c类似,在涡旋触地阶段后,P_{min}也随涡流比的增大而增大,但没有出现从涡旋破裂阶段到涡旋触地阶段突然下降的现象。这是因为在涡旋破裂阶段涡泡没有接触地面,实际上在这一阶段全局最低气压在半空中就达到−570 Pa。对于最大切向速度的半径$r_{v_{max}}$,由于涡流比的增大,切向速度以及离心力也随之增大,因此原始压强梯度不能与增大的离心力达到平衡,从而使流体外推,直到达到一个新的平衡。图4.11(d)证明了上述关于$r_{v_{max}}$趋势的分析,其中$r_{v_{max}}$随着涡流比的增大而增大。对于最大切向速度位置的高度$h_{v_{max}}$,其在所有情况下几乎不变。

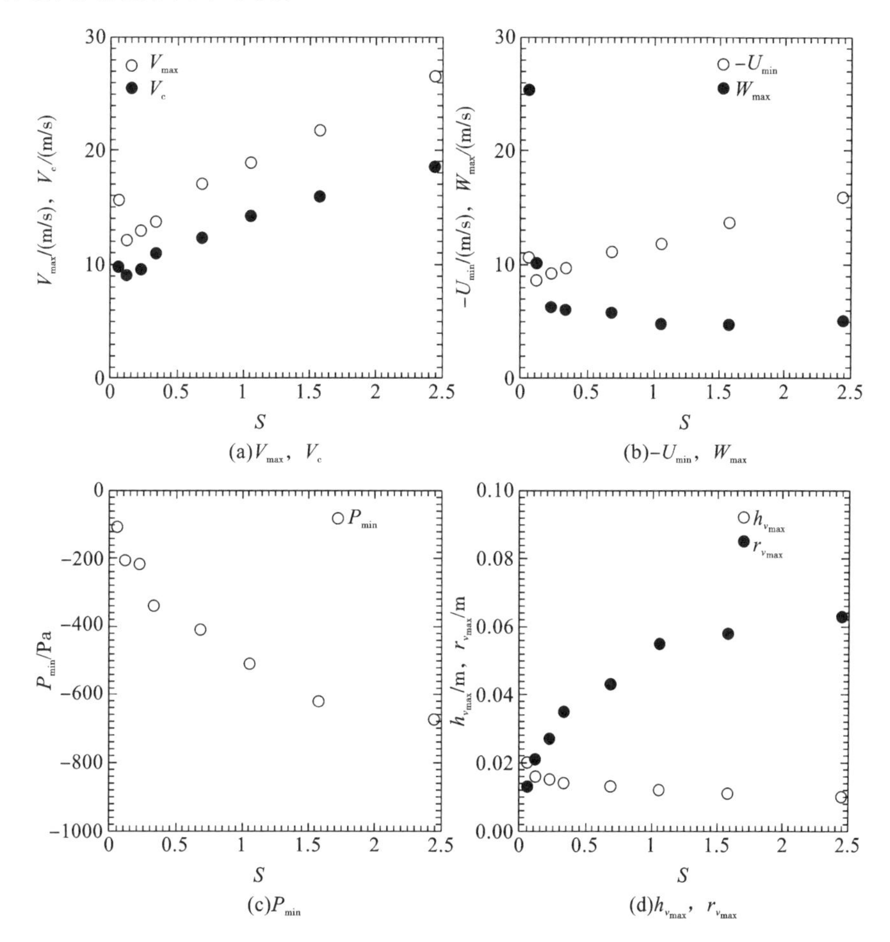

图 4.11 代表性参数与涡流比的关系

注:U_{min}为最小平均径向速度,V_{max}为最大平均切向速度,W_{max}为最大平均垂直速度,$r_{v_{max}}$和$h_{v_{max}}$分别为最大切向速度处的半径和高度,r_n为核心半径,P_{min}为地表最小压强。

4.2.3 湍流流场

Ishihara 和 Liu[2014][46]通过对涡旋触地阶段龙卷风状涡旋的湍流流场进行详细研究，得到接近地面处的湍流特征对龙卷风状涡旋相当重要的结论。Tari 等[2010][109]利用 PIV 方法在实验观测的基础上提供了不同涡流比下龙卷风状涡旋的湍流信息，但受 PIV 方法的限制，得到的湍流信息（尤其是切向速度分量的湍流信息）不详细和不可靠。因此，本小节通过数值模拟，系统地研究龙卷风状涡旋流场的湍流特征以及涡流比之间的耦合效应，并通过切向脉动、径向脉动、垂直脉动和表面压强脉动的均方根定量研究湍流特征。

图 4.12 为四种典型龙卷风状涡旋归一化切向脉动均方根的径向剖面。可以看出，在单核涡阶段，即 $S=0.02$ 时，其切向脉动均方根较小。随着涡流比增大到涡旋破裂阶段，即 $S=0.06$时，切向脉动均方根突然增大，且剖面变化明显。中心的切向脉动均方根达到最大值，约为 $0.8V_c$，在靠近地面区域被压缩。对 $S=0.23$ 的涡旋触地阶段，研究表明目前模拟的切向脉动均方根的剖面与前面第 3 章所描述的不同，特别是在高度较小的区域，这是因为涡旋触地阶段为一个过渡阶段，且对于涡流比的变化较为敏感。在高度为 $0.4r_0$时可以观察

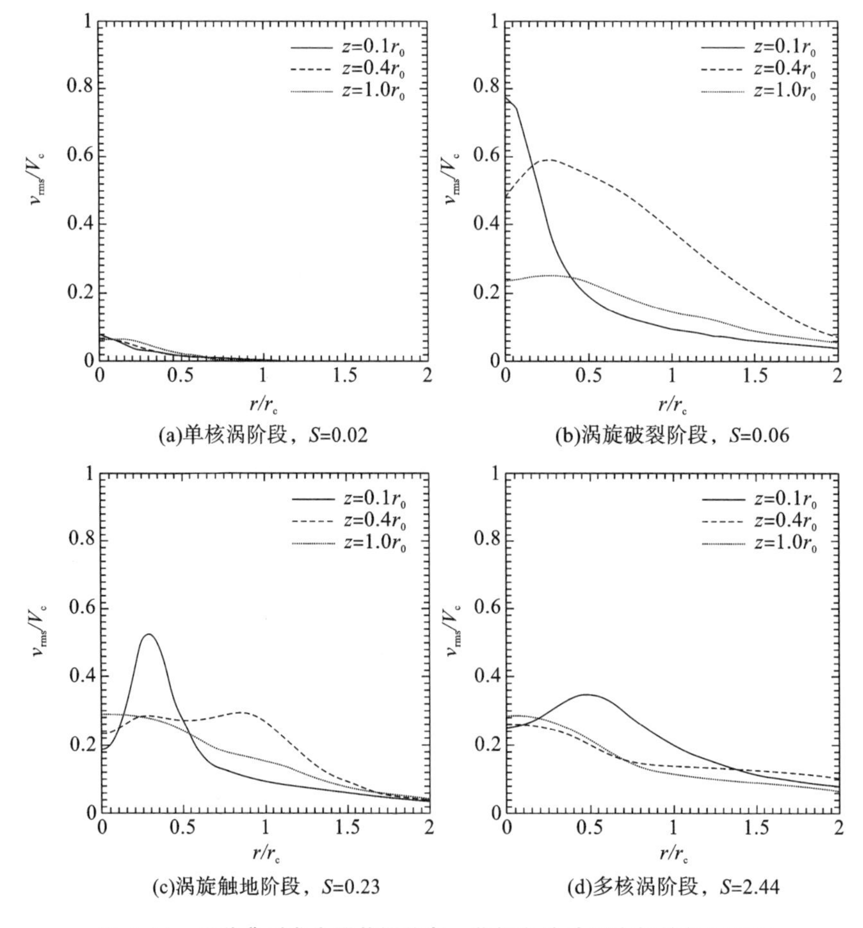

(a)单核涡阶段，$S=0.02$　(b)涡旋破裂阶段，$S=0.06$

(c)涡旋触地阶段，$S=0.23$　(d)多核涡阶段，$S=2.44$

图 4.12　四种典型龙卷风状涡旋归一化切向脉动均方根的径向剖面

到切向脉动均方根的平坦轮廓，在第 3 章对此解释为此处存在涡泡和显著的流体混合。通过对涡旋破裂阶段和涡旋触地阶段之间的比较发现，即使平均切向速度分布相似，但切向脉动均方根变化显著，这进一步证明了龙卷风状涡旋中产生湍流的两个来源：速度梯度和有组织的涡旋运动。当涡流比增大到多核涡阶段时，切向脉动均方根的剖面在高度较低处变得平缓，说明气泡被进一步压缩到地面。在高度较高处，即 $z=0.4r_0$ 和 $z=1.0r_0$ 时，剖面形状相似且切向脉动均方根最大值都出现在中心位置。

四种典型龙卷风状涡旋归一化径向脉动均方根的径向剖面如图 4.13 所示。与切向脉动均方根相似，单核涡阶段的径向应力不明显，最大脉动均方根发生在轴线上。随着涡流比增大到 $S=0.06$，径向脉动均方根也有一个突然跃变，与切向脉动均方根一样，径向脉动均方根在高度为 $0.1\,r_0$ 处达到最大值，约为 $0.8\,V_c$。进一步将涡流比增大到涡旋触地阶段，径向脉动均方根随高度的变化趋于平缓，但在靠近地面处变化非常剧烈。当 $S=2.44$ 时，与涡旋触地阶段相比，径向脉动均方根总体呈增大趋势。径向速度的最大均方根可在 $r=0.5\,r_c$ 处达到 $0.6\,V_c$，垂直剖面上径向脉动均方根的峰值高度随着径向距离的减小而减小。

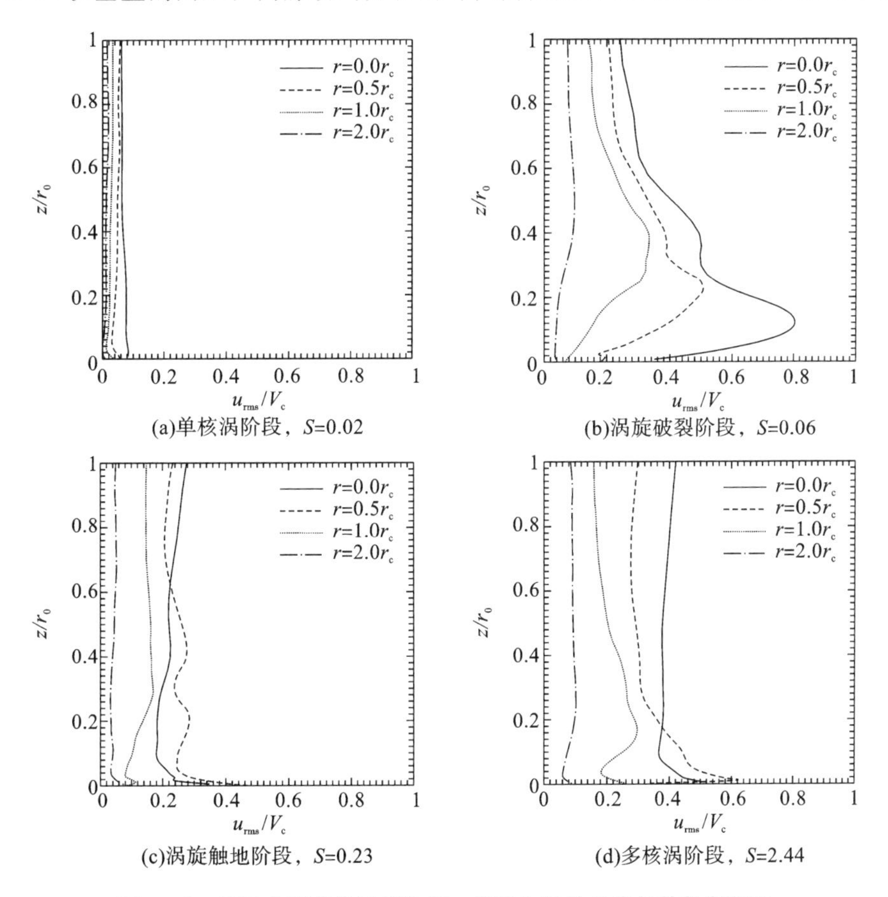

(a)单核涡阶段，S=0.02
(b)涡旋破裂阶段，S=0.06
(c)涡旋触地阶段，S=0.23
(d)多核涡阶段，S=2.44

图 4.13　四种典型龙卷风涡旋归一化径向脉动均方根的径向剖面

图 4.14 为四种典型龙卷风状涡旋归一化垂直均方根的垂直剖面。垂直应力由单核涡阶段突然跃升为涡旋破裂阶段。在涡旋破裂阶段，垂直脉动均方根被限制在膨胀的循环涡

泡内，最大垂直脉动均方根达到 1.7 V_c。从水蒸气的动态变化可以看出，这种脉动主要由破裂高度的不稳定性引起。随着涡流比增大到涡旋触地阶段，与涡旋破裂阶段相比，其垂直湍流度减小，垂直脉动均方根的最大位置向外移动。最大垂直速度均方根出现在 $r=0.5r_c$ 处，其值为 0.5 V_c。$S=2.44$ 时的垂直脉动均方根与涡旋触地阶段时的相似，但最大垂直湍流高度有所下降，最大垂直速度均方根幅值有所减小。

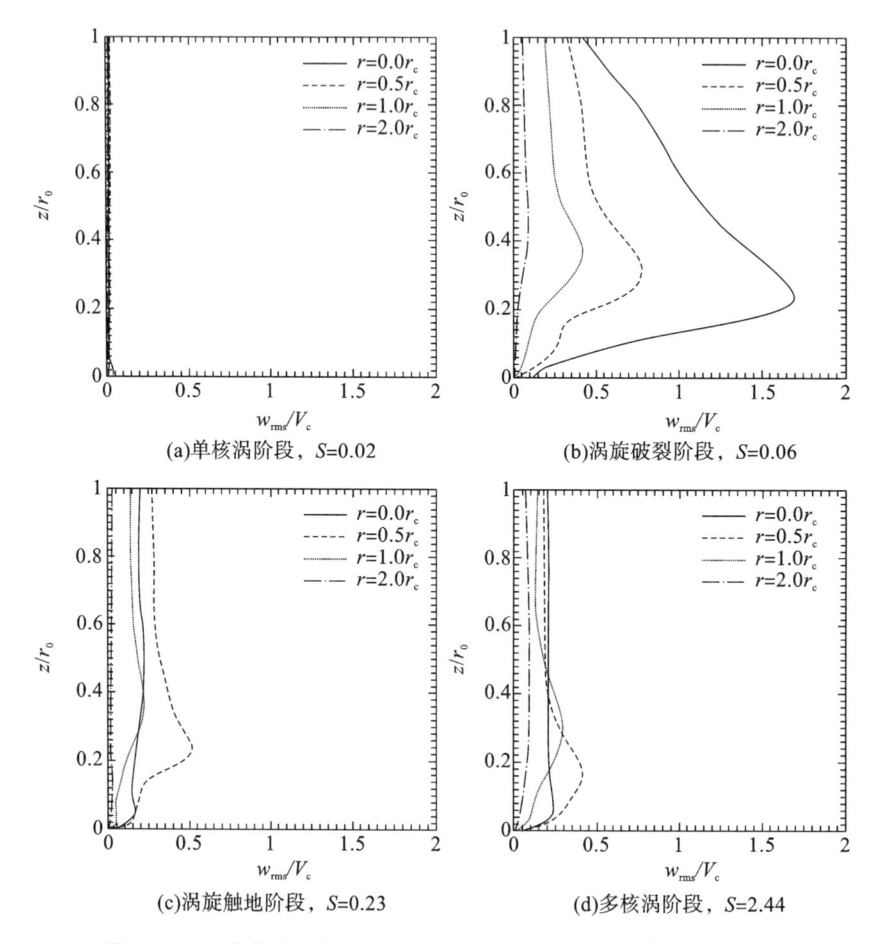

图 4.14　四种典型龙卷风状涡旋归一化垂直脉动均方根的垂直剖面

图 4.15 为不同涡流比下的地表压力系数脉动均方根的径向分布。在涡旋触地阶段前，即 $S=0.02$ 和 $S=0.06$ 时，地表压力系数脉动均方根随涡流比的增大而增大，并在中心出现峰值。当涡流比增大到涡旋触地阶段时，地表压力系数脉动均方根急剧增大，这可能是由于湍流畸变气泡向表面移动所致。随着涡流比增大到 $S=2.44$ 时，压力系数脉动均方根的径向剖面在 $0.15r_c \sim 0.25r_c$ 缓慢上升，说明由于涡核膨胀形成了一个平静的内部核心。

4.2.4　力平衡分析

Ishihara 等[2011][47]利用轴对称时均 N-S 方程研究了低涡流比情况下龙卷风状涡旋的垂直方向力平衡和高涡流比情况下的径向力平衡。第 3 章详细开展了涡旋触地的力平衡分

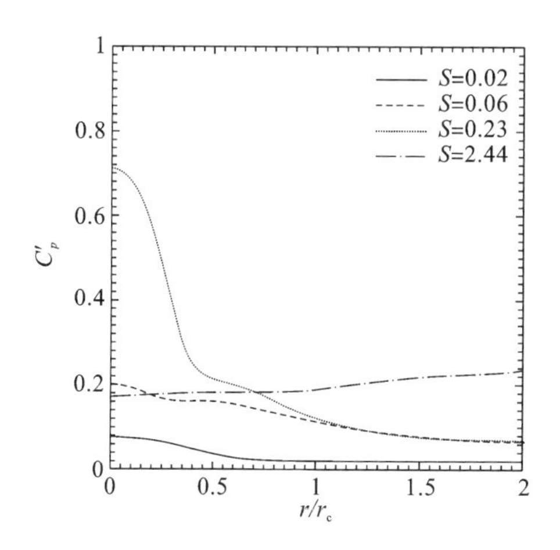

图 4.15 不同涡流比下的地表压力系数脉动均方根的径向分布

析研究。然而,其对不同类型涡旋的力平衡进行系统比较极其有限,值得进一步研究。

1. 径向力平衡

径向时均 N-S 方程可以表示为:

$$U\frac{\partial U}{\partial r}+W\frac{\partial U}{\partial z}-\frac{V^2}{r}=-\frac{1}{\rho}\frac{\partial P}{\partial r}-\left(\frac{\partial u^2}{\partial r}+\frac{\partial uw}{\partial z}-\frac{v^2}{r}+\frac{u^2}{r}\right)+D_u \tag{4.7}$$

方程左侧分别为径向对流项A_{ru}、垂直对流项A_{zu}和离心力项C_r,方程右侧分别为径向压强梯度项P_r、湍流项T_u和扩散项D_u。方程中的扩散项足够小,与其他项相比可以忽略。在中心线处的项$-V^2/r$、$-v^2/r$ 和u^2/r 按附录 A 中所述方法计算。

四种典型龙卷风状涡旋的径向力如图 4.16 所示。由于最大切向速度高度略有变化,涡旋四个阶段径向动量方程中各项都在 $z=0.1\ r_0$ 处计算。由图 4.16(a)可知,湍流项在单核涡阶段对径向动量平衡的作用不大,离心力项和压强梯度项在涡旋外部区域和涡旋中心都是总平衡的重要组成部分,因此,在该阶段可以实现旋转平衡。当涡流比增加到 $S=0.06$ 时,流体由层流涡过渡到湍流状态,径向平衡发生显著变化,如图 4.16(b)所示,其主要平衡是在离心力项、压强梯度项、湍流项和垂直对流项之间。非零项的大小随半径的减小而增大,直到在 $r=0.2r_c$ 附近达到最大值,最终又在 $r=0$ 处变为 0。湍流项的出现是流场不稳定的原因,然而,湍流项没有其他非零项重要。在 $r>r_c$ 的外部区域,垂直对流项接近于 0,离心力项仅与压强梯度项平衡。图 4.16(c)为涡旋触地阶段径向平衡的各项分布。离心力项主要由压强梯度项和垂直对流项平衡,但与涡旋破裂阶段不同的是,在某些区域涡旋触地阶段的垂直对流项比压强梯度项更重要。由于涡核膨胀,其峰值位置向外偏移。在外部区域,$r>r_c$时也可以发现旋转平衡区。多核涡阶段径向力平衡如图 4.16(d)所示,与涡旋触地阶段类似,主要平衡是在离心力项、压强梯度项和垂直对流项之间,且垂直对流项的贡献随着涡流比的增大而增大。

2. 垂直方向力平衡

垂直方向时均 N-S 方程可以表示为:

$$U\frac{\partial W}{\partial r}+W\frac{\partial W}{\partial z}=-\frac{1}{\rho}\frac{\partial P}{\partial z}-\left(\frac{\partial uw}{\partial r}+\frac{\partial w^2}{\partial z}+\frac{uw}{r}\right)+D_w \tag{4.8}$$

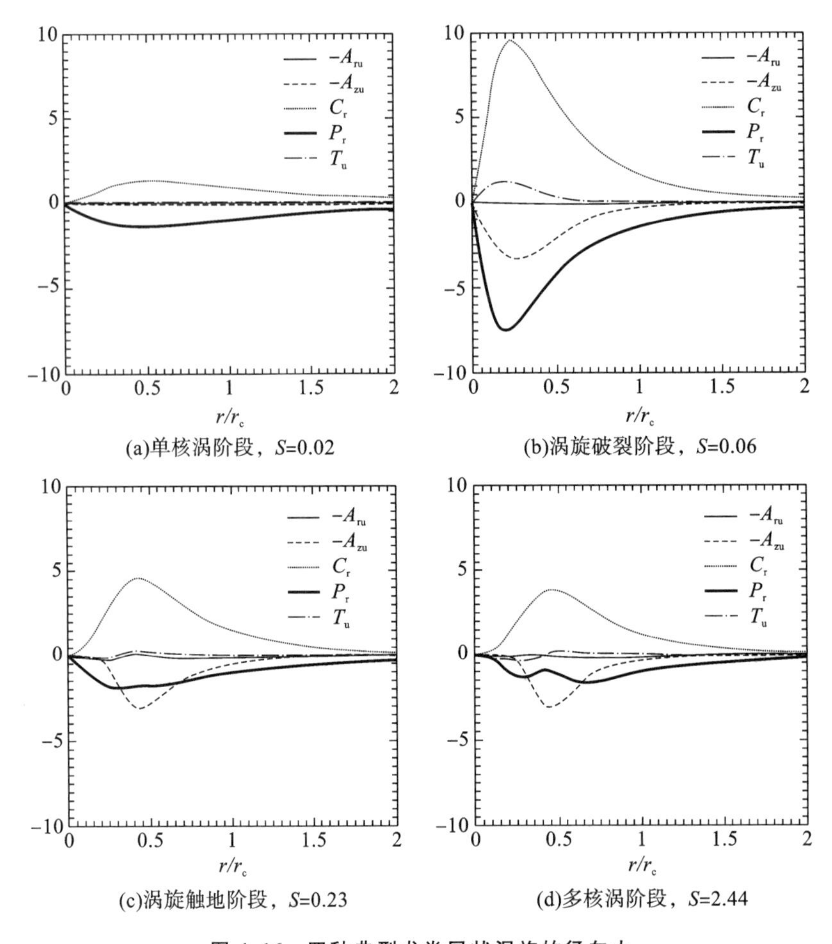

(a)单核涡阶段，S=0.02
(b)涡旋破裂阶段，S=0.06
(c)涡旋触地阶段，S=0.23
(d)多核涡阶段，S=2.44

图 4.16　四种典型龙卷风状涡旋的径向力

方程的左侧包括径向对流项A_{rw}和垂直对流项A_{zw}，方程的右侧分别是径向压强梯度项P_z、湍流项T_w和扩散项D_w。方程中的扩散项足够小，与其他项相比可以忽略。中心线上的 $\partial uw/\partial r$ 和 uw/r 的计算见附录 A。

图 4.17 为四种典型龙卷风状涡旋的垂直方向力，垂直动量方程中各项都在 $r=0$ 处计算。对于单核涡阶段，流场表现为表面光滑的层流流场，如图 4.17(a)所示。压力梯度项与垂直对流项完全平衡，且湍流项对此没有贡献。从平均垂直速度的对称性来看，径向对流项的大小沿轴向为 0。与单核涡阶段相比，图 4.17(b)所示的涡旋破裂阶段的垂直方向力平衡出现了剧烈的变化。一方面，垂直对流项和压力梯度项沿高度方向呈正负交替变化，另一方面，湍流效应出现并在高度约 $0.1r_0$ 处呈现最大贡献。将涡流比增大到涡旋触地阶段时，垂直方向力平衡进一步发生变化，如图 4.17(c)所示。垂直对流项所起的作用随着湍流项的变化而变化，且湍流项比垂直对流项更重要，并与压力梯度项平衡。多核涡阶段垂直动量方程的各项如图 4.17(d)所示。湍流项和压力梯度项仍然是总平衡的主要部分，并进一步压缩到了边界层，在靠近地面处出现最大值。

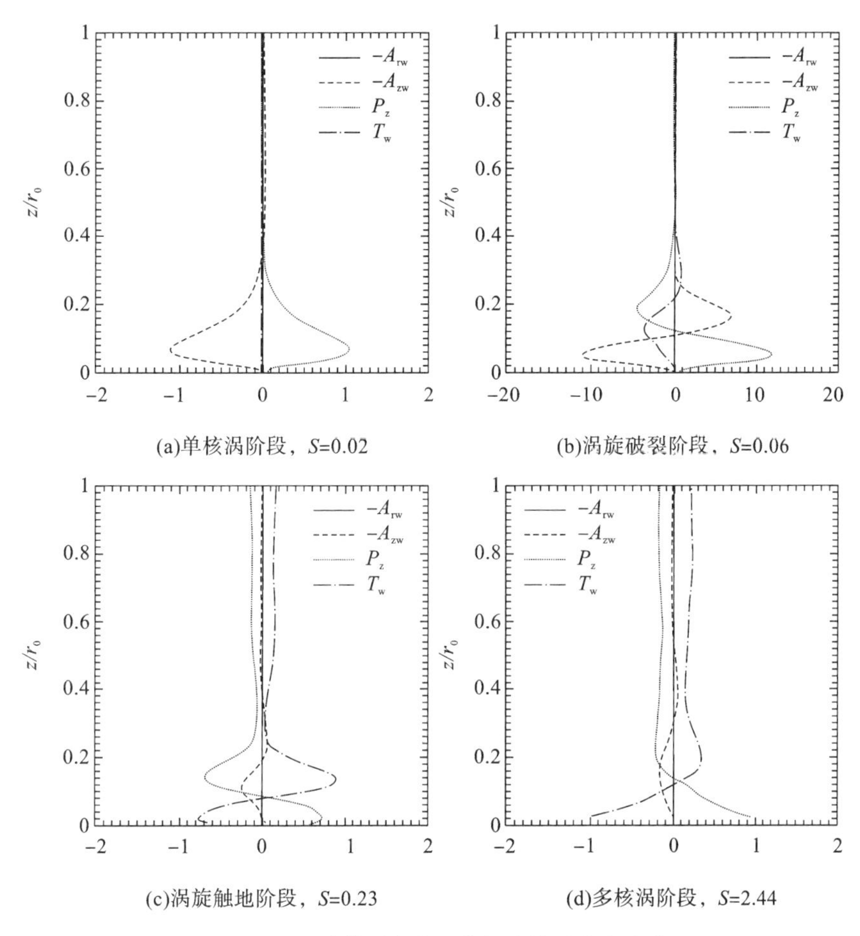

图 4.17 四种典型龙卷风状涡旋的垂直方向力

4.3 相似性分析

为了研究龙卷风状涡旋流场，进行了大量的实验室模拟和数值模拟。然而，需要明确的是如何将仿真结果缩放到真实尺度，以及建立广泛使用的藤田级数与涡流比之间的关系。Hangan 和 Kim[2008][37] 首次尝试将模拟涡旋与 Spencer 龙卷风的全尺度数据进行匹配，并通过一个实例对藤田级数与涡流比的关系进行研究，但还需要进一步验证这一关系。

本节利用局部涡流比研究了龙卷风近地强度和龙卷风状涡旋几何形状的相似性。然后，采用 Hangan 和 Kim[2008][37] 提出的无量纲参数对本次模拟涡旋进行缩放，并与 Spencer 龙卷风的结果进行比较。最后，推导藤田级数与涡流比的关系。

4.3.1 龙卷风表面强度与龙卷风状涡旋几何形状的相似性

图 4.18 显示了龙卷风强度和龙卷风状涡旋几何形状随涡流比的变化规律，包括V_{max}/V_c、$-U_{min}/V_{max}$、W_{max}/V_{max}和$r_{v_{max}}/h_{v_{max}}$等参数，并将研究结果与 Lewellen 等[2000][61] 的全

尺度数值研究结果进行比较。在本研究中,进气口的方位角动量直接从入口边界处得到,并在入口边界处确定切向速度和径向速度轮廓,而 Lewellen 等[2000][61]的全尺度数值模型,其边界条件从雷暴模拟内嵌中获得。

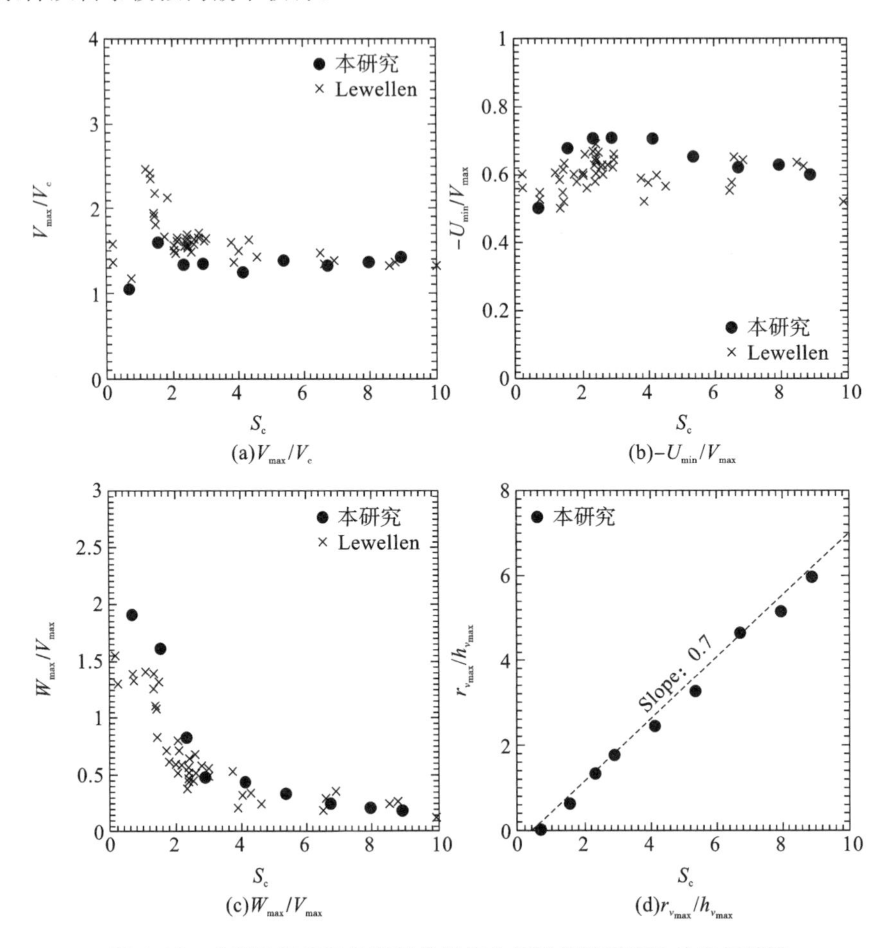

图 4.18　龙卷风强度和龙卷风状涡旋几何形状随涡流比的变化规律

注:1."×"表示 Lewellen 等[2000][61]研究中的数据。

2.(d)中的虚线表示$r_{v_{max}}/h_{v_{max}}$与S_c之间的拟合直线。

3. Lewellen 等[2000][61]的研究中没有关于几何参数$r_{v_{max}}/h_{v_{max}}$的信息,因此图中只绘制了V_{max}/V_c、$-U_{min}/V_{max}$、W_{max}/V_{max}的数据。

图 4.18(a)为最大平均切向速度V_{max}和上部旋转平衡区最大平均切向速度V_c的比值与局部涡流比的函数关系。该比值从极低涡流比开始急剧增大,直到在$S_c=1.6$左右发生涡旋破裂,最大值为 1.7 左右。涡流比继续增大时,该比值适度减小,并在 1.3~1.5 波动。

图 4.18(b)为$-U_{min}/V_{max}$与局部涡流比的函数关系,该比值从单核涡阶段开始突然增大,但可以明显看出$-U_{min}/V_{max}$对涡流比不敏感。除涡流比非常小的情况外,所有比值都分散在中心值 0.65 附近,这表明低海拔径向射流与涡旋射流之间存在相关性。

W_{max}/V_{max}在极低涡流比时的最大值约为 1.9,并随着涡流比的增大而减小,如图 4.18(c)所示。在达到涡旋触地阶段之前,最大垂直速度大于最大切向速度,在此之后W_{max}/V_{max}

保持恒定，约为 0.4。

采用涡流最大切向速度位置的半径和高度的比值（即$r_{v_{max}}$和$h_{v_{max}}$之比）来评估涡旋角部的流动结构。考虑到最大切向速度位置的高度$h_{v_{max}}$几乎不变，且其半径$r_{v_{max}}$随涡流比的增大而增大，故$r_{v_{max}}/h_{v_{max}}$随着涡流比的增大而增大。从图 4.18(d)可以看出，$r_{v_{max}}/h_{v_{max}}$与S_c呈线性关系，且斜率约为 0.7。

图 4.18 同样标识了 Lewellen 等[2000][61]研究得到的V_{max}/V_c、$-U_{min}/V_{max}$和W_{max}/V_{max}数据，并与本研究结果进行对比。虽然本研究和 Lewellen 等[2000][61]的研究使用了不同的数值模型，但可以明显看出，不同模型的研究结果呈现出相同的变化趋势。

4.3.2 模拟龙卷风与全尺度龙卷风的相似性

Hangan 和 Kim[2008][37]提出了尺度比$\lambda_L=h_{v_{max},atm}/r_{v_{max}}$，将模拟龙卷风与全尺度的 Spencer 龙卷风相匹配。Spencer 龙卷风与模拟龙卷风之间的匹配发生在$S_c=8.89$和$\lambda_L=6$时，因此尺度比例约为 1900 而速度比$V_{max,m}/V_{max,p}$约为 3.05。其中，$V_{max,m}$是 Spencer 龙卷风的最大切向速度，其值为 81 m/s；而$V_{max,p}$为数值模拟龙卷风中预测的最大切向速度，其值为 26.6 m/s。下标 m 和 p 分别代表 Spencer 龙卷风和数值模拟龙卷风中的值。通过比较 Spencer 龙卷风和数值模拟龙卷风的r_c和V_c（$r_{c,m}=220$ m，$r_{c,p}=213$ m；$V_{c,m}=65$ m/s，$V_{c,p}=57$ m/s），可进一步检验尺度和速度比。Spencer 龙卷风和数值模拟龙卷风的r_c和V_c的差异在允许的范围内，这种差异可能是由于不同的地面粗糙度和龙卷风平移速度而造成的。

为了验证上述定量方法的有效性，将数值模拟龙卷风的全尺度流场与 Spencer 龙卷风的全尺度流场进行比较，见图 4.19。如图 4.19(a)所示，在$z=0.52\,r_c$高海拔处，切向速度的模拟结果与 Spencer 龙卷风的切向速度分布吻合较好。然而在地表附近区域，即$z=0.10\,r_c$时，二者的切向速度分布存在一定差异，原因在于模拟龙卷风没有考虑平移影响，而 Spencer 龙

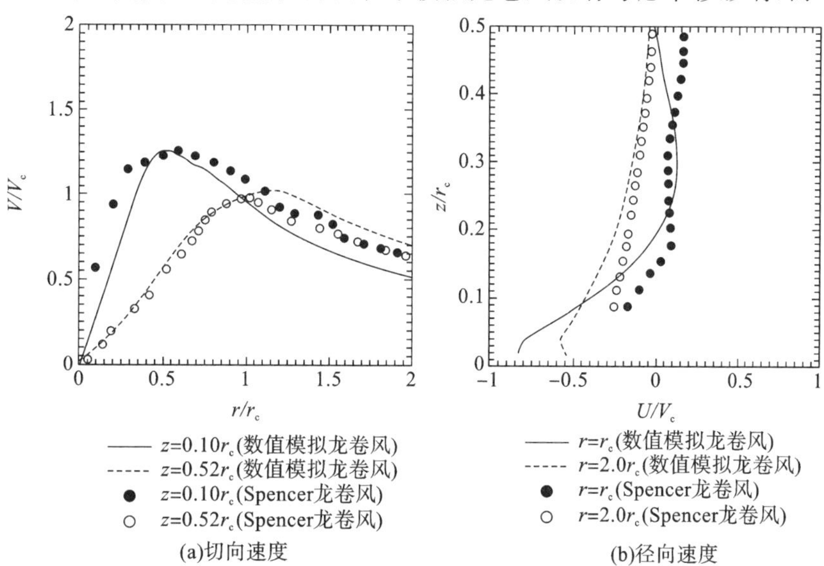

图 4.19 数值模拟龙卷风与 Spencer 龙卷风的全尺度流场的对比

注：Spencer 龙卷风的数据来自 Haan 等[2008][36]的研究。

卷风则以 10～30 m/s 的速度平移(Dowell 等[2005][24])。径向速度剖面对比如图 4.19(b)，两个龙卷风的径向速度分布基本一致。

表 4.3 为全尺度龙卷风状涡旋的代表性参数，用于与 4.3.3 中从全尺度龙卷风中获得的数据进行比较。

表 4.3 全尺度龙卷风状涡旋的代表性参数

工况	S_c	U_{min} /(m/s)	V_{max} /(m/s)	W_{max} /(m/s)	$r_{v_{max}}$ /(m)	$h_{v_{max}}$ /(m)	r_n /m	V_c /(m/s)	r_c /m
1	0.71	—	—	—	—	—	—	32.6	26.6
2	1.59	−32.3	47.8	77.1	24.7	38.0	—	29.8	45.6
3	2.36	−26.2	37.2	30.8	39.9	30.4	24.7	27.7	66.5
4	2.93	−28.0	39.6	18.9	51.3	28.5	34.2	29.2	89.3
5	4.16	−29.2	41.7	18.3	66.5	26.6	43.7	33.5	102.6
6	5.39	−33.8	52.1	17.3	81.7	24.7	62.7	37.8	138.7
7	6.74	−35.9	57.9	14.3	104.5	22.8	77.9	43.6	159.6
8	7.96	−41.7	66.4	14.3	110.2	20.9	95.0	48.8	184.3
9	8.89	−48.4	81.1	15.2	119.7	19.0	114	56.7	212.8

4.3.3 藤田级数与局部涡流比的关系

藤田级数与局部涡流比的关系通过核心比r_n/r_c来确定，其中内部核心半径r_n为 Fujita[1978][32]所定义的在垂直运动速度较小或为零时的核心旋转半径。由于当$S_c>2$ 时才会出现中心处的向下流体运动，因此只计算工况 3 到工况 9 的龙卷风核心比。

图 4.20(a)所示为龙卷风核心比与局部涡流比的关系，其中核心比与 S_c 呈正比关系，拟合线性方程为：$r_n/r_c=0.027S_c+0.3$。当$S_c>2$ 时，核心比与藤田级数的关系如图 4.20(b)所示，近似拟合方程为：$r_n/r_c=0.0504F+0.275$。因此局部涡流比与藤田级数的关系可以表示为：

$$\text{当 } S_c>2 \text{ 时}，F=0.5S_c+0.46 \text{ 或当 } F>1.5 \text{ 时}，S_c=2F-0.92 \tag{4.9}$$

根据上述藤田级数和局部涡流比之间的关系以及通过匹配模拟龙卷风和 Spencer 龙卷风而得到的尺度和速度，数值模拟结果与局部涡流比的关系可以变成数值模拟结果与藤田级数的关系。图 4.21 为变化后的V_{max}和$r_{v_{max}}$与 Fujita[1978][32]提供的数据的对比图。最大切向速度V_{max}和最大切向速度位置的半径$r_{v_{max}}$与藤田级数保持一致，说明了推导出的藤田级数与局部涡流比关系的正确性，但其中仍然存在差异，这可能是由于用漏斗云形状龙卷风中飞掷物速度的摄影测量分析来确定风速，由此带来风速的差异。

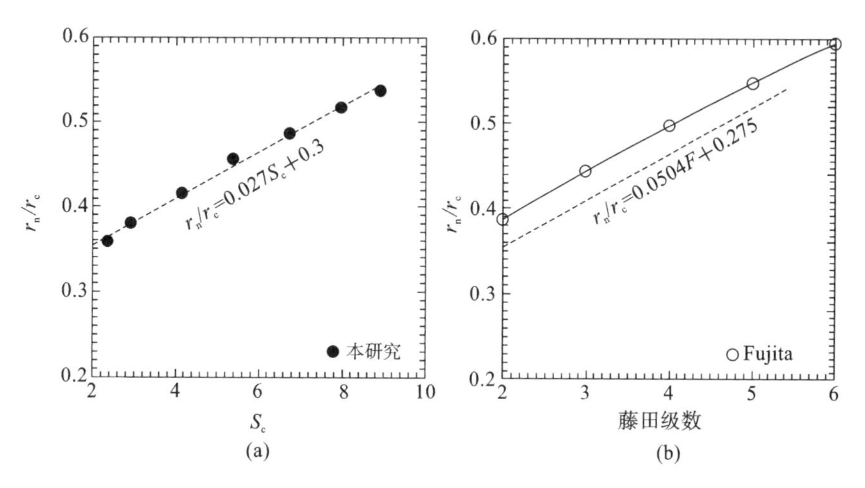

图 4.20 核心比与局部涡流比以及藤田级数的关系

注:1.(a)中的虚线表示拟合的直线函数。

2.(b)中的藤田级数的数据来源于 Fujita[1978][32]的研究。

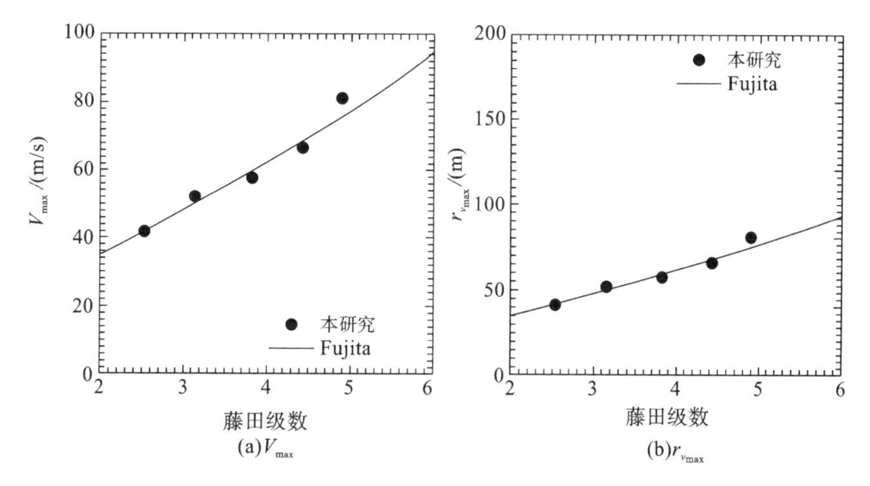

图 4.21 数值模拟与藤田级数的代表性参数比较

注:藤田级数的数据来源于 Fujita[1978][32]的研究。

4.4 总 结

本章利用 LES 方法研究了四种典型龙卷风状涡旋的力平衡和湍流流场,并验证了模拟龙卷风与全尺度龙卷风的相似性,总结如下。

(1) 通过从地面释放粒子对流场进行可视化,成功地显示了从单核涡到多核涡的演化过程。

(2) 最大切向速度出现在涡旋破裂阶段,之后最大切向速度几乎保持不变,V_{max}的归一化径向位置变化很小。对于径向速度,涡旋破裂阶段后的分布具有相似性,其中径向流动大部分集中在靠近地面的薄层中。在涡旋破裂阶段,可以观察到明显的垂直射流。在涡旋触地和多核涡阶段，垂直射流减弱且其位置向外偏移，并在中心出现向下的垂直速度。最大压降出现在涡旋触地阶段。而在多核涡阶段，压力系数的分布在中心附近是平坦的，这可能是中心下沉气流与地面接触所致。

(3) 在单核涡阶段，流场呈层流状。随着涡流比增大到涡旋破裂阶段时，速度脉动突然出现跃变。当涡流比进一步增大到涡旋触地阶段时，脉动幅度减小，最大脉动更靠近地面。此后，脉动随着涡流比的增大总体上呈增大趋势，且脉动剖面具有相似性。在涡旋触地阶段，压力系数脉动均方根急剧增大，而在多核涡阶段，压力系数脉动均方根的径向剖面趋于平缓。

(4) 湍流项在单核涡阶段的径向动量平衡和垂直动量平衡中的作用不大。在涡旋破裂阶段，力平衡发生剧烈变化并产生湍流效应。对于涡旋触地和多核涡阶段，垂直动量平衡中的湍流项主要与压力梯度项平衡。

(5) 当出现涡旋破裂现象时，V_{max}/V_c 的峰值达到 1.7 左右。对于涡流比较大的情况，V_{max}/V_c 几乎为常数，其值在 1.3～1.5 之间变化。$-U_{min}/V_{max}$ 从单核涡阶段开始突然增大，但可以明显看出，除了涡流比非常小的情况，$-U_{min}/V_{max}$ 对涡流比的变化并不敏感，其值在 0.65左右轻微变化。在涡旋触地阶段之前，最大垂直速度大于最大切向速度，在此之后 W_{max}/V_{max} 几乎保持一致，其值约为 0.4。最大切向速度的高度几乎是一个常数，大约保持为 0.012 m。涡流最大切向速度位置的半径和高度的比值与局部涡流比呈线性关系，斜率约为 0.7。使用不同的模拟器研究的结果具有一致性，从而使研究更具普遍性。

(6) 利用龙卷风状涡旋几何尺度比，可以将模拟龙卷风与全尺度的 Spencer 龙卷风进行匹配，模拟龙卷风与 Spencer 龙卷风的全尺流场表现出良好的一致性。其中存在差异的原因可能是模拟龙卷风与实际龙卷风的平移速度和地面粗糙度不同。

(7) 通过比较核心比，建立当 $S_c>2$ 时藤田级数与局部涡流比的关系，关系式为 $F=0.5S_c+0.46$。根据导出的关系式，可以将数值模拟结果与局部涡流比的关系转换为数值模拟结果与藤田级数的关系。从模拟龙卷风中转化的 V_{max} 和 $r_{v_{max}}$ 与藤田级数的结果吻合较好，说明推导出的藤田级数与局部涡流比的关系是正确的。

第 5 章 龙卷风状涡旋流场的雷诺数效应

Monji[1985][79]对雷诺数的影响进行了研究，通过 Ward 型模拟器发现低雷诺数区域($Re=L^* \cdot U^*/v<3.0\times10^4$)的龙卷风对雷诺数具有明显的依赖性，其中$L^*$和$U^*$分别是特征长度和特征速度，$v(v=\mu/\rho)$是运动黏度，$\mu$是黏度，$\rho$是流体密度。Refan 和 Hangan [2016,2018][94,95]利用径向雷诺数Re_r[$Re_r=Q/(2\pi v)$]为$1.6\times10^4\sim2.0\times10^6$的 WindEEE 型龙卷风模拟器对龙卷风进行了分析，其中Q是单位轴向长度流量。$Re_r=4.5\times10^4$为临界值，超过该临界值，则地面压强与雷诺数几乎无关。Tang 等[2018b][108]验证了在$2.39\times10^5\sim3.91\times10^5$之间的雷诺数对龙卷风状涡旋的影响。然而，上述研究主要考虑宏观参数，如最大切向速度、最大径向速度和地面压力等。

本章使用 LES 方法对涡流比为 1.0 和 4.0 的龙卷风进行研究。原因在于：一方面，涡流比为 1.0 的龙卷风对流动条件变化较为敏感；另一方面，Liu 和 Ishihara[2015a][65]的研究表明，观测到的全尺度龙卷风与涡流比为 4.0 的模拟龙卷风对应。本章选取雷诺数在$1.6\times10^3\sim1.6\times10^6$之间的四个值。

本章第 1 节详细介绍了模拟方法，模拟结果在第 2 节中给出，并使用 Q-准则可视化瞬时流场，明确了关于涡流比和雷诺数的一般演化规律，研究了速度均值和脉动，以及速度概率密度函数(PDF)的偏度和峰度。为阐明平均流场和湍流的主要贡献，对动量收支进行了分析。最后总结了涡流比和雷诺数对相似性参数的影响。控制方程可参见本书第 2 章、边界条件可参见本书第 3 章，本章不再赘述。

5.1 模拟方法

5.1.1 计算域和网格

Matsui 和 Tamura[2009][72]采用了一种 Ward 型模拟器进行实验，计算域和水平网格系统的布置如图 5.1 所示。进口层高度h和上升气流孔的半径r_0分别设置为 0.2 m 和 0.15 m。总流量为$Q_0=\pi r_t^2 W_0=0.3\ \mathrm{m^3/s}$，其中$r_t=0.1$ m 是排气孔半径，$W_0=9.55$ m/s 为排风出口处垂直风速。其几何参数见表 5.1。

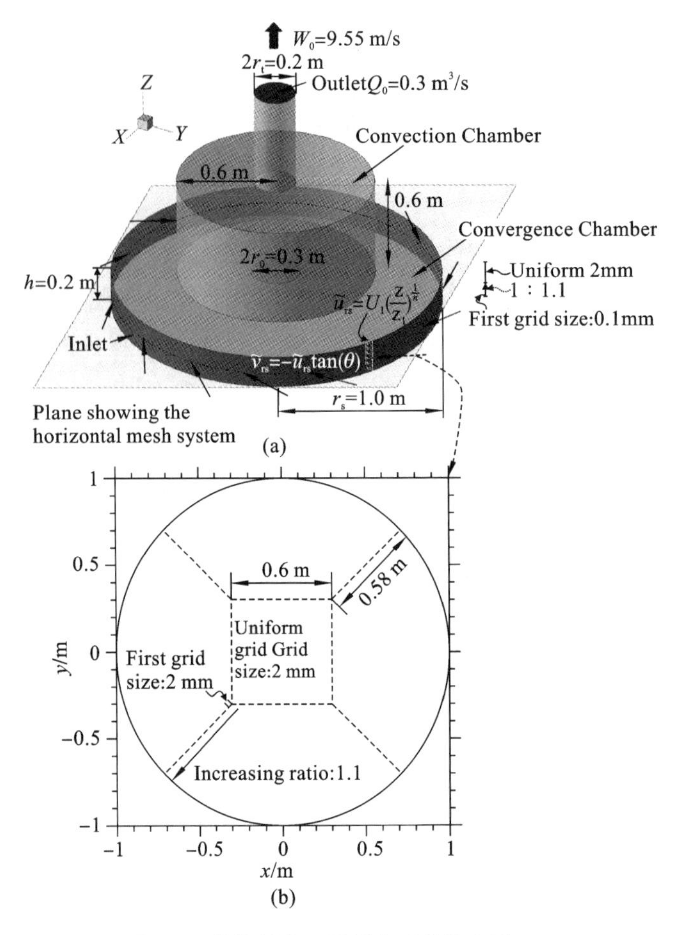

图 5.1 计算域和水平网格系统的布置

表 5.1 龙卷风模拟器的几何参数

参　　数	值
进口层高度 h/m	0.2
上升气流孔半径r_0/m	0.15
排气孔半径r_t/m	0.1
汇流区半径r_s/m	1.0
出口处垂直风速W_0/(m/s)	9.55
总流量Q_0/(m³/s)	0.3

如图 5.1(b)所示，采用细网格将龙卷风模拟器网格系统中的汇流区划分为 5 个区域。靠近汇流区的中心正方形区域的网格边长为 2 mm，该方形的边长为 0.6 m，是上升气流孔直径的两倍。从该方形区域边界到汇流区出口的水平网格尺寸以 1∶1.1 的比例增大。在垂直方向上，依附于地面网格的垂直尺寸为 0.05 mm，且以 1∶1.1 的比例增大，直到垂直尺寸达到 2 mm。此外，本例中网格垂直分布均匀，大小为 2 mm，如图 5.1(a)所示。网格总数为 8.3×10^6 个，是 Liu 和 Ishihara[2015a][65]，Liu 和 Ishihara[2015b][66]研究的网格数的 10 倍。

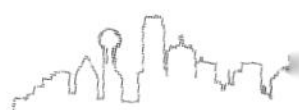

5.1.2 雷诺数改变方法

Monji[1985][79]的研究提供了丰富的实验数据。为了与 Monji[1985][79]的实验数据进行直接且清晰的比较，采用与 Monji[1985][79]相同的雷诺数定义。因此，选取 $2r_0$ 和W_0为特征长度和特征速度，即$L^*=2r_0$ 和$U^*=W_0$。则雷诺数表示为：

$$Re=2r_0\cdot W_0/v \tag{5.1}$$

在数值模拟中，通过归一化无量纲的L^*和U^*来求解控制方程，如下所示：

$$\frac{\partial \tilde{u}_i^*}{\partial t^*}+\frac{\partial \tilde{u}_i^*\tilde{u}_j^*}{\partial x_j^*}=\frac{1}{Re}\frac{\partial^2 \tilde{u}_i^*}{\partial x_j^*\partial x_j^*}-\frac{\partial \tilde{p}^*}{\partial x_i^*}-\frac{\partial \tau_{ij}^*}{\partial x_j^*} \tag{5.2}$$

式中，$\tilde{u}_i^*=\tilde{u}_i/W_0$，$x_i^*=x_i/2r_0$，$t^*=tW_0/2r_0$。该方法已广泛应用于其他问题的雷诺数效应数值研究，包括 Min 和 Choi[1999][75]和 Zeng 等[2004][124]的研究。

但是，如果雷诺数设置得足够大，在 LES 中将产生较大的 SGS 湍流黏度μ_t，从而使得模拟流场的实际雷诺数小于设置的雷诺数。因此，需要量化 SGS 湍流黏度模型的相对重要性。量化 SGS 湍流黏度相对重要性的方法是将其与流体黏度进行比较。雷诺数最大的情况下，可以发现μ_t仅为μ 的 5%，这表明由于附加的 SGS 湍流黏度而引起的雷诺数降低可以忽略不计。

5.1.3 参数设置

本节研究了涡流比为 1.0 和 4.0 以及雷诺数为 1.6×10^3、1.6×10^4、1.6×10^5、1.6×10^6 的共计 8 种情况，其中涡流比的计算高度为 0.05 m。由于雷诺数的进一步增大将导致 SGS 黏度的显著提高，从而使流体的实际雷诺数降低。为了降低 SGS 黏度的影响，需要对网格进行细化，但由于计算能力的限制难以做到，因此本次龙卷风模拟的雷诺数上限设为1.6×10^6。表 5.2 为参数设置，其中$h_{v_{max}}$是出现最大切向速度V_{max}时的高度。

表 5.2 参数设置

工况	涡流比 S	雷诺数 Re	径向雷诺数 Re_r	z^+ 范围	$r_{v_{max}}$/mm	$h_{v_{max}}$/mm
R3S1	1.0	1.6×10^3	1.3×10^2	[0,0.006]	25	—
R4S1	1.0	1.6×10^4	1.3×10^3	[0,0.045]	14	15.8
R5S1	1.0	1.6×10^5	1.3×10^4	[0,0.212]	21	8.8
R6S1	1.0	1.6×10^6	1.3×10^5	[0,0.721]	29	7.1
R3S4	4.0	1.6×10^3	1.3×10^2	[0,0.009]	44	22.0
R4S4	4.0	1.6×10^4	1.3×10^3	[0,0.053]	46	11.0
R5S4	4.0	1.6×10^5	1.3×10^4	[0,0.347]	36	4.5
R6S4	4.0	1.6×10^6	1.3×10^5	[0,1.482]	64	4.3

5.2　结果和讨论

5.2.1　瞬时流场

本节对龙卷风的瞬时流场进行分析，采用 Q-准则实现流场的可视化。Q 量化了流动的旋转速率和应变速率的相对比值

$$Q=1/2(S_{ij}S_{ij}-\Omega_{ij}\Omega_{ij}) \tag{5.3}$$

其中：

$$S_{ij}=1/2(\partial\tilde{u}_i/\partial x_j-\partial\tilde{u}_j/\partial x_i) \tag{5.4}$$

$$\Omega_{ij}=1/2(\partial\tilde{u}_i/\partial x_j+\partial\tilde{u}_j/\partial x_i) \tag{5.5}$$

S_{ij} 和 Ω_{ij} 分别表示速度梯度张量的反对称和对称分量。因此，S_{ij} 和 Ω_{ij} 可分别代表剪切应变和流体旋转应变。

图 5.2 为龙卷风状涡旋内流动的三维视图。其中包括当涡流比为 1.0 时，$Q=20000\text{S}^{-2}$ 和 $Q=-20000\text{S}^{-2}$ 的等值面，以及当涡流比为 4.0 时，$Q=50000\text{S}^{-2}$ 和 $Q=-50000\text{S}^{-2}$ 的等值面。Q 等值面通过瞬时切向速度进行着色。

当涡流比为 1.0 时，R3S1 中 Q 等值面呈杯状。Q 等值面呈现出波状螺旋结构的原因是在龙卷风核心的正中心，其垂直和切向速度较大，从而在龙卷风核心的边界形成了较大的剪切速度。随着雷诺数的增大，流体的黏性力将小于惯性力，因此，流体逐渐破碎成较小尺寸的涡流。在 R4S1 流场发展的初始阶段，可以清晰地观察到波螺旋结构(图 5.2(c))，但随着流场的发展，该波螺旋结构突然破裂。但是，在 R4S1 中靠近地面的核心区，仍可识别出波螺旋结构，这表明 R4S1 靠近地面的流动与 R3S1 中低海拔处的流动相似。当雷诺数增大到 R5S1 时，在 R4S1 中发现的靠近地面的波螺旋结构消失了。

当涡流比为 4.0 时，即使雷诺数为 1.6×10^3，也无法观察到在涡流比为 1.0 时发现的单核涡。然而，与 R4S1 类似，R3S4 中湍流流场的特征是在龙卷风核心周围存在一些细长的条纹状结构，如图 5.2(b)所示。当雷诺数增大到 R4S4、R5S4 和 R6S4 时，这些细长涡旋进一步分裂成小尺寸涡，而在龙卷风核心，气流相对平静，覆盖面积随雷诺数增大而增大。

Q 等值面可以很好地反映湍流结构的总体情况，但很难呈现龙卷风内部气流情况。因此，可分别绘制龙卷风模拟器中心垂直切片上 Q 等值面和水平切片上 0.1 m 高度处 Q 等值面，如图 5.3 和图 5.4 所示。

图 5.3(a)中 R3S1 中心的 Q 为正，角部区的 Q 为负。当雷诺数增大到 R4S1 时，靠近地面的 Q 与 R3S1 中的分布相似。然而，这种相似性仅处于 $z<0.04$ m 的范围内；当 $z>0.04$ m 时，正 Q 和负 Q 混合。从湍流统计的数据中可以得出，R4S1 中龙卷风的垂直速度较大，与地面非常接近。然而，在垂直速度下降到接近于零的地方形成了一个驻点，将 R4S1 内的流体划分为两个区域：靠近地面的单核龙卷风区和驻点上方的双核龙卷风区。当雷诺数增

大到 R5S1 和 R6S1 时，驻点向上游移动并接触地面。靠近地面的汇集流在触点处停止，然后向上和向外流动。靠近地面的汇集流方向的突变会造成较大的流动切变，并在拐角附近产生较大的湍流。

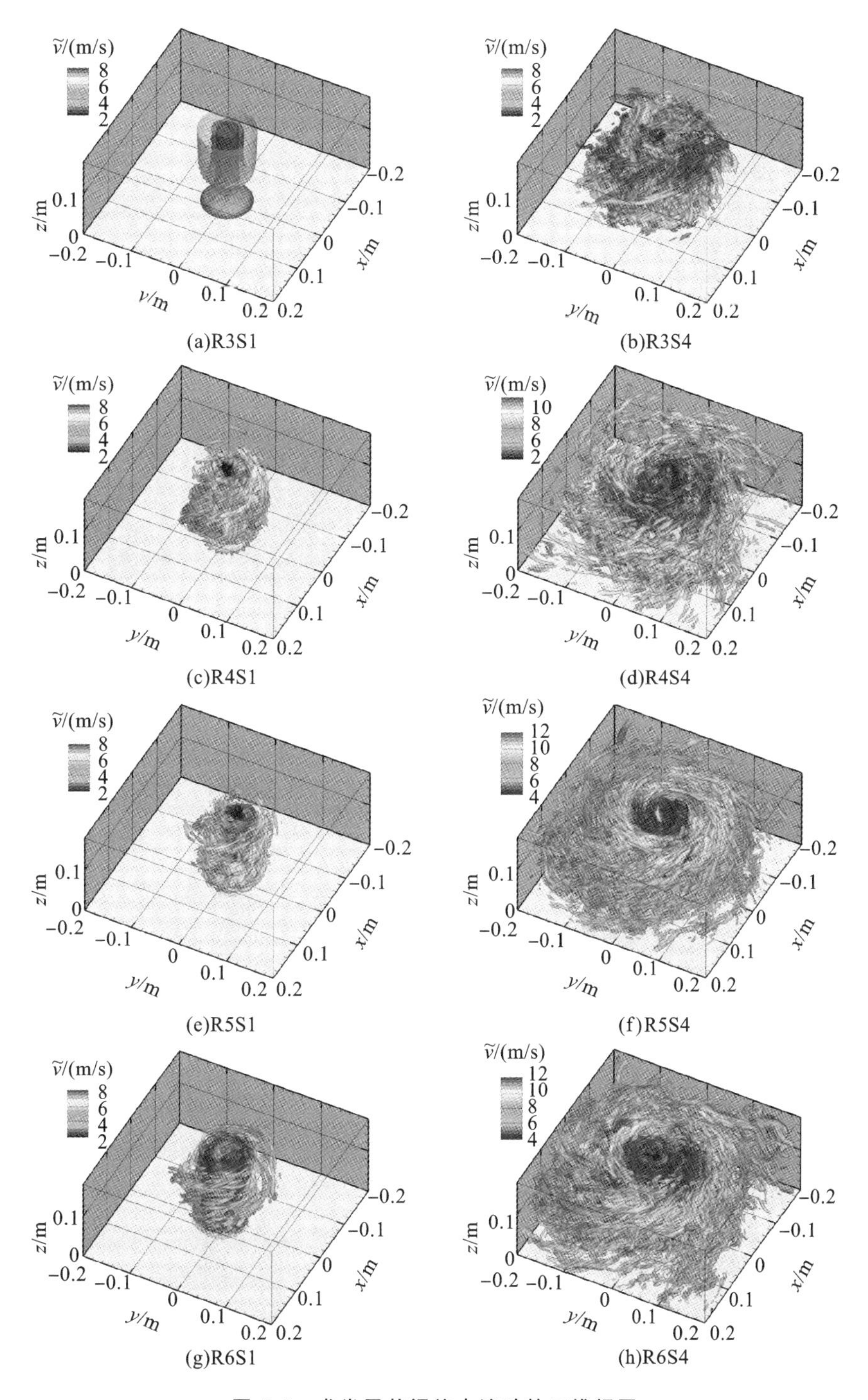

图 5.2 龙卷风状涡旋内流动的三维视图

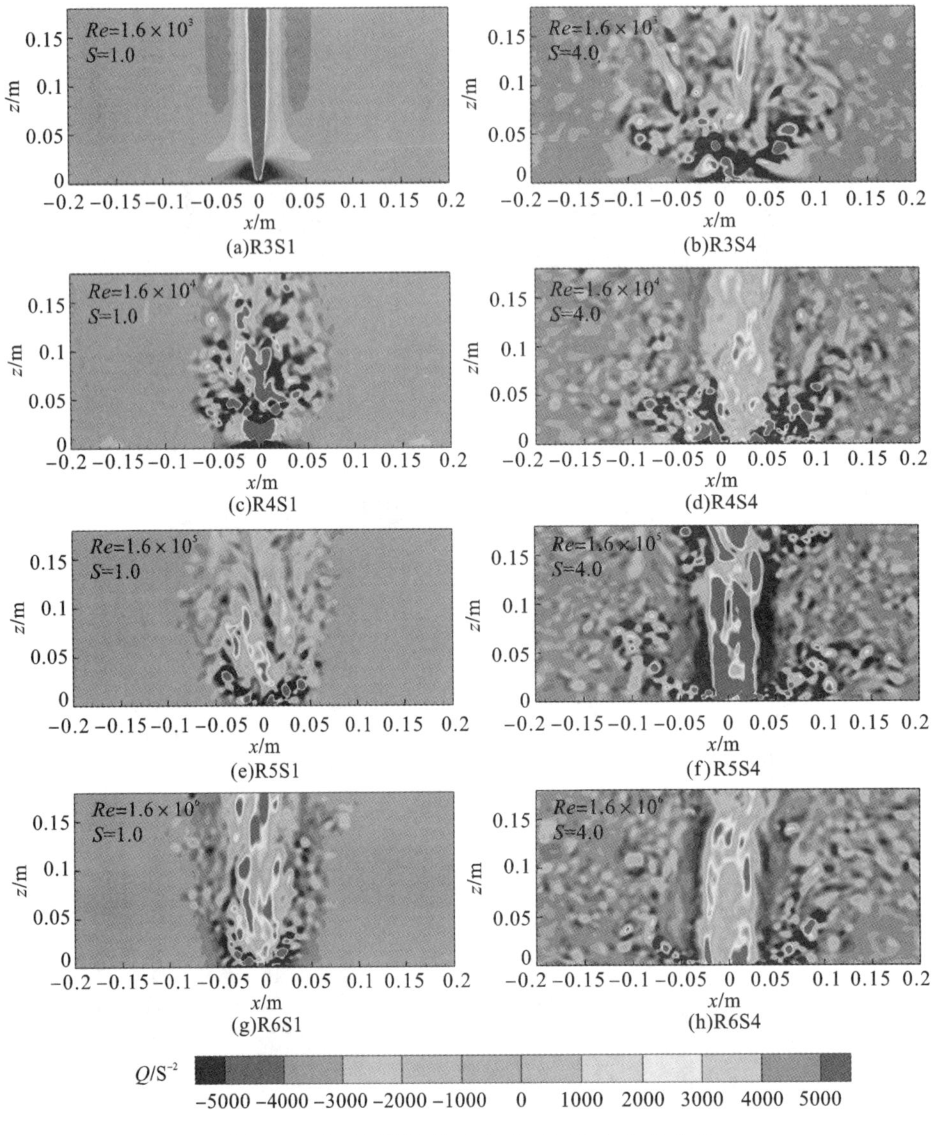

图 5.3　龙卷风模拟器中心垂直切片上 Q 等值面

如图 5.3(b)中所示，当涡流比为 4.0、雷诺数为 1.6×10^3 时，R3S4 与 R4S1 有相似的流动结构。进一步增大雷诺数至 R4S4，近地汇流因为驻点向上游移动而被驻环所阻挡。此外，R3S4 中的漏斗形状几乎消失。当雷诺数增大到 R5S4 和 R6S4 时，靠近角部区的汇集流向外运动的现象更加明显。

如图 5.4 所示，在 $z=0.15$ m 的切片上，可以清楚地看到龙卷风内部的次涡和“旋臂”，其中在核心附近的次涡和“旋臂”分别用虚线和实线表示，且由图可知，次涡只出现在中心静流区。此外，在 R5S1 和 R6S1 中可以识别出 3 个次涡，而在 R5S4 中可以识别出约 5 条旋臂。

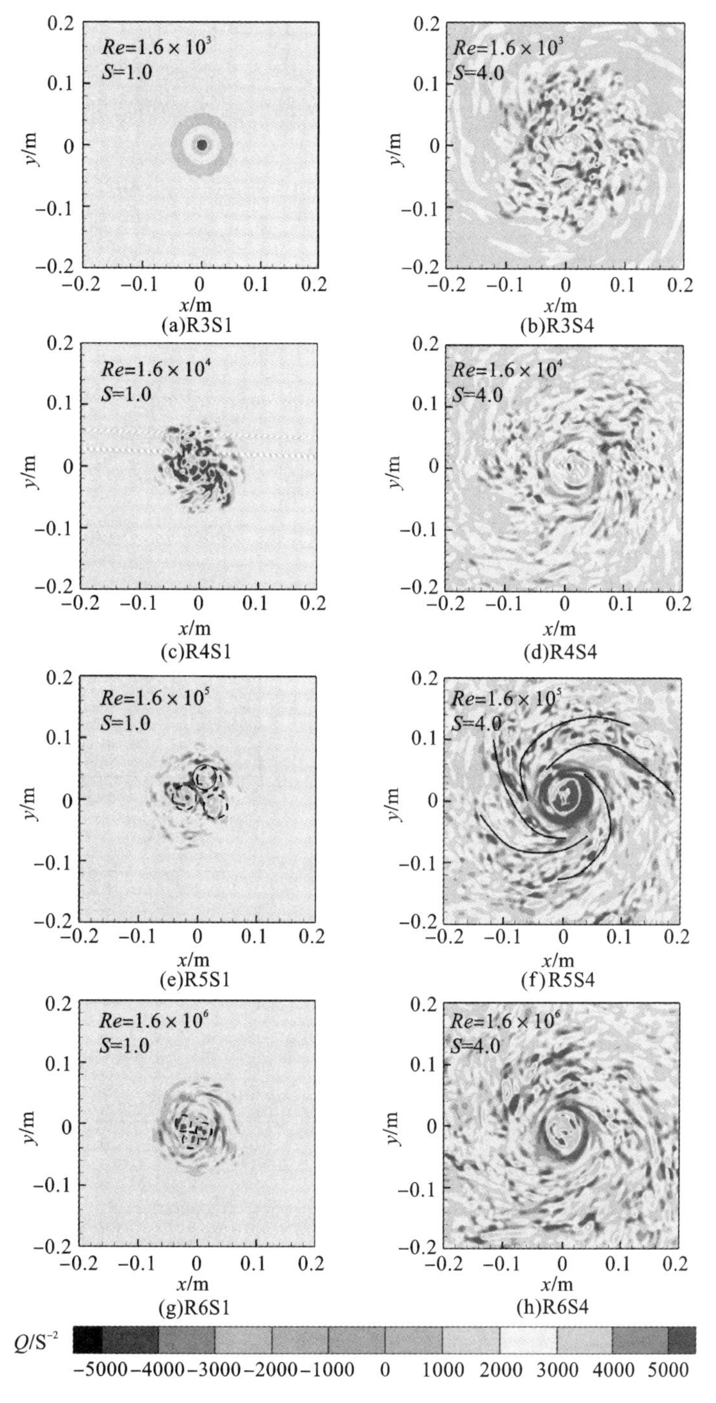

图 5.4 水平切片上 0.1 m 高度处 Q 等值面

5.2.2 平均速度

穿过龙卷风模拟器中心垂直切片上的平均向量如图 5.5 所示，虚线为汇集流的深度 d_c。由图可以看出，除单核涡龙卷风 R3S1 外，最大垂直速度 W_{max} 随着雷诺数的增大呈增大趋势。

图 5.5 中绘制的矢量是基于时间与方位角的平均流场，如果流场仅在时间上平均，内部径向速度将不会为零，特别是在 R5S1 和 R6S1 中，这是因为在此阶段驻点不稳定，正如 Ashton 等[2019][4]所研究得出的结论。此外，随着雷诺数和涡流比的增大，汇集流的深度d_c降低；而在龙卷风的外部区域，d_c仅受涡流比的影响。

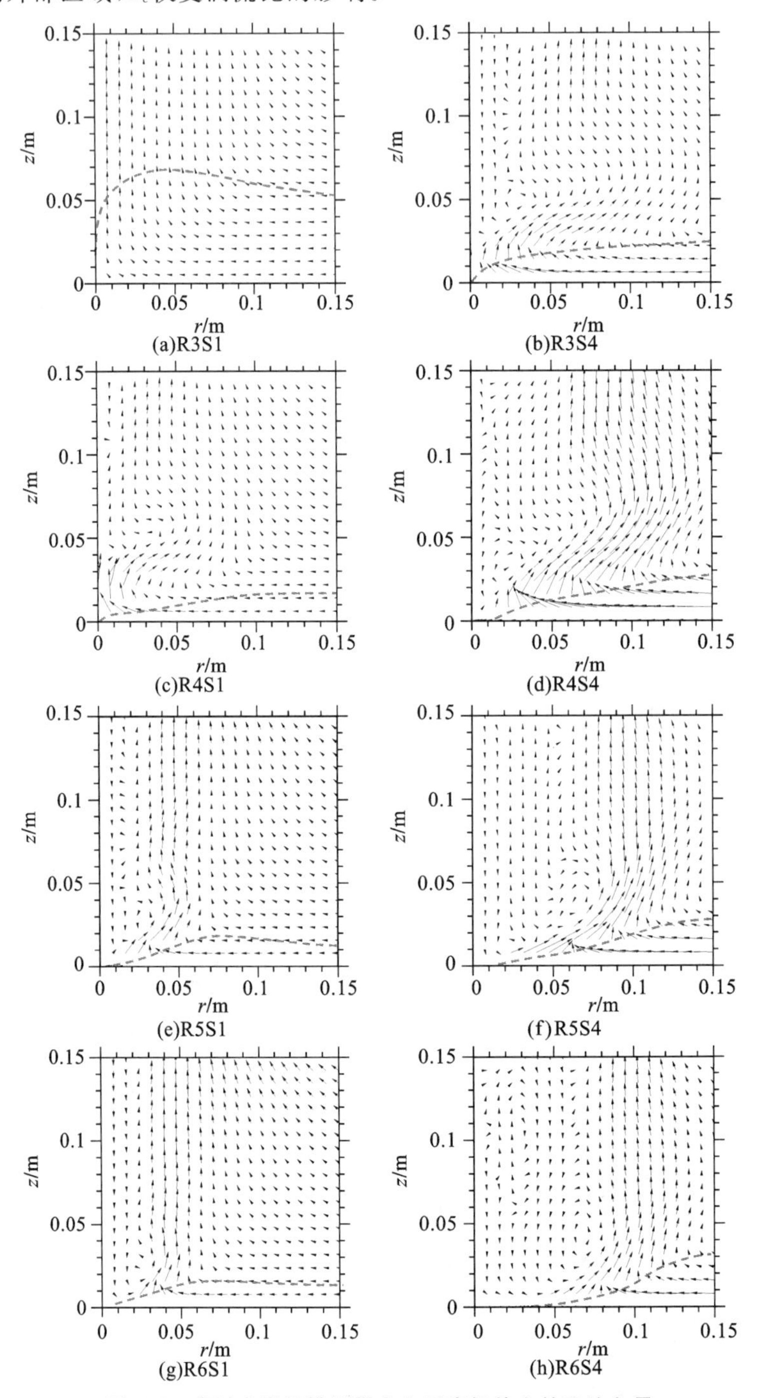

图 5.5　穿过龙卷风模拟器中心垂直切片上的平均向量

注：虚线表示 0.1U_{max}(最大径向速度)位置决定的汇集流深度。

图 5.6 所示为穿越龙卷风中心垂直切片上的平均径向速度分布，$U=\langle\tilde{u}\rangle$，其中负 U 和正 U 分别代表气流向内和向外运动。当涡流比为 1.0 且雷诺数为 1.6×10^5 时，最大向外径

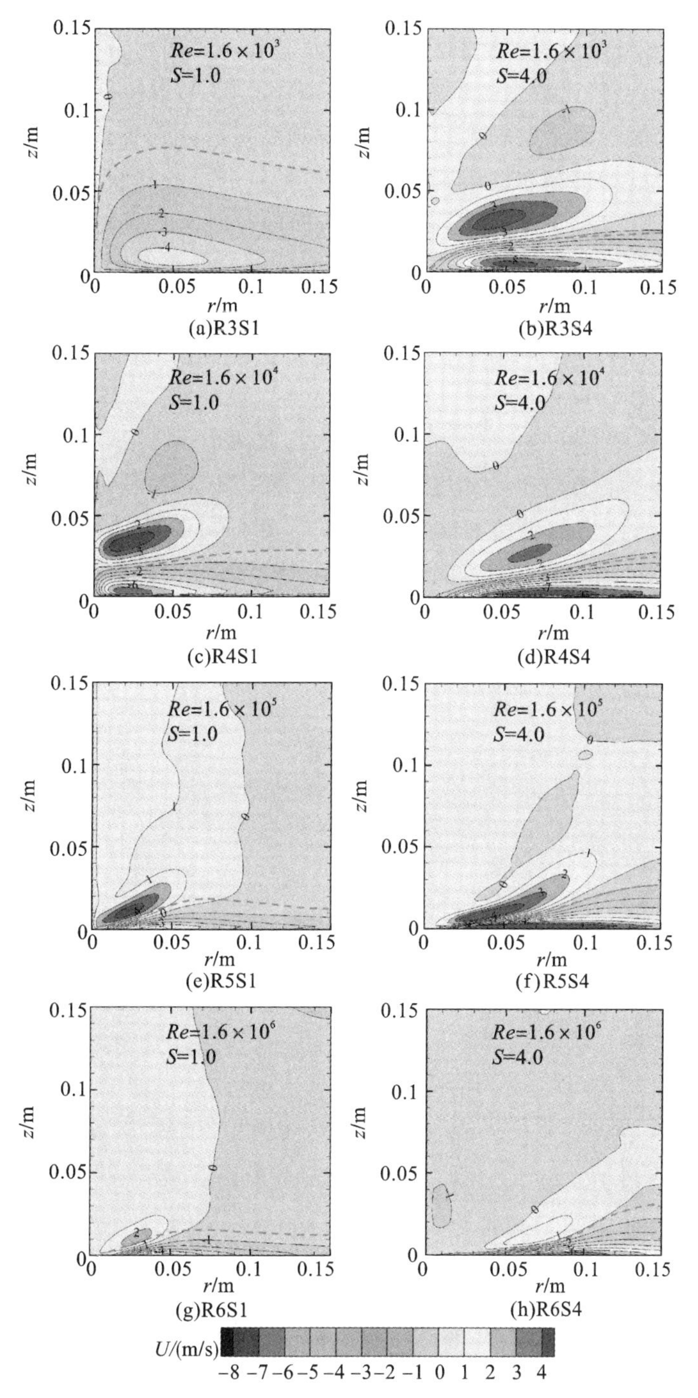

图 5.6 穿越龙卷风中心垂直切片上的平均径向速度分布

注：虚线表示 $0.1U_{max}$（最大径向速度）位置决定的汇集流深度。

向速度达到 4 m/s。向外径向速度主要是由靠近地面向内运动的流体的方向变化引起，且质量通量之和应为零，因此随着雷诺数的增加，向外径向速度会随着龙卷风的膨胀而减小，如在 R4S1 中，向外径向速度为 4 m/s，而在 R5S1 和 R6S1 中分别为 1 m/s 和 0.8 m/s。此外，正向径向速度覆盖区域呈倾斜的椭圆形状，椭圆长轴和 x 轴间的角度约为 20°。向内最大径向速度在涡核破裂后受雷诺数影响不大，如在 R4S1、R5S1 和 R6S1 中都为 6.5 m/s。然而，由于驻点向上游移动，当雷诺数较大时，向内径向速度层将被压缩。

当涡流比为 4.0 时，仍存在低涡流情况下出现的特征。一方面，最大向内径向速度几乎恒定，约为 8 m/s；另一方面，随着雷诺数的增大，向内径向速度层逐步变薄。向外最大径向速度对雷诺数的敏感性同时适用于弱旋流和高旋流，如向外最大径向速度从 R3S4 中的 4.5 m/s 减少到 R6S4 中的 1.5 m/s。然而，当雷诺数增大到 1.6×10^5 时，径向速度为正的区域发生形状畸变，将正径向速度峰值的位置连接起来后不再是一条直线，这说明雷诺数越大，汇集流越难以穿透龙卷风的角部区。

图 5.7 为平均径向速度的径向分布图。其中选取两个标高，一个为 $z=0.15$ m 处，可以认为是旋转平衡(即离心力与压力梯度力平衡)区；另一个是考虑到切向速度是龙卷风状涡旋的主要参数，故选择切向速度峰值的高度 $h_{v_{\max}}$ 处(Kuai 等[2008][54]；Hangan 和 Kim[2008][37])。在 $h_{v_{\max}}$ 处，负径向速度在所有情况下都呈现增大趋势，正径向速度峰值的位置随着雷诺数的增大而向外移动。

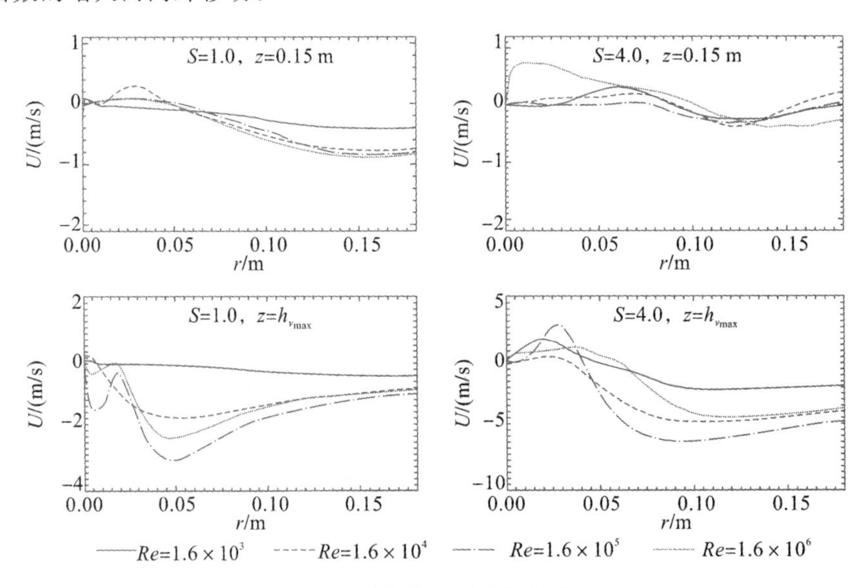

图 5.7　平均径向速度的径向分布图

图 5.8 为穿越龙卷风中心垂直切片上的平均切向速度分布，$V=\langle\tilde{v}\rangle$。除了单核涡龙卷风 R3S1 外，最大切向速度 $V_{\max}$ 在所有的情况下都存在于龙卷风的角部区并随着涡流比的增大而增大。但 $V_{\max}$ 不会随雷诺数的变化而发生显著变化。R4S1 显示的是一个典型的从单核涡变成双核涡的过渡阶段状态。从图 5.8(f)中可以看出，R5S4 显示的则是一个向多核涡过渡的阶段状态。此外，根据 Q 等值面可知，仅在 R5S4 中可以识别出明显的“旋臂”。当 z

$=h_{v_{\max}}$ 时切向速度的峰值几乎出现在相同的径向位置，如图 5.9 中平均切向速度的径向分布图所示。但当 $z=0.15$ m 时，从表示 R4S4 和 R6S4 的曲线中可以识别出切向速度径向剖面上存在的两个峰值。

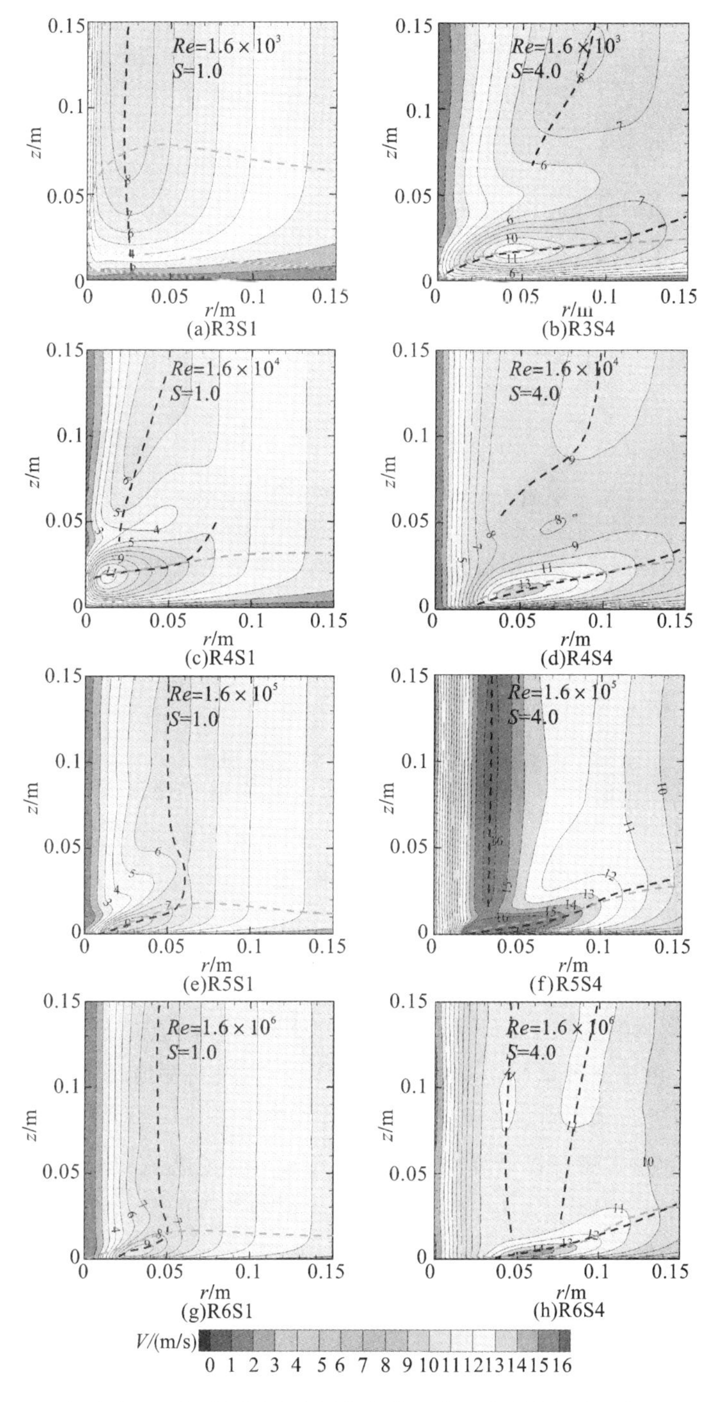

图 5.8 穿越龙卷风中心垂直切片上的平均切向速度分布

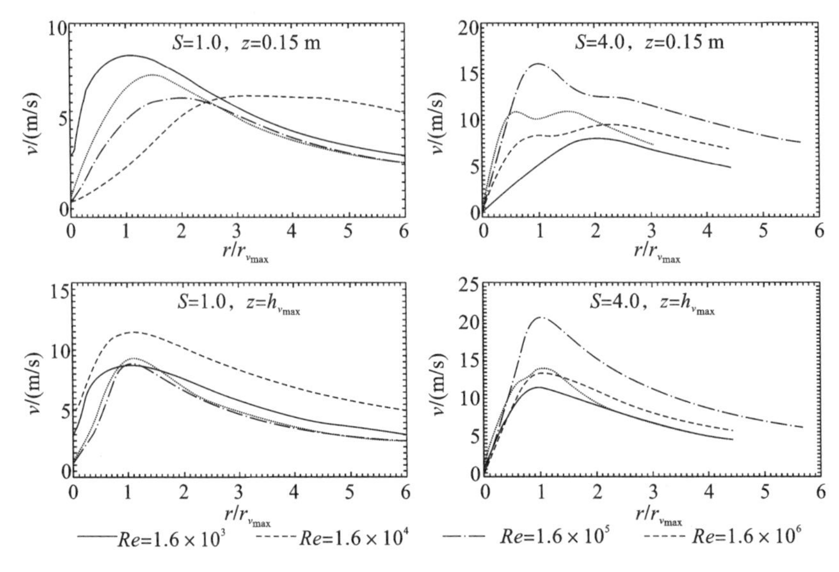

图 5.9 平均切向速度的径向分布图

图 5.10 所示为穿越龙卷风中心垂直切片上的平均垂直速度分布。在 R3S1 的核心区和 R4S1 的近地面角部区存在较大的平均垂直速度的加速度，$W=\langle\widetilde{w}\rangle$。R3S1 和 R4S1 中最大垂直速度$W_{\max}$的大小基本相同，约为 16 m/s。龙卷风到达涡旋破裂阶段后，靠近角部区垂直速度的峰值恒定为 2.5 m/s。此外，仅在高涡旋情况下出现负垂向速度，并且恒定为−0.5 m/s。

平均垂直速度的径向分布图如图 5.11 所示。平均垂直速度 W 在 $z=0.15$ m 和 $z=h_{v_{\max}}$ 处峰值的位置随雷诺数的增大略向外移，但该移动是有限的，尤其是在涡旋破裂后各阶段，峰值位置几乎无变化。

5.2.3 脉动风速

Ishihara 和 Liu[2014][46]、Liu 等[2018][68]以及 Ashton[2019][4]研究观察到了龙卷风涡核的徘徊运动。由于这种徘徊运动，模拟器的中心会周期性地经历大、小两种速度，从而产生较大的速度脉动。如果可以在每个时间步长找到龙卷风中心并将数据转换为以龙卷风中心为原点确定的坐标，则可以计算出平均速度和相对于龙卷风中心速度的均方根。然而，在每个时间步长和每个高度上，从龙卷风中心到模拟器中心的距离都不是一个常数，瞬时流场中龙卷风中心的确定也很困难，由于龙卷风的徘徊运动，土木结构会经历较大的速度脉动，评估这种速度脉动对理解结构动力响应非常重要。如果能分析出龙卷风徘徊运动的性质，就能利用这两个坐标确定湍流统计量之间的关系，有助于建立龙卷风的流场模型。本章和 Tari 等[2010][109]的研究一样，采用传统的固定坐标方法来确定湍流统计量。

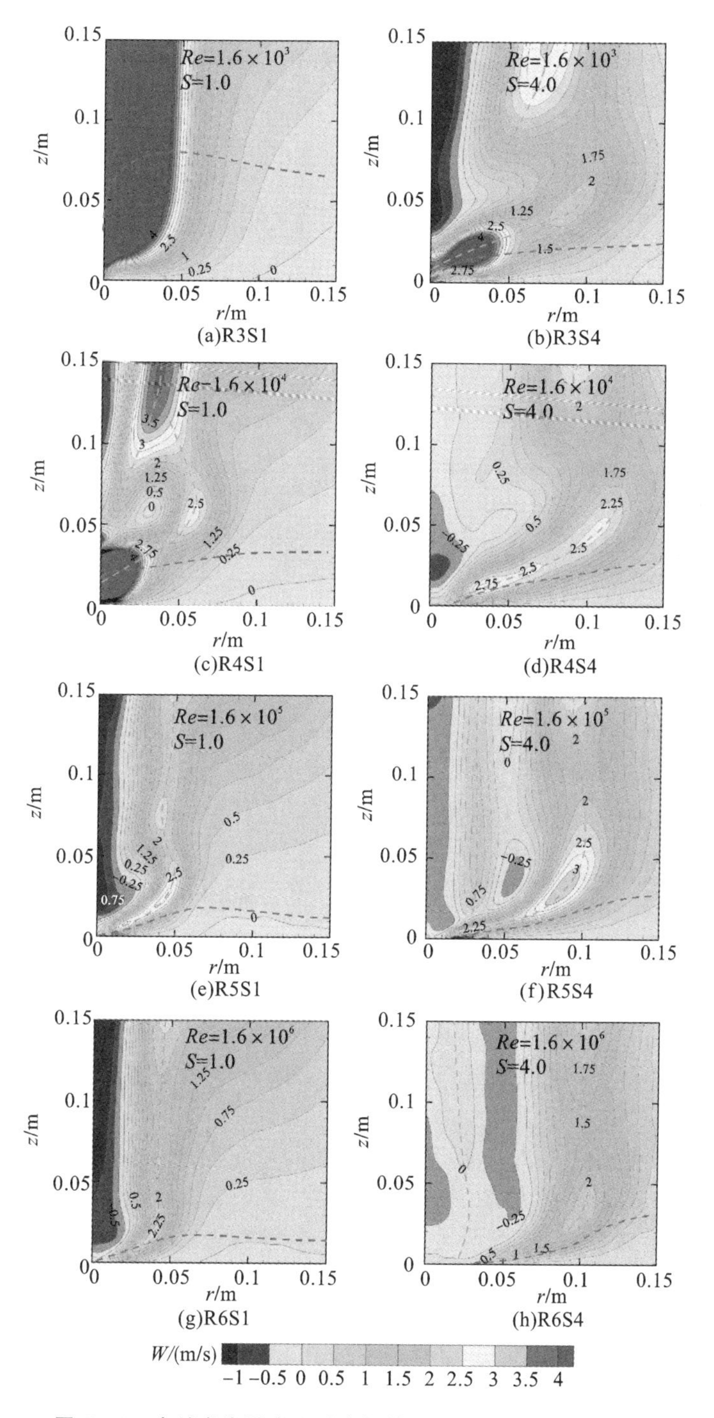

图 5.10　穿越龙卷风中心垂直切片上的平均垂直速度分布

固定坐标的速度脉动均方根定义为 $u_i=\sqrt{\dfrac{\sum(\tilde{u}_i-\langle\tilde{u}_i\rangle)^2}{n}}$。图 5.12 为穿过龙卷风

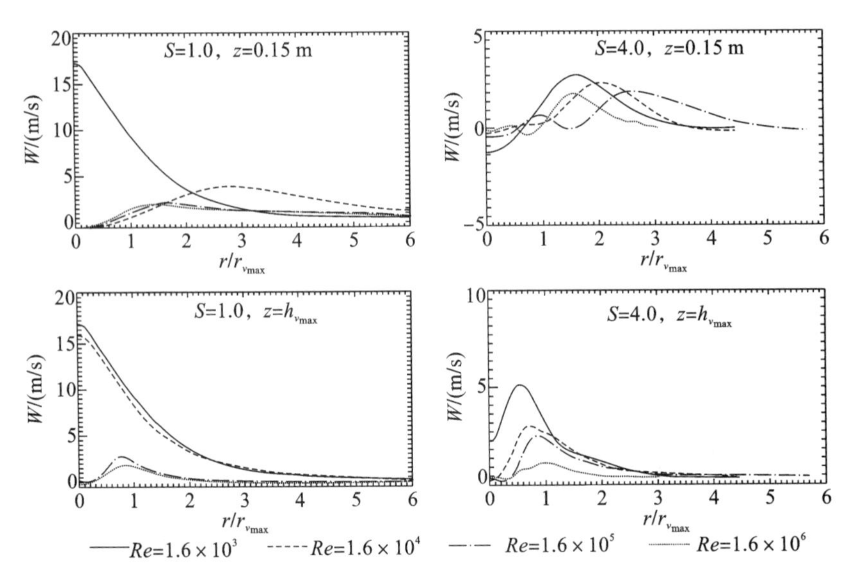

图 5.11　平均垂直速度的径向分布图

中心的垂直切片上径向速度脉动的分布图，用等值线表示径向速度脉动 u，图 5.13 为径向速度脉动的径向曲线。在图 5.12 中，除单核龙卷风 R3S1 外，在一定的涡流比下，径向速度脉动大致相同。在涡流比为 1.0 和 4.0 时，最大径向速度脉动u_{max}分别约为 3 m/s 和 4.5 m/s，在 R4S1 和 R3S4 中，u 存在相似分布。随着雷诺数的增大，在 R5S1、R6S1、R4S4、R5S4 和 R6S4 中都能清楚地识别 u 值较大的两个区域（一个位于龙卷风的中心；另一个接近地面，其位置与 U 反转点的位置基本一致）。

穿过龙卷风中心的垂直切片上切向速度脉动的分布图和径向曲线分别如图 5.14 和图 5.15 所示，切向速度脉动 v 的分布与径向速度脉动 u 相似。在 $r=0$ 时，u 等于 v，这可能是龙卷风核心绕着模拟器中心不稳定性移动造成的。Ashton 等[2019][4] 的研究表明，龙卷风核心有组织的徘徊呈现出接近正弦曲线的形状，且 $\tilde{u}$ 和 $\tilde{v}$ 具有相同的振幅和周期。因此，在目前的大涡模拟中，存在 u 值与 v 值相同的现象，这进一步证实了龙卷风核心在任何雷诺数条件下都会发生有组织的徘徊运动。

穿过龙卷风中心的垂直切片上垂直速度脉动的分布图和径向曲线分别如图 5.16 和图 5.17 所示，当涡流比为 1.0 且 z 为0.15 m 时，垂直速度脉动 w 在 $r=0.015$ m 左右达到峰值。当涡流比为 4.0 时，不同雷诺数条件下的 w 在旋转平衡区的峰值几乎相同，但当 $z=h_{v_{max}}$ 时情况有所不同。首先，旋转平衡区的峰值并不位于 $z=h_{v_{max}}$ 处；其次，在 R4S4 和 R5S4 中，当$z=h_{v_{max}}$ 时，在 $r=0.02$ m 处可识别出其他区域存在更高的 w 值。此外，在 R6S4 中可以发现近似为零的 w。更重要的是，在 R4S1 和 R3S4 中可以清晰地识别出驻点附近存在较大 w。事实上，R4S1 和 R3S4（临近涡旋破裂阶段）的 w 峰值产生的原理与 R5S1、R6S1、R4S4、R5S4 和 R6S4（涡旋破裂后的安全阶段）不同。对于前两种情况，w 峰值主要来自不稳定涡流气泡的垂直振动，而后 5 种情况则是由龙卷风核心的水平徘徊运动和强风切变引起的。

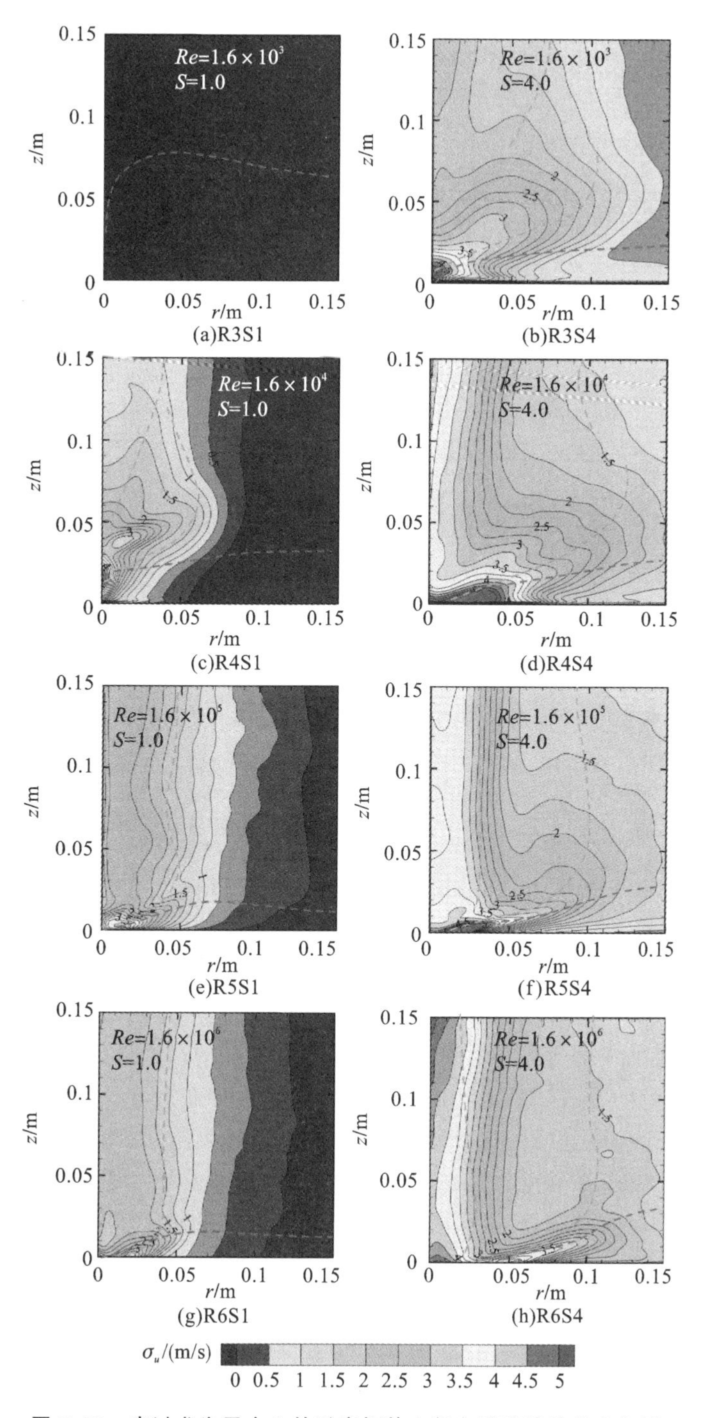

图 5.12　穿过龙卷风中心的垂直切片上径向速度脉动的分布图

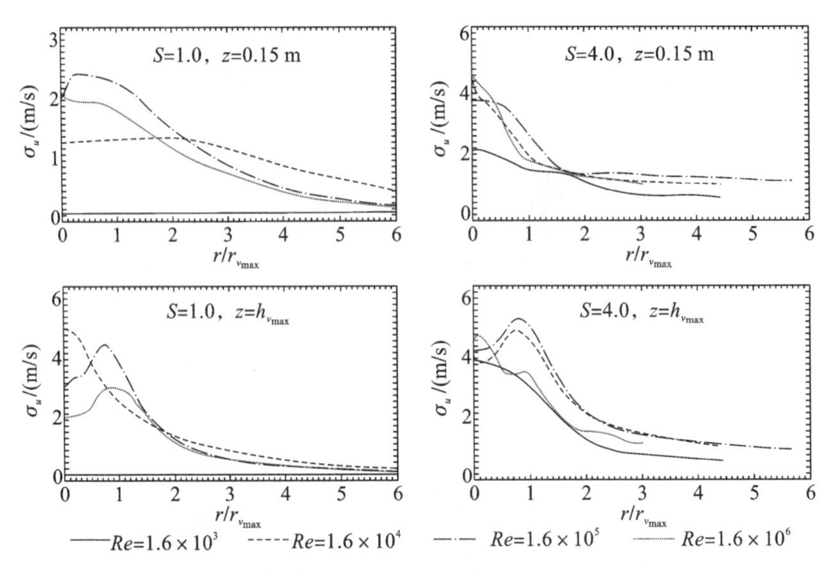

图 5.13　径向速度脉动的径向曲线

5.2.4　偏度和峰度

脉动速度的概率密度函数对于研究龙卷风状涡旋中的阵风至关重要，对评估龙卷风引起的结构动荷载也很重要。本节采用偏度和峰度来分析脉动速度的概率密度函数形状，u_i的偏度表示为：

$$Sk_{u_i}=u_i'^3/u_i'^{3/2} \tag{5.6}$$

式(5.6)说明了u_i的概率密度函数的对称性。值得注意的是，任何单变量正态分布的偏度都为 0。同时，u_i的峰度公式为：

$$Ku_{u_i}=u_i'^4/u_i'^2 \tag{5.7}$$

式(5.7)表示了采样事件的峰度。任何正态分布的峰度都为 3。此外，当概率密度函数一致时，峰度不应小于 1，而应达到 1.8。以下关于偏度和峰度的讨论给出了切向速度的数据。

穿过龙卷风中心的垂直切片上切向速度脉动的偏度分布图和峰度分布图分别如图 5.18 和图 5.19 所示，由于偏度和峰度的计算需要更高阶的脉动项，因此它们的分布没有那么连续、平顺。在图 5.18 中，当涡流比为 1.0 时，由于流场脉动几乎为零，在 R3S1 中出现了较大的Sk_v值。当雷诺数增大到 R4S1 时，在 R4S1 的涡泡边界处出现了较大的负 Sk_v值，在 R5S1 和 R6S1 中可以观察到，Sk_v值为负的区域随着雷诺数的增大而减小。

当涡流比为 4.0 时，靠近角部区 Sk_v值为负的面积比涡流比为 1.0 时小。此外，在涡旋破裂阶段后，随着气流向龙卷风中心移动，Sk_v值显著减小，且在 $r=0$ m 处几乎为零。

切向速度脉动峰度与偏度的分布图具有相似性，如图 5.19 所示。除 R3S1 和 R4S1 外，大部分区域 Ku_v的值约为 3。当向龙卷风中心移动时，Ku_v值减少到约 1.8，这意味着概率密度函数呈均匀分布。此外，负 Sk_v和 Ku_v值主要位于 W 峰值处。

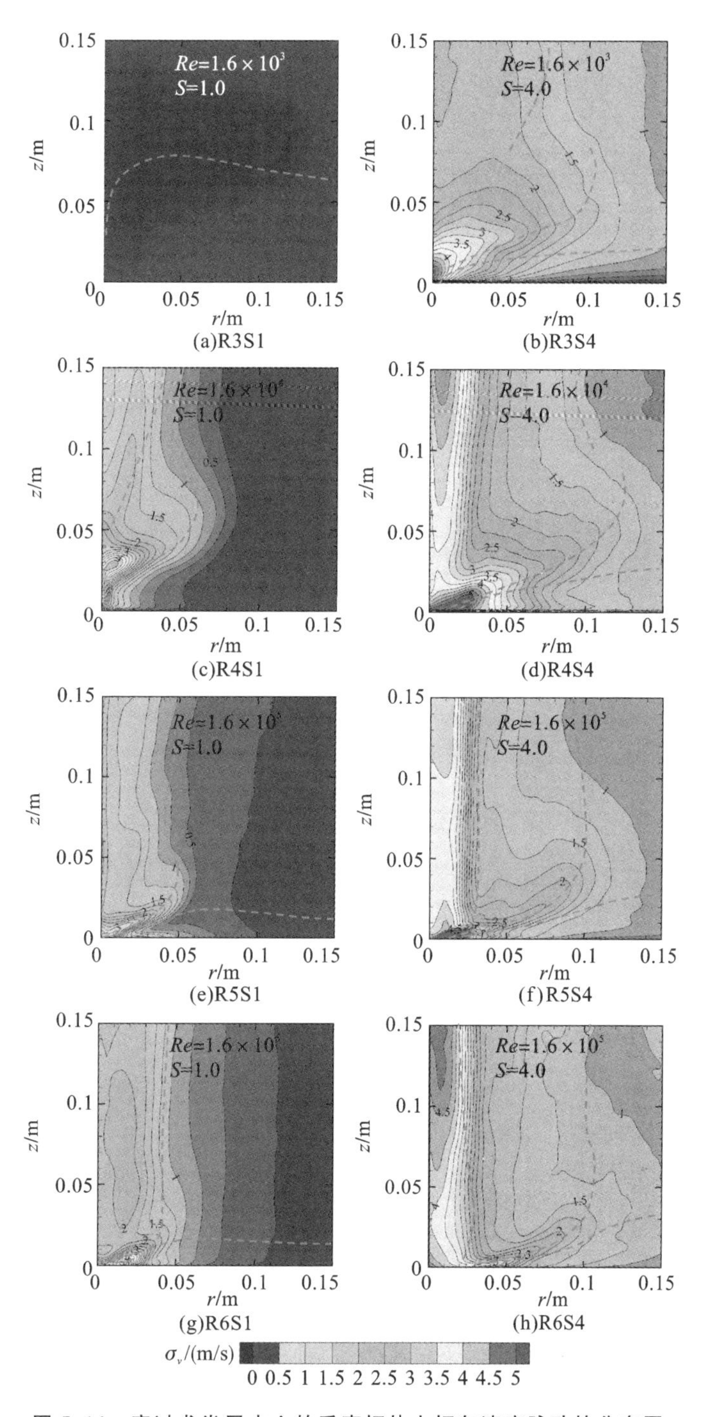

图 5.14　穿过龙卷风中心的垂直切片上切向速度脉动的分布图

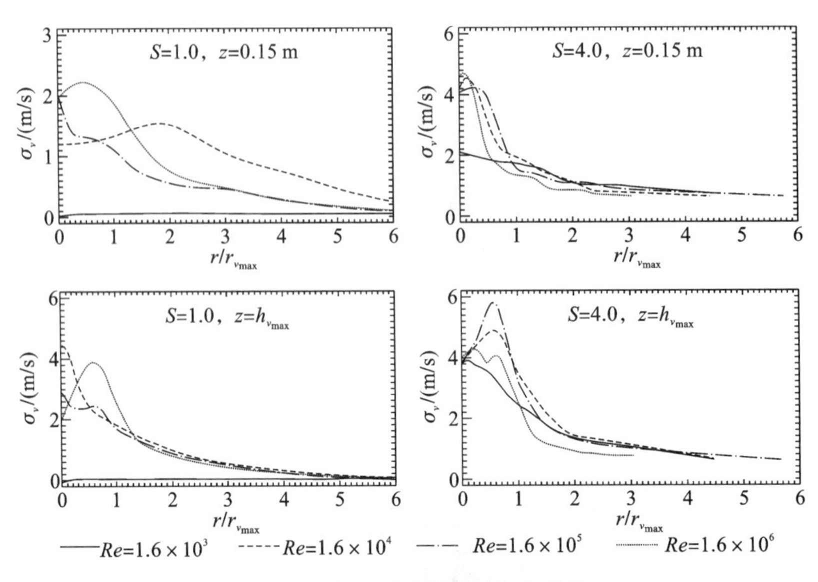

图 5.15　切向速度脉动的径向曲线

5.2.5　动量收支

了解动量收支有助于理解流体力的平衡，并进一步应用于简化控制方程，从而得到平均流场的解析模型。圆柱坐标下雷诺数平均流场的径向动量收支可表示为：

$$U\frac{\partial U}{\partial r}+W\frac{\partial U}{\partial z}-\frac{V^2}{r}=-\frac{1}{\rho}\frac{\partial P}{\partial r}-T_u+D_u \tag{5.8}$$

式(5.8)中左侧三项分别为径向对流项A_{ru}、垂直对流项A_{zu}和离心力项C_r，右侧三项分别为径向压力梯度项P_r、湍流项T_u和扩散项D_u。在旋转平衡区，动量平衡只出现在径向压力梯度项和离心力项之间。图 5.20 为$h_{v_{max}}$高度处动量收支的径向分布。

由图 5.20 可知，当涡流比为 1.0 时，在单核涡阶段 R3S1 中，动量平衡主要出现在P_r和C_r之间，随着雷诺数的增大，A_{zu}的贡献增大，并且在 R5S1 中，A_{zu}的贡献甚至大于P_r。雷诺数进一步增大到 R6S1 时，A_{zu}下降，动量平衡再次主要出现在P_r和C_r之间。

涡流比为 4.0 时动量收支径向分布的趋势与涡流比为 1.0 时的趋势相似。在雷诺数较小时，动量平衡主要出现在C_r、P_r、A_{zu}之间。当雷诺数足够大时，A_{zu}的贡献几乎消失，表明其分布与旋转平衡区相似。

壁面剪力会直接影响动量平衡中的对流项，从图 5.20 中可以看出，A_{zu}对动量平衡的贡献大于A_{ru}。因此，在图 5.21 中绘制对流项A_{zu}与离心力项C_r比值的分布图。结果表明，对于低涡流比的龙卷风，壁面剪力极其重要；但随着涡流比的增大，壁面剪力的作用逐渐降低。此外，增大雷诺数也会缩小壁面剪切的作用区域。在 R6S1、R5S4、R6S4 中，几乎不存在壁面剪切效应明显的区域。因此，当涡流比或雷诺数足够大时，动量平衡主要存在于径向压力梯度项与离心力项之间，式(5.8)可简化为：

$$\frac{V^2}{r}=\frac{1}{\rho}\frac{\partial P}{\partial r} \tag{5.9}$$

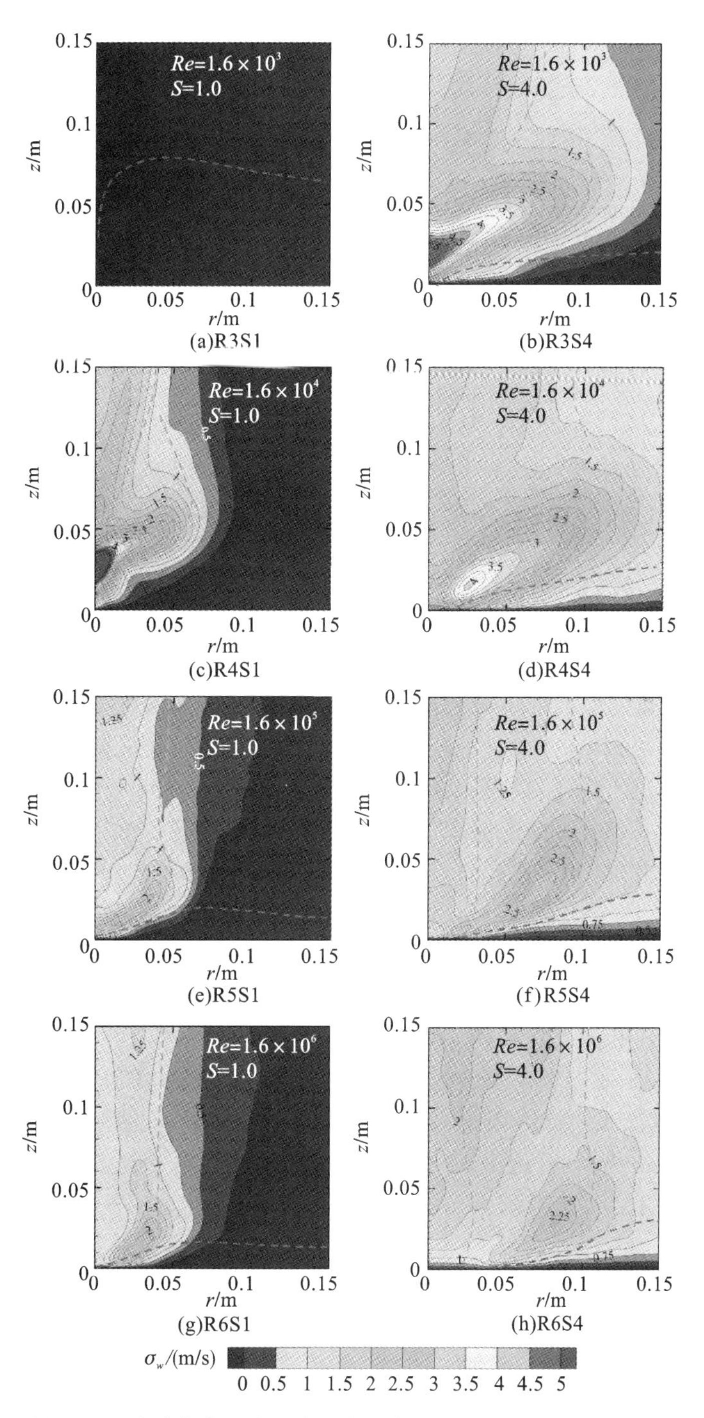

图 5.16　穿过龙卷风中心的垂直切片上垂直速度脉动的分布图

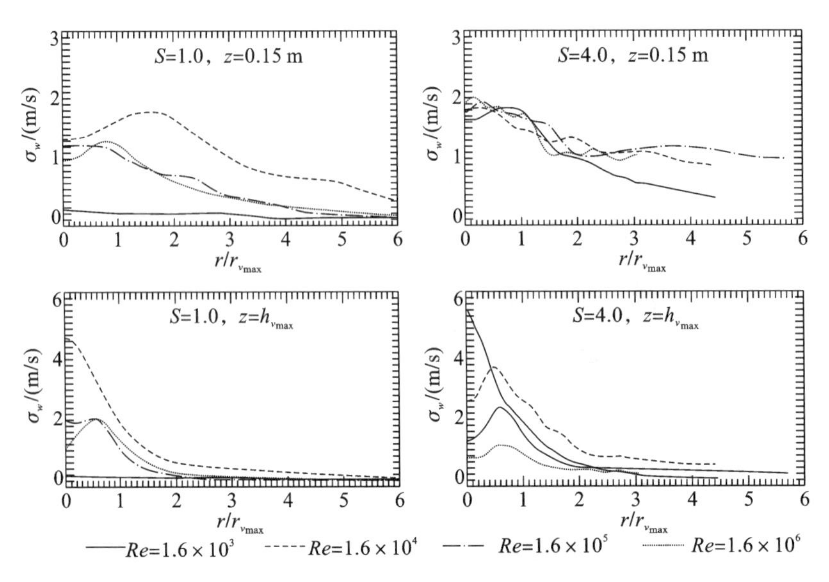

图 5.17 垂直速度脉动的径向曲线

5.2.6 相似性参数

Monji[1985][79]绘制了不同类型涡旋随雷诺数和涡流比变化的曲线，发现每种涡旋随雷诺数与涡流比变化的曲线都呈指数函数形式。随着龙卷风从单核变为多核，函数的指数也相应增大。根据 Fiedler[2009][31]的研究，涡流比与雷诺数对龙卷风状涡旋流场的影响较大。将 Monji[1985][79]绘制的龙卷风状涡旋和目前大涡模拟的龙卷风绘制在一起，涡流比和雷诺数的龙卷风形态分布如图 5.22 所示，其中实线是拟合 Monji[1985][79]绘制的不同类型龙卷风曲线。每组龙卷风的$Re^{-1/3}$与涡流比的关系几乎都遵循如下表达式：

$$S=a+bRe^{-1/3} \tag{5.10}$$

其中，当龙卷风由单核向多核转变时，常数 a 和斜率 b 有增大的趋势。在大涡模拟研究中，R3S1 为单核龙卷风，R4S1 和 R3S4 为过渡阶段龙卷风，R5S1、R6S1 和 R4S4 为约有 3 个子涡旋的龙卷风，R5S4 和 R6S4 为多核龙卷风，这和 Monji[1985][79]的研究呈现出类似的趋势，部分差异则可能是龙卷风模拟器的不同配置造成的。此外，R5S4 和 R6S4 的一些非线性趋势表明 S-Re 关系被限制在一定的雷诺数范围内，采用适宜尺度或许可以消除 S-Re 曲线的非线性趋势，这值得今后进行实验或数值研究。地面粗糙度条件（Liu 和 Ishihara[2016][67]）也会影响龙卷风流场（Tang 等[2018a][107]），未来将进一步研究此因素对 S-Re 曲线的影响。

$h_{v_{\max}}/r_{v_{\max}}$与$Re^{-1/3}$的对应关系见表 5.3，$h_{v_{\max}}/r_{v_{\max}}$随 $Re^{-1/3}$变化的线状图如图 5.23 所示。正如 Refan 等[2014][96]和 Refan 和 Hangan[2016][94]的研究所述，$h_{v_{\max}}/r_{v_{\max}}$被认为是在模拟龙卷风与全尺度龙卷风之间寻找对应关系的关键参数。在图 5.23 中，除单核龙卷风外，$h_{v_{\max}}/r_{v_{\max}}$几乎与$Re^{-1/3}$呈线性关系。随着涡流比的增大，$h_{v_{\max}}/r_{v_{\max}}$与$Re^{-1/3}$的比值减小。因此，$h_{v_{\max}}/r_{v_{\max}}$、$S$、$Re$ 之间的关系式可以表示为：

$$h_{v_{\max}}/r_{v_{\max}}=kRe^{-1/3},k\propto 1/S \tag{5.11}$$

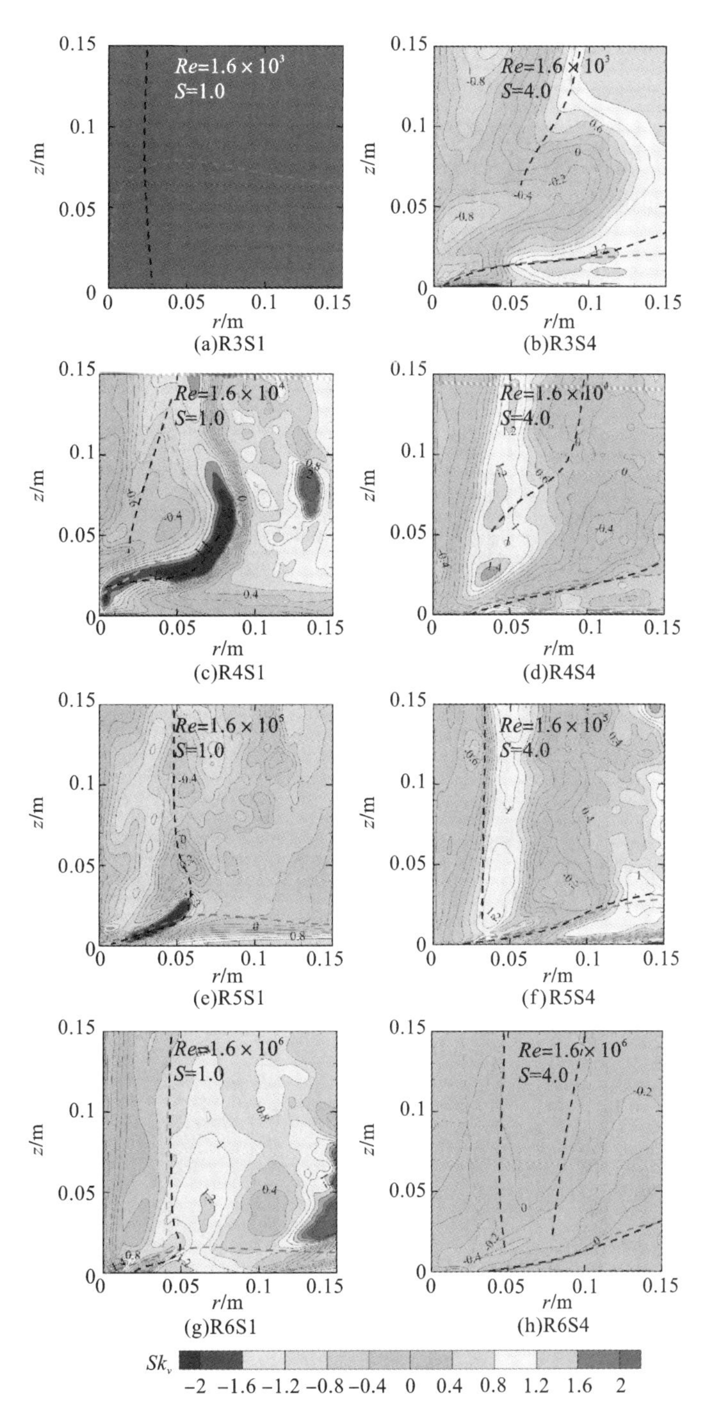

图 5.18　穿过龙卷风中心的垂直切片上切向速度脉动的偏度分布图

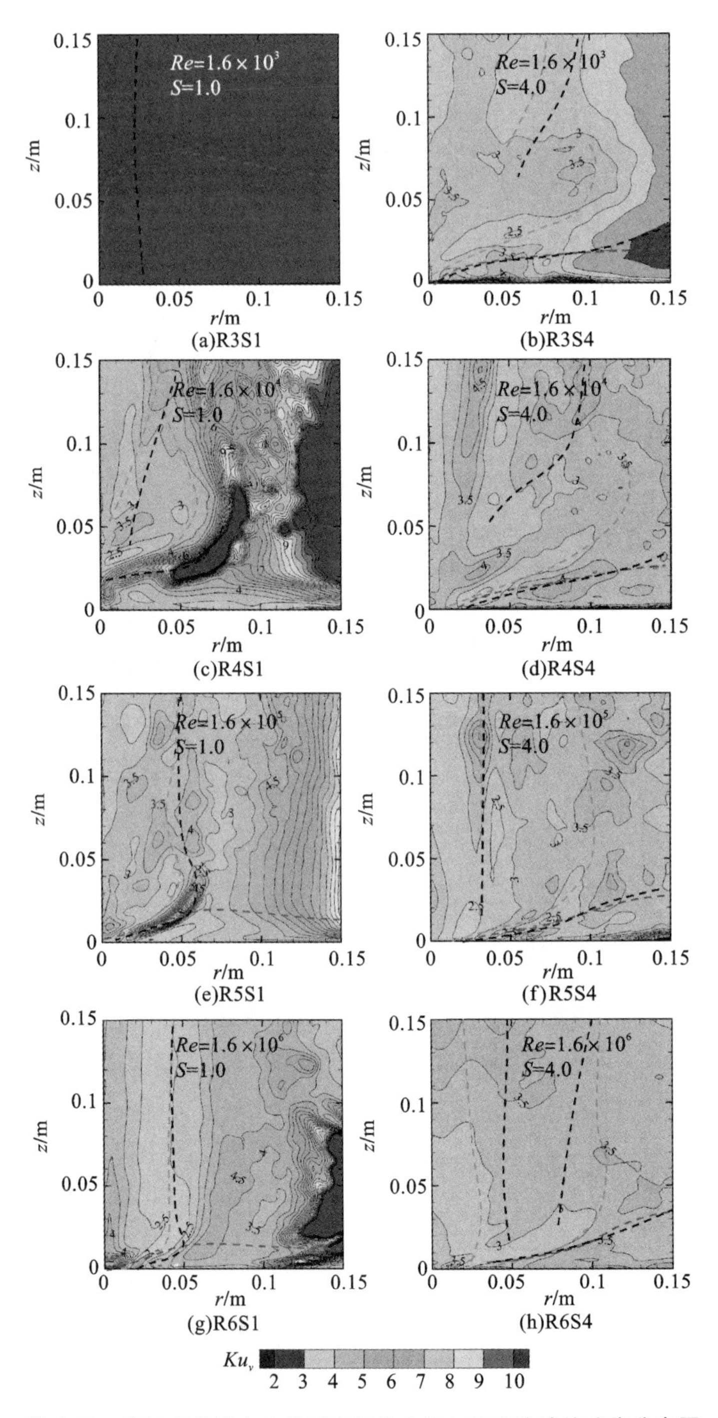

图 5.19　穿过龙卷风中心的垂直切片上切向速度脉动的峰度分布图

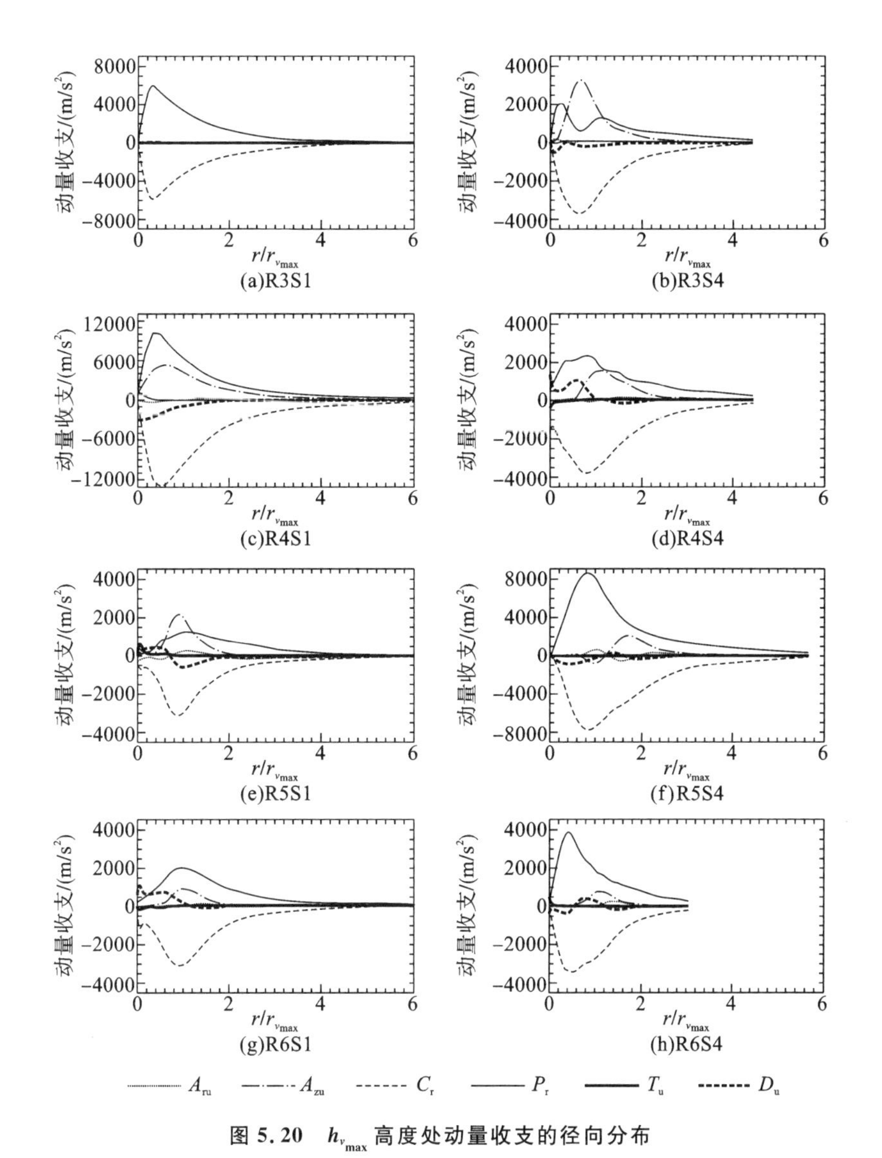

图 5.20 $h_{v_{max}}$ 高度处动量收支的径向分布

表 5.3 $h_{v_{max}}/r_{v_{max}}$ 与 $Re^{-1/3}$ 的对应关系

		$h_{v_{max}}/r_{v_{max}}$	
		S=1.0	S=4.0
$Re^{-1/3}$	0.086	7.500	0.500
	0.040	1.133	0.240
	0.018	0.420	0.125
	0.009	0.246	0.067

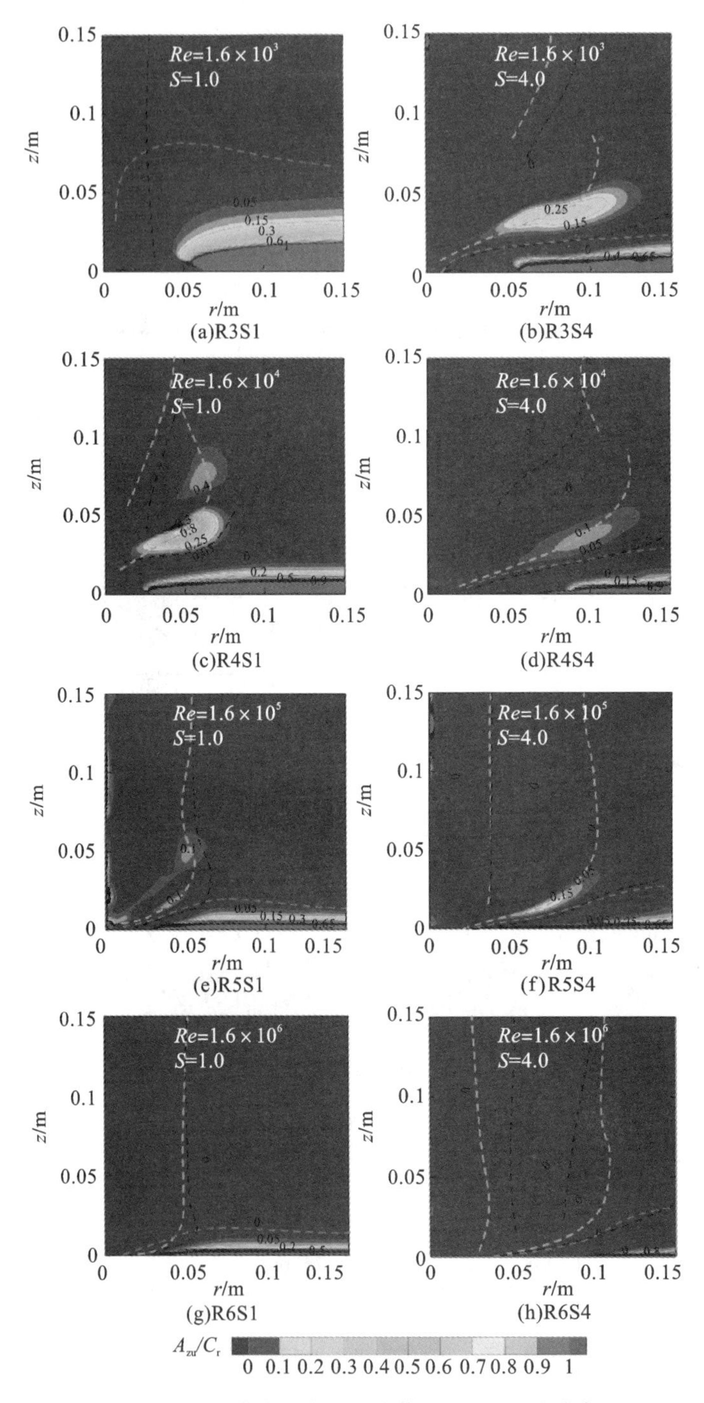

图 5.21 穿过龙卷风中心垂直截面上A_{zu}/C_r的分布图

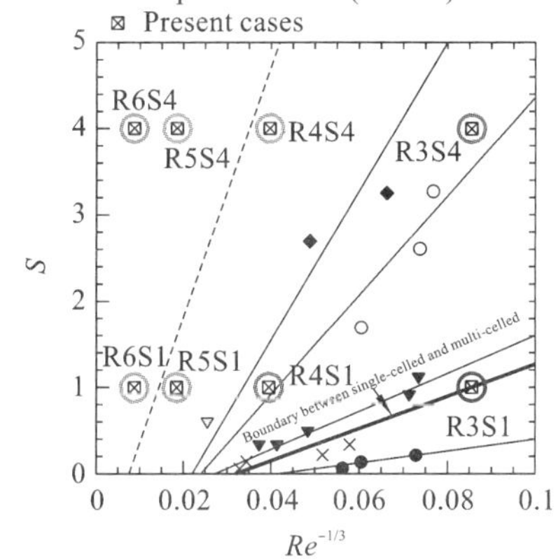

图 5.22　涡流比和雷诺数的龙卷风形态分布

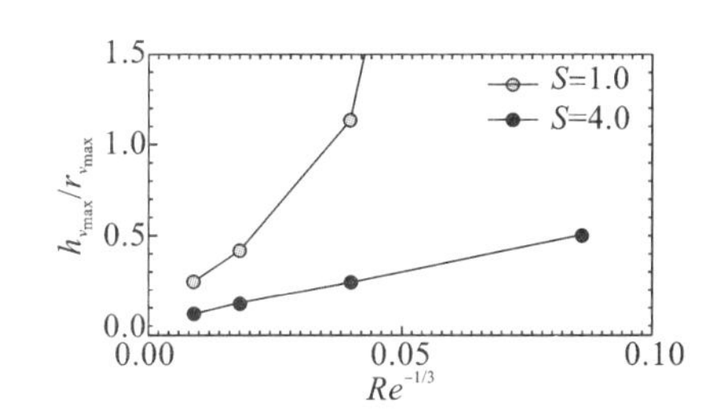

图 5.23　$h_{v_{max}}/r_{v_{max}}$ 随 $Re^{-1/3}$ 变化的线状图

5.3　总　　结

为了研究雷诺数对龙卷风状涡旋流场的影响，采用大涡模拟研究了涡流比在 1.0～4.0 之间和雷诺数在 1.6×10^3～1.6×10^6 范围内的 8 种龙卷风状涡旋，总结如下。

(1) 在一定涡流比情况下，具有明显湍流度的区域随雷诺数的变化不明显，随着雷诺数的增大，汇集流深度减小。

(2) 外汇集流穿透龙卷风角部区的难度较大，径向正速度峰值的位置随着雷诺数的增大而向外移动。

(3) 在龙卷风核心以外区域，径向速度脉动几乎随雷诺数的增大呈线性增大趋势。龙卷风核心在任意大小的雷诺数条件下都存在有组织的徘徊运动。

(4) 若雷诺数足够大，即使在非常接近地面的区域，也会使径向压力梯度与离心力之间达到平衡。

(5) 除单核龙卷风外，$h_{v_{max}}/r_{v_{max}}$ 与 $Re^{-1/3}$ 几乎呈线性关系。随着涡流比的增大，$h_{v_{max}}/r_{v_{max}}$ 与 $Re^{-1/3}$ 的比值减小。

第6章 亚临界涡旋破裂阶段龙卷风

涡旋破裂(Harvey,1962[39];Benjamin,1962[7];Lugt,1989[69])被认为是槽流中观察到的水力跃变的轴对称情况。随着涡流比增大,涡旋破裂位置的高度逐渐降低,直到恰好在地面上方破裂(Church,1979[17];Church 和 Snow,1977a[15]),这种现象被称为“溺涡跃变”(Maxworthy,1973[73])。溺涡跃变通常与近地表方位最高风速有关。当涡流比进一步增大时,涡旋在地面上方破裂。涡泡高度随涡流比的增大而减小,如图 6.1 所示。

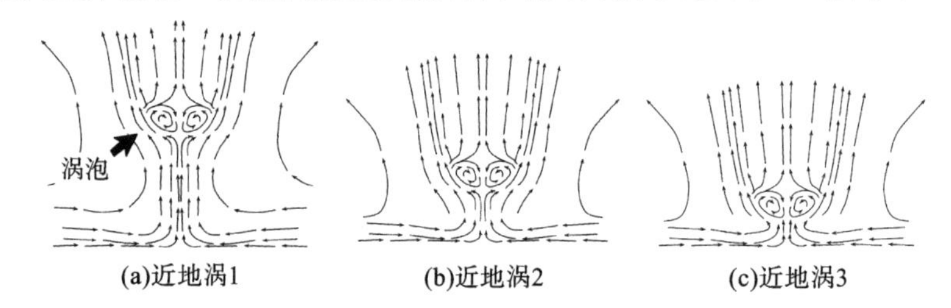

图 6.1 涡泡高度

根据 Refan 等[2014][96]的实验,在涡旋破裂阶段,流体由三个不同的动态区域组成:高空的湍流亚临界区,中间的涡泡破裂区和靠近地面的狭窄超临界区。Refan 和 Hangan[2016][94]的研究中,涡旋破裂到达地面时被称为“亚临界”阶段。该研究表明自由驻点向地面运动的趋势一直持续到触地为止,此时涡流比约为 0.57。Pauley[1989][87]利用 Ward 型龙卷风模拟器对涡轴进行了压力测量,结果表明沿涡轴方向的静压随着涡旋破裂流下游高度的增大而增大。同时,通过对轴向力的平衡分析得出了湍流应力在轴向动量平衡中起重要作用的结论。从 Tari 等[2010][109]的实验可以看出,在亚临界涡旋破裂阶段(涡流比为 0.68),速度脉动极大。因此,由于涡旋破裂阶段气泡的不稳定性以及从层流到湍流的过渡,可以预测涡旋的特性和结构会有非常大的变化。

数值模拟是研究涡旋破裂这一过渡阶段的另一重要方法。Refan 和 Hangan[2016][94]对龙卷风涡旋进行了数值研究,得出的结论是:涡旋破裂涉及两种相互竞争的趋势之间的复杂作用。第一种趋势是产生轴向上升气流作为收敛边界层的扩展,第二种趋势是切向速度随高度增加而减小。Lewellen[2007][60]研究了龙卷风状涡旋的近地表强化现象,发现在涡旋破裂阶段,龙卷风发生了从剧烈的轴向上升流动状态到核心半径显著增大、轴向速度降低和湍流强度增大状态的急剧转变。Liu 和 Ishihara[2015a][65]系统研究了四种典型的龙卷风,并对其湍流特性、径向和垂直方向的力平衡进行了研究,发现在亚临界涡旋破裂阶段(涡流比为 0.6)出现了异常高的湍流度,该研究将在本章详细讨论。在亚临界涡旋破裂阶段,流体中的湍流度非常高。但是,由于数据记录不足,这一现象至今没有得到详细解释。

本章对平均流场和脉动流场、力的平衡和龙卷风在涡旋破裂阶段的动力学特性使用三维大涡模拟进行了详细研究,并逐步揭示这一阶段高湍流度出现的原因。本章还对亚临界涡旋破裂阶段脉动参数与湍流动能平衡的关系进行了研究,这对理解湍流的结构具有重要意义;对亚临界涡旋破裂阶段的风速进行了频谱分析,这对理解龙卷风的动力性能和结构动

力响应具有重要意义。

本章采用的模型参数可参照第 2 章以及第 3 章。本章第 1 节提供了关于三维湍流流场的详细信息，包括流场的平均值和脉动，以及流动参数的相关性。第 2 节阐明了径向和垂直方向的力平衡，以及湍流动能平衡和涡的动态性能，研究了径向速度和垂直速度的时间历程，包括频谱分析以及流场可视化处理。

6.1 流场数据

为提供对流场的详细概述，在讨论亚临界涡旋破裂阶段龙卷风的瞬时特性之前，先对时间平均流场、湍流特性、雷诺平均动量平衡和湍流动能平衡进行讨论。

6.1.1 时间平均流场

$\Phi=\sum\varphi_i/n$ 为平均流场参数，其中φ_i为采样参数，n 为样本数。此外，将速度分量U_i通过V_c进行归一化处理，而压力 P 则通过 $1/2\rho V_c^2$进行归一化处理。垂直尺度按汇集区的高度 h 进行缩放。正如 Liu 和 Ishihara [2015a][65]的研究所述，在垂直方向上选择该无量纲化方法是由于不同类型的龙卷风最大切向速度的高度几乎是固定的。径向距离通过龙卷风旋转平衡区内的龙卷风核心半径r_c=0.024 m 进行归一化处理。

图 6.2 所示为归一化的平均切向速度径向剖面。涡流射流出现在最大切向速度为 1.6 V_c处的表层，其核心半径随高度从 0.5 r_c增大到 1.0 r_c，最终呈漏斗状。图 6.2 展示了 Matsui 和 Tamura[2009][72]的研究中涡流比为 0.65 时的实验数据，Tari[2010][109]的研究中涡流比为 0.68 时的实验数据和 Refan[2014][96]的研究中涡流比为 0.57 时的实验数据。虽然没有确切的关于涡流比为 0.6 时的实验数据，但三个实验数据的涡流比都在 0.6 左右。由于所有实验数据都是在旋转平衡区得到的，因此可以与 $z=0.75h$（位于旋转平衡区）的实验结果进行比较，从而验证本模拟所采用的数值模型的可靠性。图 6.3 所示为流线和矢量线，但只绘制了与显示平面平行的速度分量，而没有绘制切向速度分量。图 6.3 中箭头表示气流的方向，矢量的长短表示相对风速的大小，从定性的角度展现涡旋中心附近的流动情

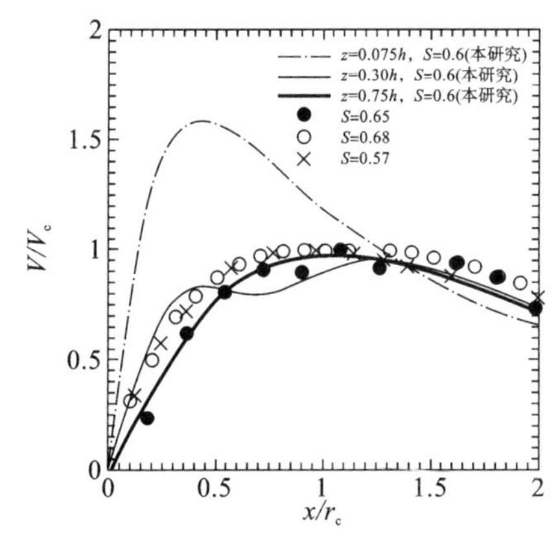

图 6.2 归一化的平均切向速度径向剖面

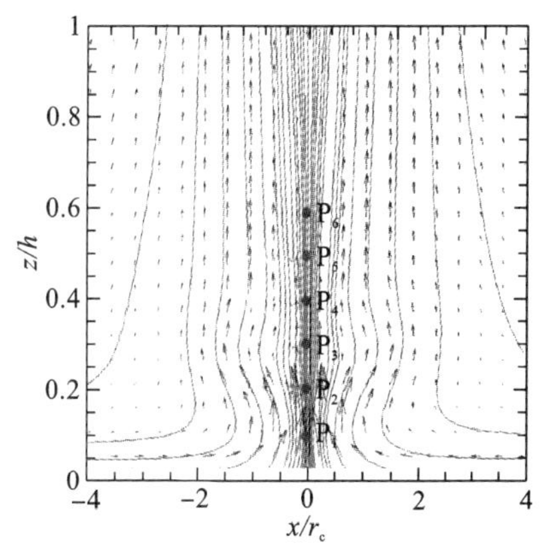

图 6.3 流线和矢量线

况。总体而言，边界层入射流向中心穿透并上移，而垂直流脱离纵轴，形成一个膨胀气泡。在龙卷风中心位置，当垂直位置超过 0.15h 时，平均垂直速度下降到约为零，但当垂直位置低于 0.15h 时，强烈的垂直流射流遇到约位于 0.15h 处的驻点后向外运动。在驻点附近，由于垂直入射流与静止流体交汇，流场变得非常复杂。

径向速度 U 在指向外时方向为正，当 $z>0.4h$ 时，其值在$(-r_c, r_c)$之间几乎为零，这意味着径向对流效应已经消失。如图 6.4(a)所示，在靠近地面处($z<0.05h$)存在强径向射流，径向速度在 $x=\pm0.5r_c$处达到 1.0 V_c。当径向射流在中心相遇时，根据质量守恒定律，流体方向必须向垂直方向转变，因此垂直速度在高度为 0.1h 时达到最大值 2.6 V_c，如图 6.4(c)所示。但是，由于径向射流在大约 0.15h 处与驻点汇合，这一较大的垂直流量便迅速减小，垂直方向速度变为接近于零，在驻点的下游出现一个半径约为 0.15r_c的涡泡区域。如图 6.4(a)、图 6.4(b)、图 6.4(c)所示，涡泡中不仅垂直分量接近于零，且切向和径向分量也接近于零，这表明涡泡中存在一种“静流区”。在经过驻点后，由于质量守恒定律，垂直流体方向变为向外，因此出现了较大的径向流动。切向速度最大值位于 $z=0.1h$ 处，此时涡流动量累积，切向速度的径向梯度较大。

综上所述，在高海拔区，切向速度在 $x=\pm1r_c$处达到最大值。涡泡下游的垂直速度分量在中心处几乎为零，是一种纯粹的双核形。因此，涡旋破裂阶段也被称为一个单核涡和双核涡混合的临界过渡阶段。高海拔区最大垂直速度的位置几乎与切向速度达到最大值的位置相同。图 6.4(d)所示的平均压力分布为三维形态，最大压降出现在驻点上游，该位置几乎与最大垂直速度的位置重合。在涡泡上方，平均压力表现为二维特性，即水平压力分布不随高度变化而发生显著的变化。

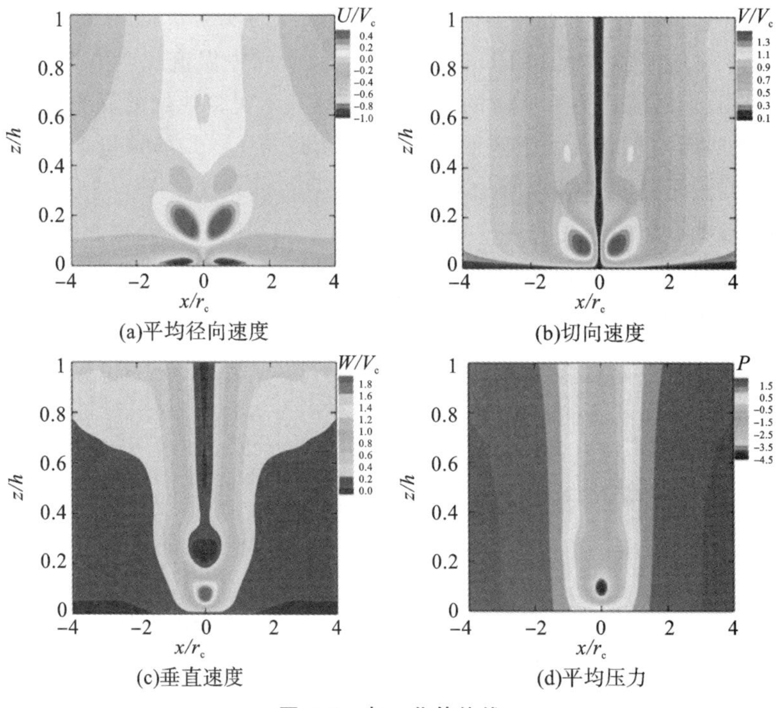

图 6.4　归一化等值线

6.1.2 湍流特性

Ishihara 和 Liu[2014][46]对触地阶段龙卷风状涡旋的湍流流场进行了详细研究，发现接近地面的湍流流场可以达到一个极高的水平，因此仅描述平均流场是不够的。此外，对湍流的分析也有助于了解流体结构，所以本节将对过渡亚临界涡旋破裂阶段的湍流特性进行详细研究。关于龙卷风中湍流的研究相当有限，有些研究只关注雷诺主应力，如 Liu 和 Ishihara[2015a][65]以及 Tari[2010][109]等的研究。事实上了解脉动速度和压力之间的关系对于理解压力扩散对湍流动能平衡的影响至关重要。本节首先介绍速度和压力的脉动现象，然后验证雷诺主应力以及速度和压力脉动之间的相关性。最后绘制脉动速度和压力的时间散点图，用来更详细地描述亚临界涡旋破裂阶段龙卷风的湍流特征。

本节采用与时均流场相同的方法对脉动流场 $\varphi=\sqrt{\dfrac{\sum(\varphi_i-\varphi)^2}{n}}$ 进行归一化处理。在讨论脉动速度分量和压力之前，首先绘制单核涡、涡旋破裂、双核涡和多核涡阶段在 $x=0$ 处的垂直脉动曲线，以展现它们之间的差异，如图 6.5 所示。双核涡和多核涡阶段垂直速度脉动分布基本一致，其值约为 0.2 V_c。单核涡阶段湍流尚未出现，但是在涡旋破裂阶段垂直速度脉动出现了极大的跃迁，其最大值为 1.6 V_c，接近于气泡形状区下边界 0.15h 处的最大垂直速度 0.8 W_{max}，然后在 0.7h 处平缓下降到 0.2 V_c。目前为止很少有研究考虑龙卷风状涡旋的速度脉动，但在有限的对龙卷风状涡旋速度脉动的研究中都存在这种较大的垂直速度脉动跃迁。如 Tari[2010][109]的研究中，当涡流比在 0.4～0.68 之间时会出现较大的垂直速度脉动跃迁，垂直速度脉动最大值为 0.67 W_{max}。与本研究不同的是，Tari[2010][109]的研究中垂直速度脉动跃迁延伸到高海拔区，原因在于 Tari[2010][109]的研究采用了 ISU 型龙卷风模拟器，而 ISU 型龙卷风模拟器在模拟龙卷风的外部区域时有向下的气流，因此会产生更多的湍流。此外，Tari[2010][109]的研究表明，当龙卷风状涡旋接近亚临界涡旋破裂阶段时，速度脉动对涡流比的微小变化非常敏感。因此，本研究的速度脉动与 Tari[2010][109]的速度脉动之间不能进行良好的比较。但由于两者都捕捉到了脉动跃迁现象，因此可以认为脉动跃迁是龙卷风接近亚临界涡旋破裂阶段时的固有特征。图 6.6 所示为湍动能的等值线，湍动能 k 的变化趋势与中心垂直速度脉动的变化趋势相似，但是两者峰值的高度是不同的，湍动能峰值的垂直位置约比垂直速度脉动峰值的垂直位置低 0.05h。

脉动速度和压力等值线如图 6.7 所示。与垂直速度脉动相比，径向速度脉动分量在距地面 $z=0.08h$ 处达到峰值 0.9 V_c，如图 6.7(a)所示。切向速度脉动分量的峰值也为 0.9 V_c，如图 6.7(b)所示。该现象表明，这些较大的径向速度脉动和切向速度脉动的起源应是相同的。此外，最大垂直速度脉动和最大压力脉动的位置位于几乎相同的高度($z=0.15h$)，即驻点所在地，如图 6.7(c)和图 6.7(d)所示。类似于垂直速度脉动，压力的最大脉动值接近相应的绝对平均值。最大水平速度和垂直速度位置的差异可以解释为什么它们之间存在湍动能峰值，这种差异将在下面关于流体动力学的讨论中进一步解释。压力均方根与平均压力的比值，以及速度均方根与平均速度的比值在普通边界层流中有较大不同，说明在亚临界涡旋破裂状态下，龙卷风具有非常特殊的湍流结构。

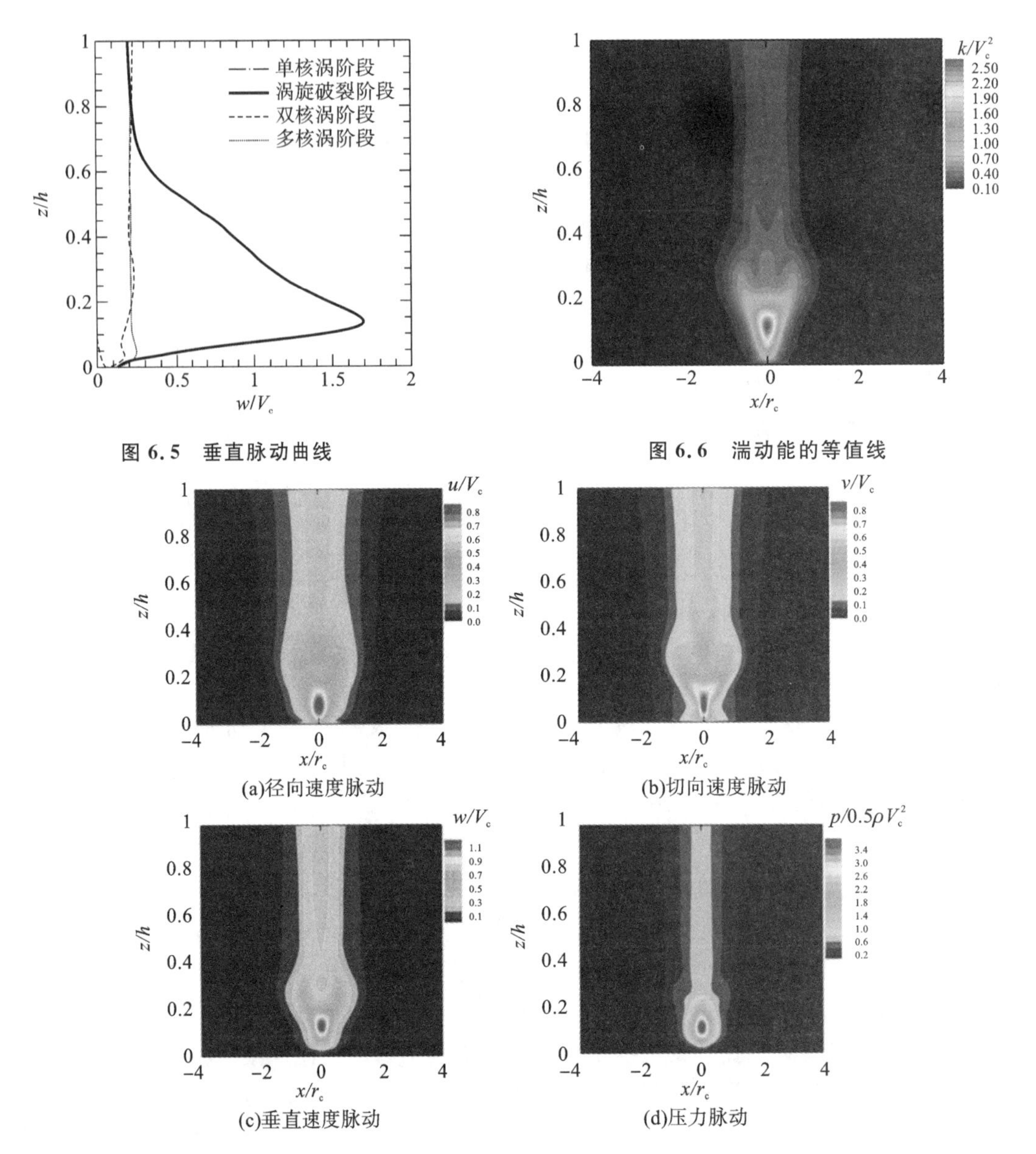

图 6.5　垂直脉动曲线

图 6.6　湍动能的等值线

图 6.7　脉动速度和压力等值线

除了雷诺法向应力，雷诺切应力 $u_i u_j = \dfrac{\sum (u_i - U_i)(u_j - U_j)}{n}$ 被认为是速度相关脉动，且其对于解释湍流动量的输送以及湍流产量的计算至关重要，将在下文进行讨论。归一化雷诺切应力的等值线如图 6.8 所示，该切应力代表径向湍流动量的湍流切向对流，其中数值通过V_c^2归一化，雷诺剪力 uv 分布如图 6.8(a)所示，uv 在龙卷风中心处为零。如图 6.8(b)和图 6.8(c)所示，剪力 uw 和 vw 在龙卷风中心处也接近于零。在随后的讨论中将会揭露出现该现象的原因。

脉动速度和压力的关系如图 6.9 所示，这些关系对讨论湍动能平衡中的压力扩散具有重要意义。可以看出，图 6.9(a)所示的 up 和图 6.9(b)所示的 vp 的分布相似，峰值几乎出

现在同一位置，都位于驻点之下，除此之外，up 和 vp 在龙卷风中心都出现零值。但是，up 和 vp 的符号相反。因此，径向速度和切向速度的脉动对压力脉动有不同影响。与 up 和 vp 相比，wp 的相关性非常特殊，如图 6.9(c)所示。首先，wp 的峰值幅值远大于 up 和 vp 的峰值幅值，说明 w 与 p 是高度相关的；其次，wp 的峰值位于一个点而不是一个环上；最后，在中心线上，wp 在 $z<0.2h$ 区域的值不为零。在 wp 的峰值处，负号表示负相关，即垂直正湍流将引入一个负压力脉动。如果气泡形状区不稳定，上下移动，垂直速度高、压降大的区域也会发生扩展或收缩，造成正的垂直速度脉动，从而引入负的压力脉动。这种涡泡不稳定运动的假设可以在对流场动力学的分析中得到验证。

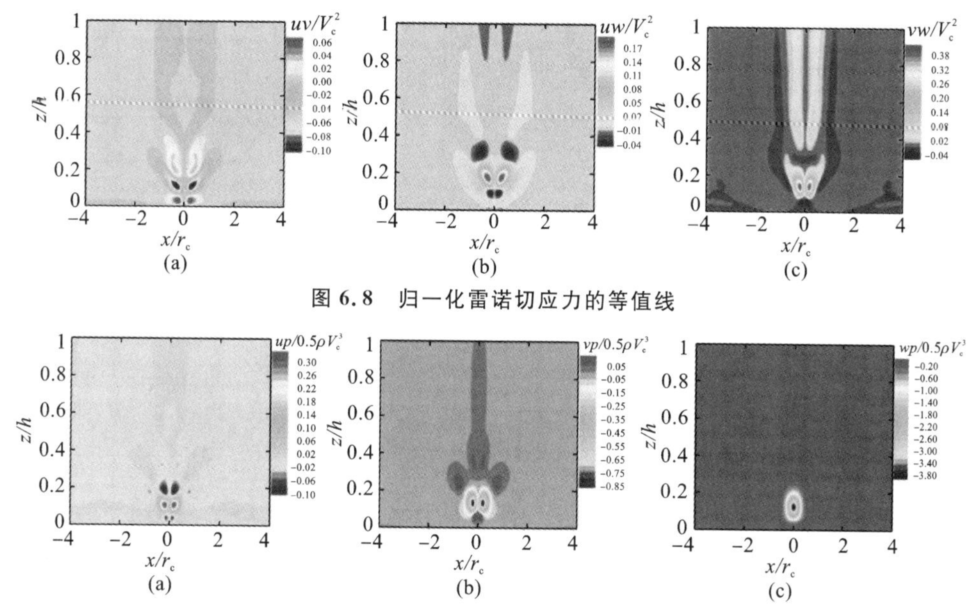

图 6.8　归一化雷诺切应力的等值线

图 6.9　脉动速度和压力的关系

为了更深入地了解流动参数之间的相互关系，图 6.10 展示了六个监测点处 v'与 u'、w'与 u'、w'与 v'和 p'与 w'的脉动散点图。监测点 1 处的径向速度和切向速度的脉动均在 $-1.5V_c\sim1.5\,V_c$范围内，v'与 u'的散点绝大多数位于式 $\sqrt{u'^2+v'^2}=1.0\,V_c$绘制的图形上，这个图形呈环状，用虚线圈表示，这表明在监测点 1 处它们之间存在圆曲线相关性。监测点 1 处的 w'与 u'和 w'与 v'的散点图几乎相同，其散点分别主要分布在主半径为 u'、v'，次半径为 w'的椭圆区域，说明监测点 1 处存在各向异性湍流，且当垂直脉动较大时，水平脉动有减小的趋势。p'与 w'之间则存在显著的负相关关系。在监测点 2 处，v'与 u'之间的圆曲线相关性消失，散点主要位于半径为 $\sqrt{u'^2+v'^2}=0.5\,V_c$的圆内。$w'$与 u'、w'与 v'散点图中，当垂直脉动接近$-2.0\,V_c$时，散点仍然聚集并形成几乎相同的形状，当垂直脉动由负变为正时，水平脉动随之增大。在监测点 2 处的 p'与 w'散点图中，当负垂直脉动的幅度超过 $0.5\,V_c$时，压力脉动几乎为常数；而当垂直脉动为正时，散点几乎位于一条直线上，其斜率与监测点 1 处的斜率相同。当高度增加到监测点 3 时，v'与 u'、w'与 u'、w'与 v'中散点的集中度更大，但垂直脉动约为$-1\,V_c$，其绝对值略小于监测点 2。p'与 w'散点图中，水平相关性变弱，分散度较小，负压力脉动较大。随着高度从监测点 4 增加到监测点 6，上述趋势还依然存在。

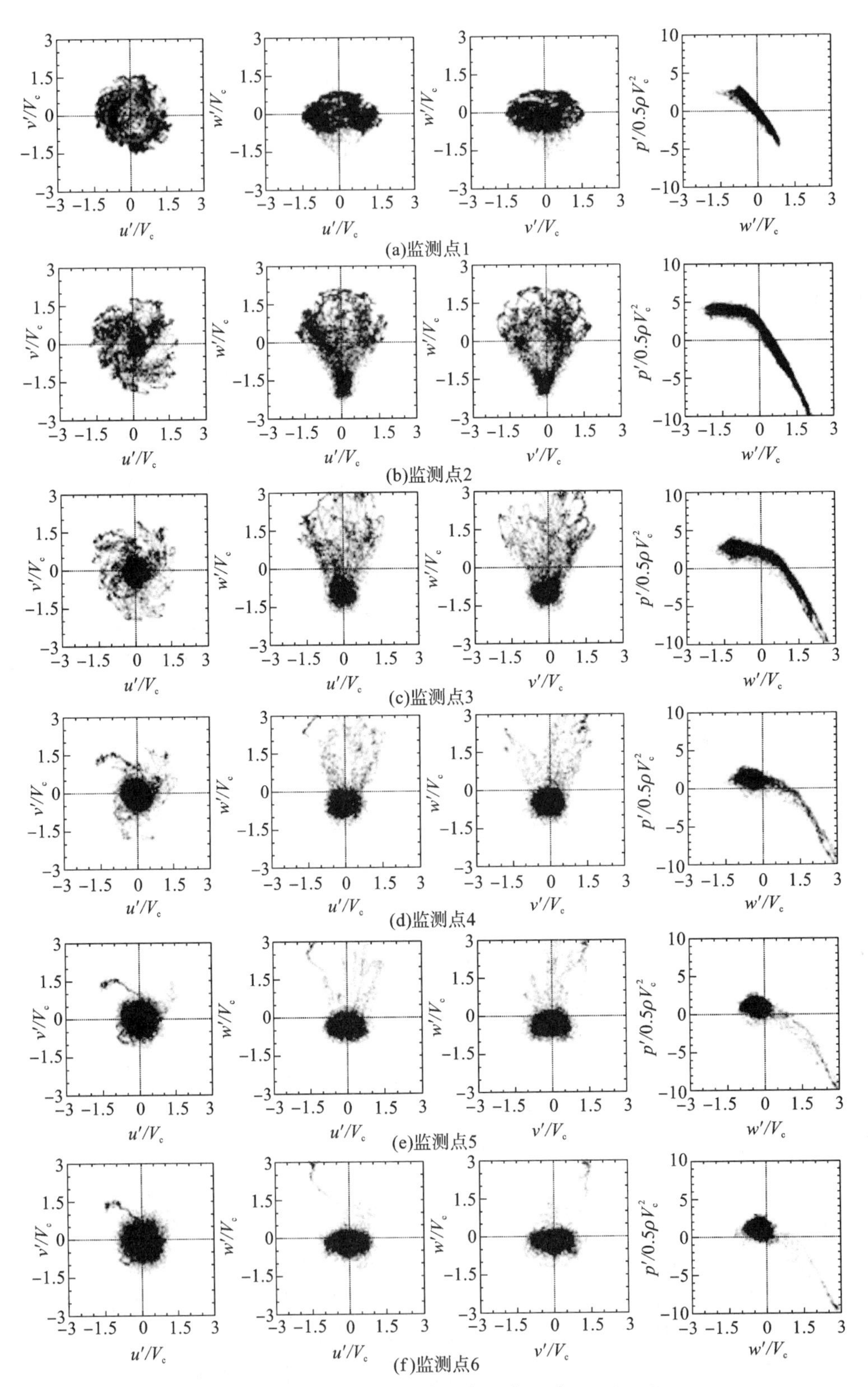

图 6.10　v'与u'、w'与u'、w'与v'和p'与w'的脉动散点图

6.1.3 雷诺平均动量收支

Ishihara[2011][47]等利用雷诺平均轴对称 N-S 方程研究了低涡流比龙卷风状涡旋的垂直方向力平衡和高涡流比龙卷风状涡旋的径向力平衡。Liu 和 Ishihara[2015a][65]系统研究了四种典型龙卷风的力平衡。然而，这些实验主要集中在龙卷风的中心位置或离地面非常近的位置，且垂直平衡中湍流子项从未被研究过。

雷诺平均 N-S 方程在圆柱坐标下的径向力平衡可表示为：

$$U\frac{\partial U}{\partial r}+W\frac{\partial U}{\partial z}-\frac{V^2}{r}=-\frac{1}{\rho}\frac{\partial P}{\partial r}-\left(\frac{\partial u^2}{\partial r}+\frac{\partial uw}{\partial z}-\frac{v^2}{r}+\frac{u^2}{r}\right)+D_{\mathrm{u}} \tag{6.1}$$

方程左侧三项式子分别表示径向对流项A_{ru}、垂直对流项A_{zu}和离心力项C_{r}。右侧三项式子分别表示径向压力梯度项P_{r}、湍流项T_{u}和扩散项D_{u}。该方程中的扩散项D_{u}与其他项相比较小，因此可以忽略。r 表示离中心($x=0$，$y=0$)的径向距离。

在 $z=0.1h$ 处，离心力项、径向压力梯度项、湍流项和垂直对流项之间达到平衡，如图 6.11(a)所示。非零项的大小也有类似的趋势，即非零项的大小随半径的减小而增大，直到中心处半径减小到 0 时，非零项增大到最大值。在外部区域，即 $r>r_{\mathrm{c}}$的区域，垂直对流项趋于零，而离心力项与径向压力梯度项平衡。在高海拔位置($z=0.2h$)处出现径向对流项，且湍流项的峰值出现在 $r=1.0r_{\mathrm{c}}$处。比较图 6.11(a)和图 6.11(b)可知，离心力项和径向压力梯度项在 $z=0.1h$ 处比在 $z=0.2h$ 处大，因为 $z=0.1h$ 处高度略低于核心的膨胀区，切向动量更靠近中心，从而形成较大的离心力。随着高度的增加，力之间的平衡主要发生在径向压力梯度项和离心力项之间。这些力的大小在高度高于 $0.4h$ 时几乎相等，表明已达到旋转平衡，如图 6.11(d)～图 6.11(f)所示。

图 6.12 所示为径向湍流子项的径向分布，是进一步研究径向平衡中湍流子项的结果，其中 T_{u1} 为雷诺法向应力u^2的径向梯度，T_{u2} 为 uw 的垂直梯度，T_{u3} 和 T_{u4} 分别为$-v^2/r$和u^2/r的垂直梯度。湍流子项较大值在 $z=0.1h$ 处，最大值为$-v^2/r$ 和u^2/r。$-v^2/r$和u^2/r的绝对值大小几乎相同，因此即使当它们较大时，也可以相互抵消，这表明雷诺法向应力u^2和v^2的来源应该是相同的，这将在后面的讨论中进行阐释。

雷诺平均 N-S 方程在圆柱坐标下的垂直方向平衡可以表示为：

$$U\frac{\partial W}{\partial r}+W\frac{\partial W}{\partial z}=-\frac{1}{\rho}\frac{\partial P}{\partial z}-\left(\frac{\partial uw}{\partial r}+\frac{\partial w^2}{\partial z}+\frac{uw}{r}\right)+D_{\mathrm{w}} \tag{6.2}$$

方程左侧两项式子分别表示径向对流项A_{rw}和垂直对流项A_{zw}。右侧三项式子分别表示垂直压力梯度项P_{z}、湍流项T_{w}和扩散项D_{w}。与其他项相比，方程中的扩散项可以被忽略。图 6.13绘制了四个径向位置垂直方向的雷诺平均力平衡图，分别为 $r=r_{\mathrm{c}}$、$r=0.5r_{\mathrm{c}}$，$r=1.0r_{\mathrm{c}}$和 $r=2.0r_{\mathrm{c}}$处，其中所有项都通过V_{c}^2标准归一化。垂直平衡中的项在龙卷风中心位置出现最大值，如图 6.13(a)所示。在 $z<0.08h$ 的位置，靠近地面的平衡主要为垂直对流项与垂直压力梯度项之间的平衡。由于时间平均流场的轴对称特性，径向对流项在中心位置的值为零，而在垂直位置约 $z=0.1h$ 处，湍流项出现峰值且为正值。随着高度的增加，湍流项变成负值且在约 $z=0.2h$ 处达到负值的峰值。从 $z=0.2h$ 到 $z=0.3h$ 的位置，主要为湍流项和垂直压力梯度项之间的平衡，而当 $z>0.3h$ 时，垂直平衡中的所有项几乎都为零。如图

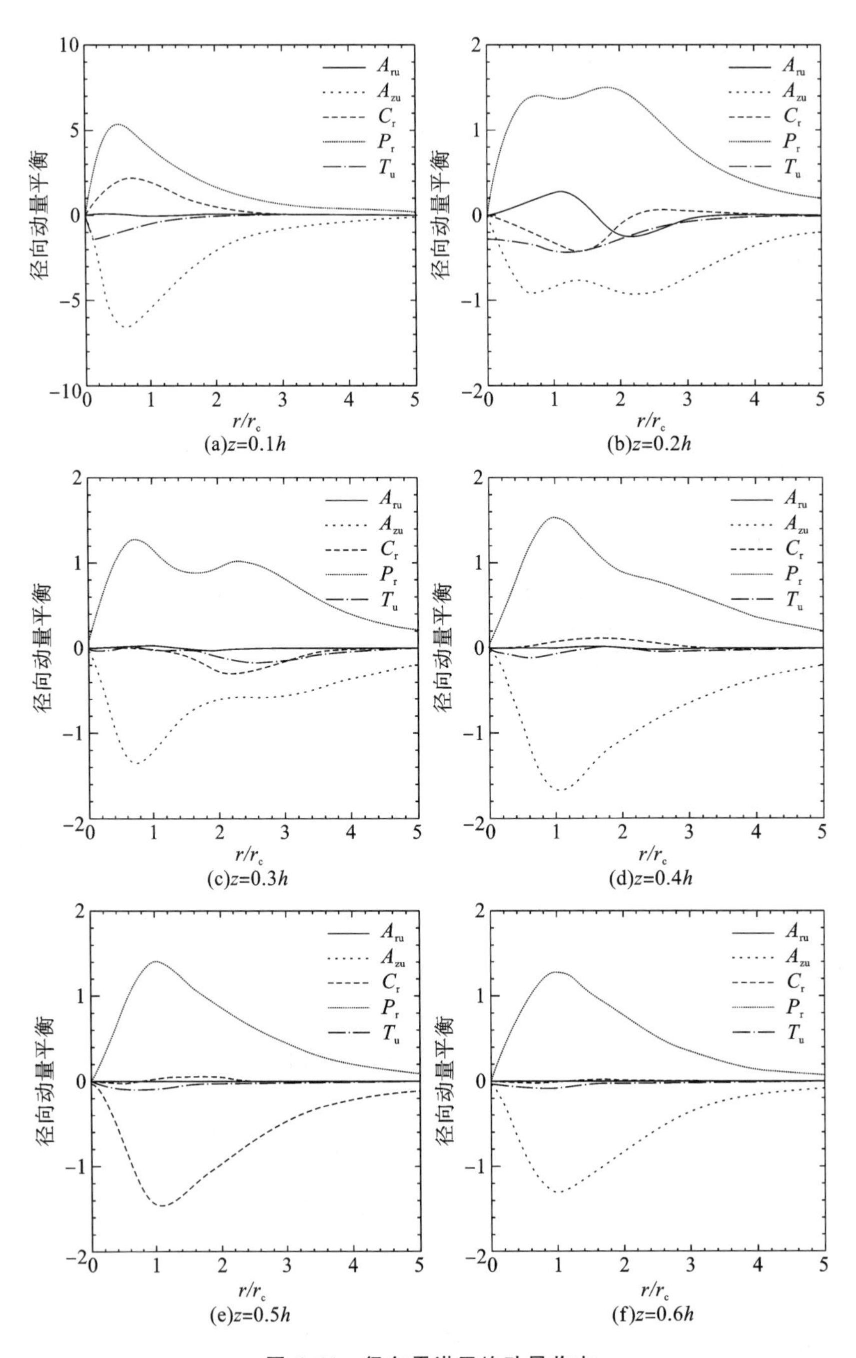

图 6.11　径向雷诺平均动量收支

6.13(b)所示，当径向位置移动到 $r=0.5r_c$时，湍流项与在 $r=1.0r_c$处呈现相似的趋势，即从零增大到一个较高的值，然后又变为一个负值，并且正、负峰值的垂直位置向上移动，同时出现了径向对流项，并表现出与垂直对流项相同的数量级。在靠近地面区域，即 $z<0.1h$ 的位置，主要为对流项(径向对流项和垂直对流项)与垂直压力梯度项之间的平衡。由于存在漏斗形涡泡，随着径向距离的增大，湍流项的峰值进一步向上移动，如图 6.13(c)和图 6.13(d)所示。

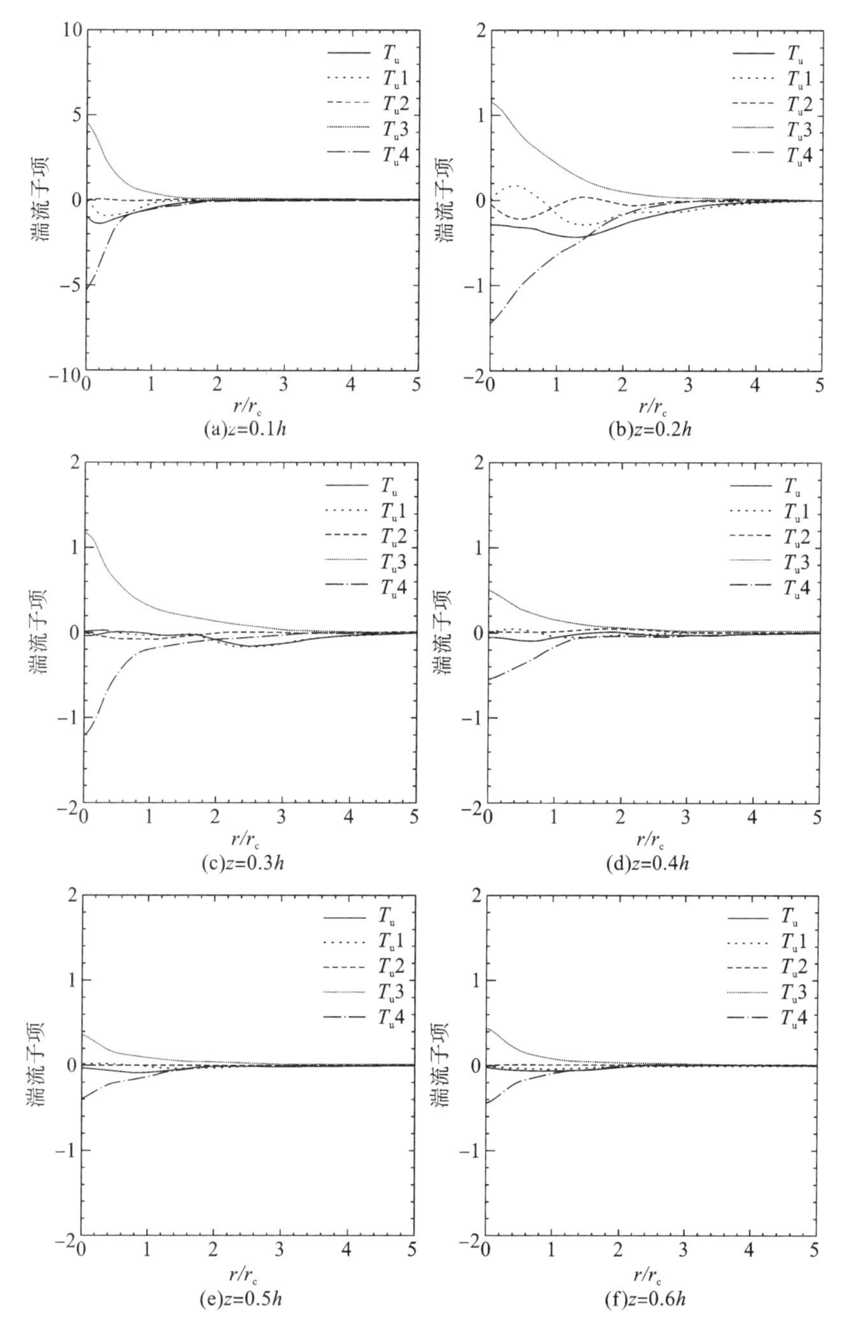

图 6.12 径向湍流子项的径向分布

图 6.14 所示为不同径向位置垂直湍流子项的垂直分布，是对垂直平衡中湍流子项的进一步研究。其中 T_{w1} 表示雷诺切应力 uw 的径向梯度，T_{w2} 表示雷诺切应力 w_2 的垂直梯度，T_{w3} 为雷诺切应力 uw/r 的垂直梯度。在 $r=r_c$ 处，总湍流力主要来自 $\delta w^2/\delta r$，其变化趋势以及反向点几乎相同。此外，T_{w1} 的作用抵消了总湍流力。

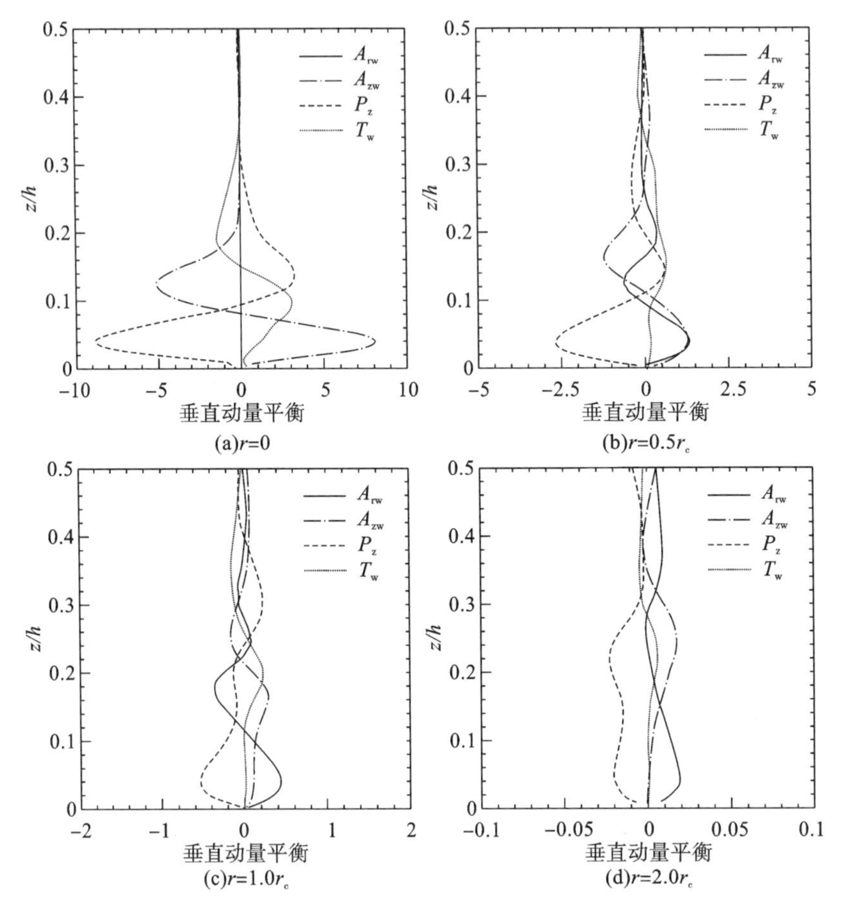

图 6.13 不同径向位置垂直方向的雷诺平均动量收支

6.1.4 湍动能收支

Tari[2010][109]等利用实验室中的龙卷风模拟器研究了龙卷风状涡旋中湍动能产生项(P)。但在该研究中,没有对对流项(A)、压力扩散项(P_r)、湍流运输项(T)和耗散项(D)等湍动能收支进行分析,因此仍然不能明晰湍动能平衡。湍动能的产生主要取决于平均剪切流,对流收支中采用平均速度表示湍动能的输送,压力扩散收支中由压力脉动决定湍动能的湍流输送。湍流运输收支是由速度脉动引起的湍动能输送,而耗散收支可将动能转化为内能。通过对湍动能收支的研究,可以明确湍动能的产生以及对流、湍流运输和耗散对湍动能的贡献。湍动能收支的计算公式为:

$$U_j\frac{\partial k}{\partial x_j}=-\frac{1}{\rho}\frac{\partial u_i p}{\partial x_i}-\frac{1}{2}\frac{\partial u_j u_j u_i}{\partial x_i}-u_i u_j\frac{\partial U_i}{\partial x_j}-v\frac{\partial u_i}{\partial x_j}\frac{\partial u_i}{x_j} \tag{6.3}$$

其中,对流项 A 为$-U_j\cdot\partial k/\partial x_j$,压力扩散项$P_r$为$-1/\rho\cdot(\partial u_i p/\partial x_i)$,湍流运输项 T 为$-1/2\cdot(\partial u_j u_j u_i/\partial x_i)$,湍动能产生项 P 为$-u_i u_j\cdot\partial U_i/\partial x_j$,耗散项 D 为$-v\cdot(\partial u_i/\partial x_j)\cdot$

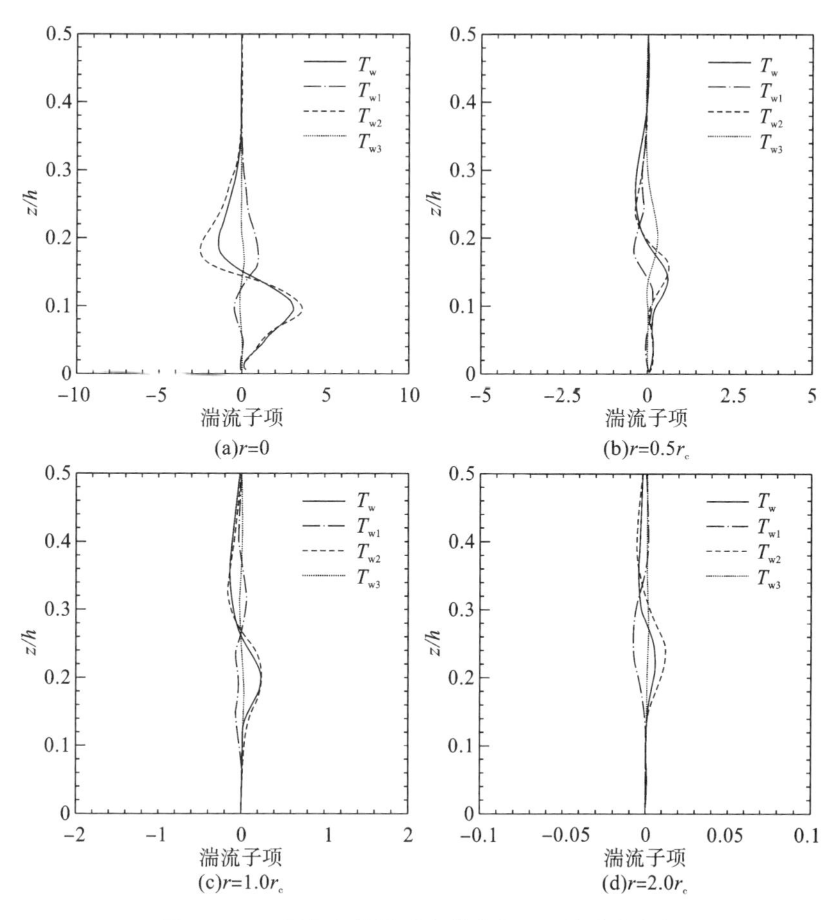

图 6.14 不同径向位置垂直湍流力子项的垂直分布

$(\partial u_i/\partial x_j)$。图 6.15 为不同海拔处湍动能收支的径向分布,这些海拔的范围涵盖了前文介绍的六个监测点的高度。对流项 A 在 $z=0.1h$ 处龙卷风的中心附近有降低湍动能的影响,如图 6.15(a)所示,但当 $r>0.5\ r_c$时该影响迅速消失。对流项降低湍动能的影响集中在地面附近,从 $z=0.2h$ 处开始对湍动能有增强作用。根据上述压力-速度关系分布,可以计算雷诺法向应力对应的压力扩散(也称为压力脉动引起的雷诺应力通量梯度)。在涡泡附近区域存在显著的压力扩散项,且其大小远大于湍流运输项和湍动能产生项,说明压力-速度关系以及压力扩散项对涡泡内湍流运输项有较大影响。离开涡泡后,压力扩散项迅速减小,当 $z>0.4h$ 时甚至可以忽略。在涡泡上方,压力扩散项与对流项的分布规律相似,但符号相反。这两种分布模式的相似性符合对扩散机制的一般理解,即新生成湍流向缺乏新生成湍流的地方扩散。涡泡处的正湍流运输表示湍动能在最大平均剪切位置的运输。湍动能的产生率是指单位质量平均流量的动能转化为湍动能的净转化率。根据湍动能产生项的公式,其主要由平均流的剪切强弱决定。因此,涡泡的边界处出现最大湍动能产生项。

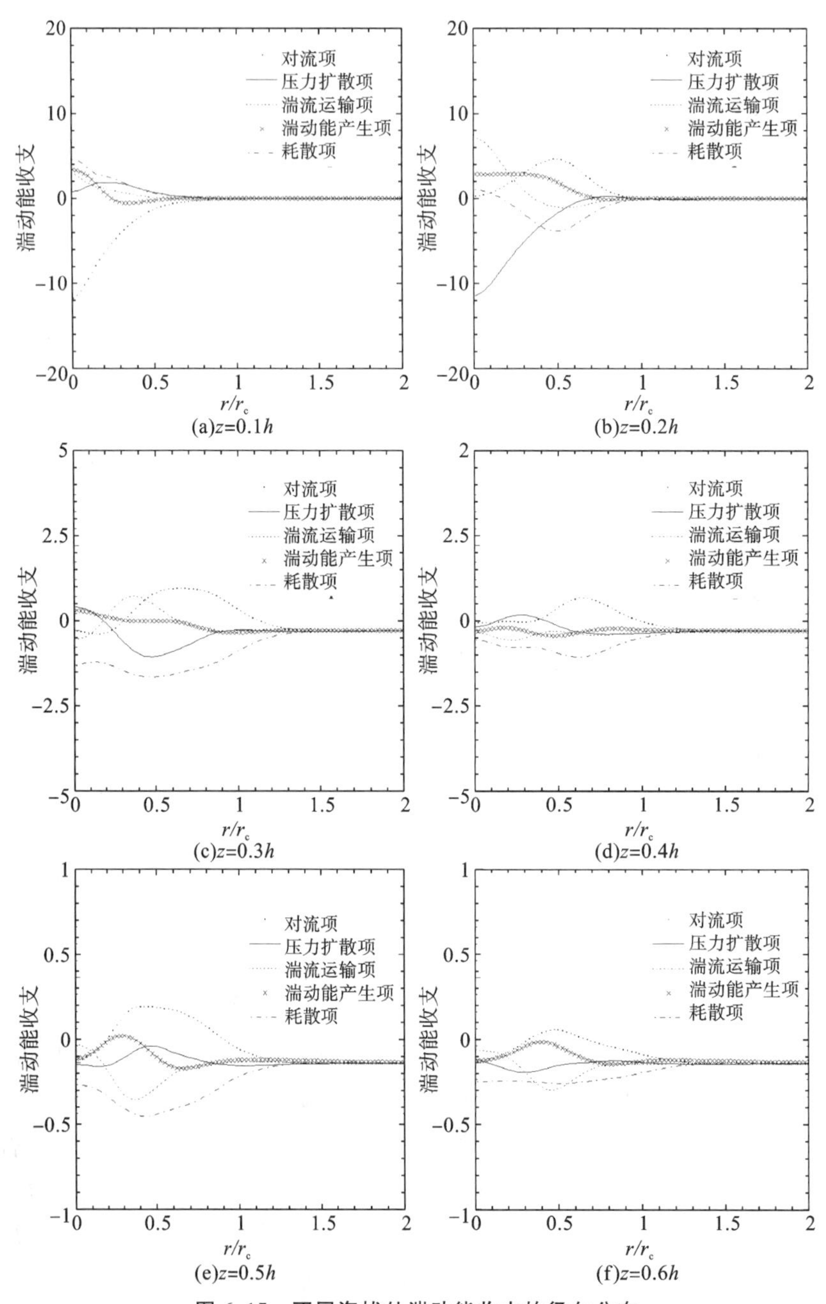

图 6.15 不同海拔处湍动能收支的径向分布

6.2 瞬时流场

在前文关于流场数据的讨论中，发现垂直速度脉动异常大、脉动峰值海拔有较大差异、脉动散点图分布独特和径向湍流力的较大子项在径向上被抵消等特殊现象。为了解释上述现象，本节对瞬时流场进行了研究，包括监测点的时间历程、瞬时速度谱分析以及利用流场可视化技术得到的瞬态流场快照。

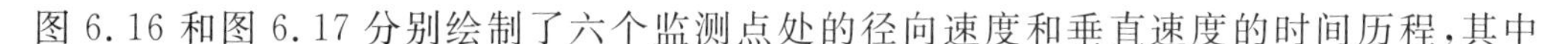

图 6.16 和图 6.17 分别绘制了六个监测点处的径向速度和垂直速度的时间历程，其中

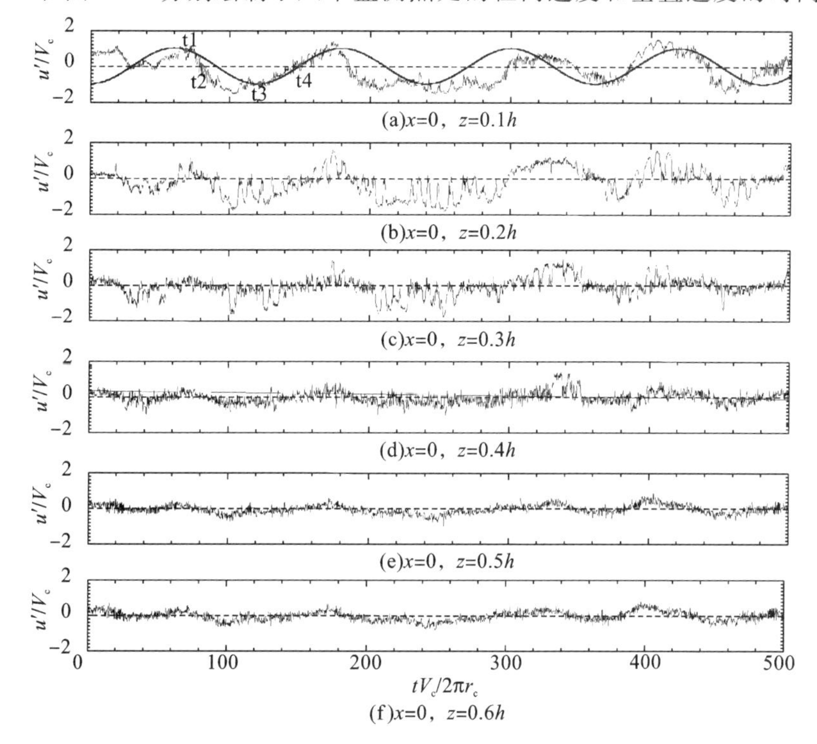

图 6.16　六个监测点处径向速度的时间历程

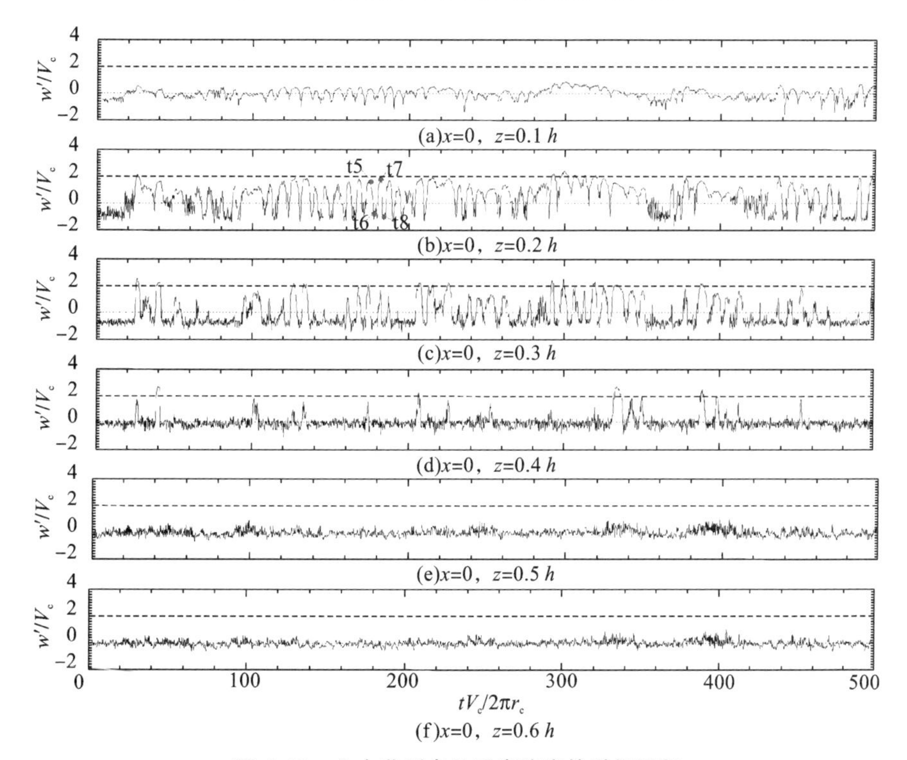

图 6.17　六个监测点处垂直速度的时间历程

水平轴位置通过龙卷风核心旋转周期 $2\pi r_c/V_c$ 进行归一化。图 6.16 中在 $z=0.1h$ 处存在一个明显的低频运动，根据在 $z=0.1h$ 处的雷诺法向应力 u 以及通过假设该低频运动的周期为 $240\pi r_c/V_c$，可以得到一个正弦曲线来大致拟合径向速度的时间历程，并在正弦曲线上出现一个零时均值和较大的雷诺法向应力 u，这与 Ishihara 和 Liu[2014][46] 研究有组织的涡旋运动的结果相似。随着高度的增加，这种低频运动的强度变低，并出现另一个在 $z=0.2h$ 处有明显信号且在 $z=0.4h$ 处信号变弱的中频运动。垂直速度的时间历程则表现出完全不同的特征。首先，在所有高度上，低频运动都不明显；其次，垂直速度脉动主要来源于中频运动，且最大脉动出现于中频运动在 $z=0.2h$ 处。

为了进一步研究亚临界涡旋破裂阶段龙卷风的运动，速度脉动 u' 和 w' 的功率谱将通过最大熵方法进行计算。图 6.18 为六个监测点处归一化的径向速度谱，其中频率通过 $2\pi r_c/V_c$ 进行归一化，频谱通过 r. m. s^2/n 进行归一化，从而能清楚地比较龙卷风核心旋转的频率。在 $z=0.1h$ 处可以识别出三个峰值分别为 0.011、0.08 和 0.95，分别对应低频运动、中频运动和龙卷风核心的旋转，其中低频运动能量占主导。低频运动频谱频率随着高度的增加而变弱，中频运动最大频谱频率出现在 $z=0.2h$ 处。当 $z>0.4h$ 时，中频运动几乎消失，龙卷风的核心旋转能量成为主要部分。六个监测点处归一化的垂直速度谱如图 6.19 所示，运动

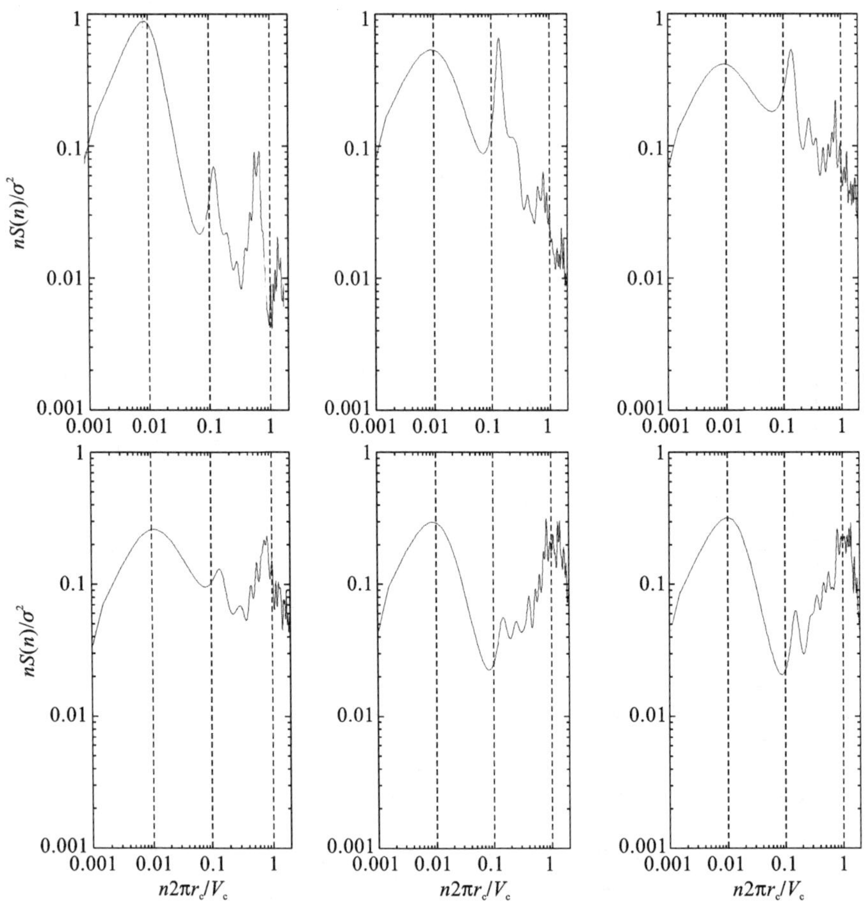

图 6.18　六个监测点处归一化的径向速度谱

能量集中在 $z<0.5h$,归一化频率约为0.1的范围内,这意味着垂直速度脉动主要来源于中频运动。

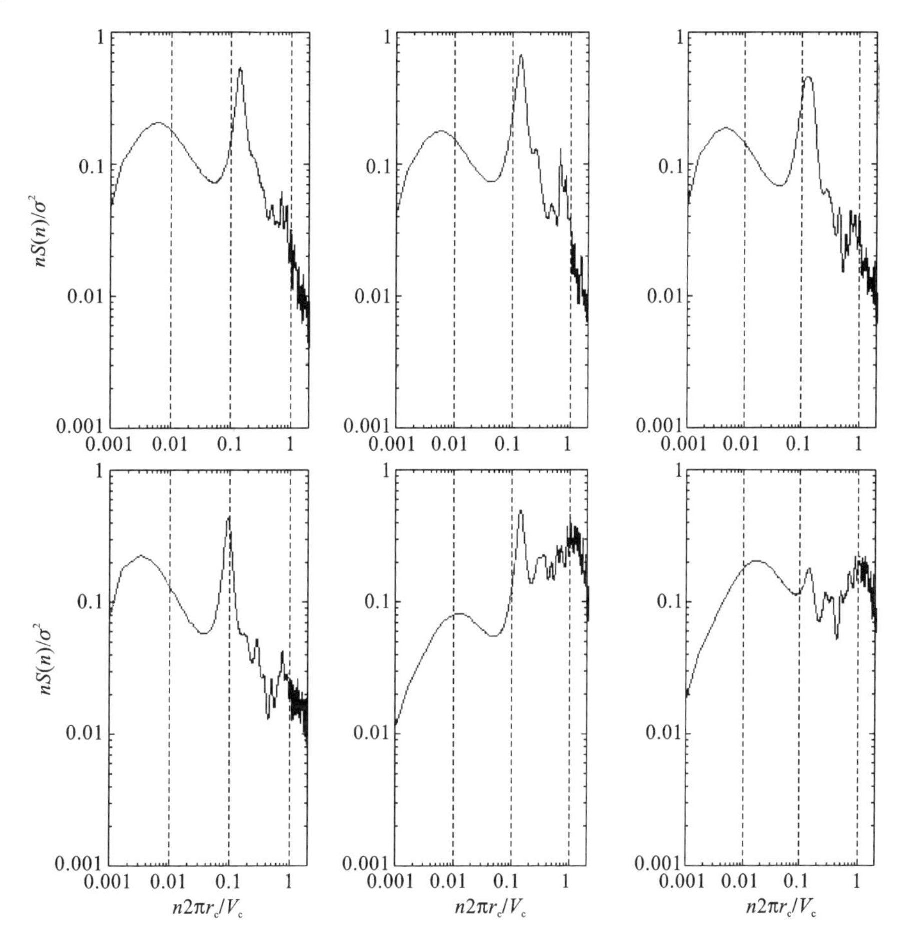

图6.19　六个监测点处归一化的垂直速度谱

现在已经确定了三种运动类型,但没有解释相应的运动模式,因此选取了四种典型的时间步长,并将流场进行可视化处理,以了解运动模式。对于低频运动,所选取的不同截面处的四个时间点(t1、t2、t3、t4)的瞬时压力水平分布如图6.20所示。对于中频运动,在四个时间点(t5、t6、t7、t8)时从地面注入示踪颗粒的瞬时流动如图6.21所示。在图6.20中可以明显地观察到平均流场的中心($x=0,y=0$)和瞬时流场(水平速度为零的位置)之间存在一个偏移量,且该偏移量绕着中心点($x=0,y=0$)旋转。当 u' 的值较大时,v' 的值很小,反之亦然,因此前文所述径向速度的时间历程呈正弦曲线形状。径向脉动和切向脉动的振幅相同,但存在着 $\pi/2$ 的相位差。考虑到相位差对雷诺应力的计算没有影响,u 和 v 在 $x=0$ 和 $y=0$ 处应该为相同的值,但相应的平均速度 U 和 V 应为零。因此,$-v^2/r$ 和u^2/r 在中心径向力平衡中相互抵消,且 v' 和 u' 的散点分布在圆内的概率较高。在 $z=0.1h$ 处,瞬时中心和平均中心之间的偏移量最大,而随着高度增加,偏移量逐渐减小,最后这两个中心在 $z=0.5h$ 处重合。因此,在 $z=0.1h$ 处,u' 的时间历程出现最大振幅且在 $z=0.5h$ 处几乎消失。而在瞬时中心处出现较大压降脉动,因为较大的压降对应垂直速度射流,较小的压降对应龙卷风核

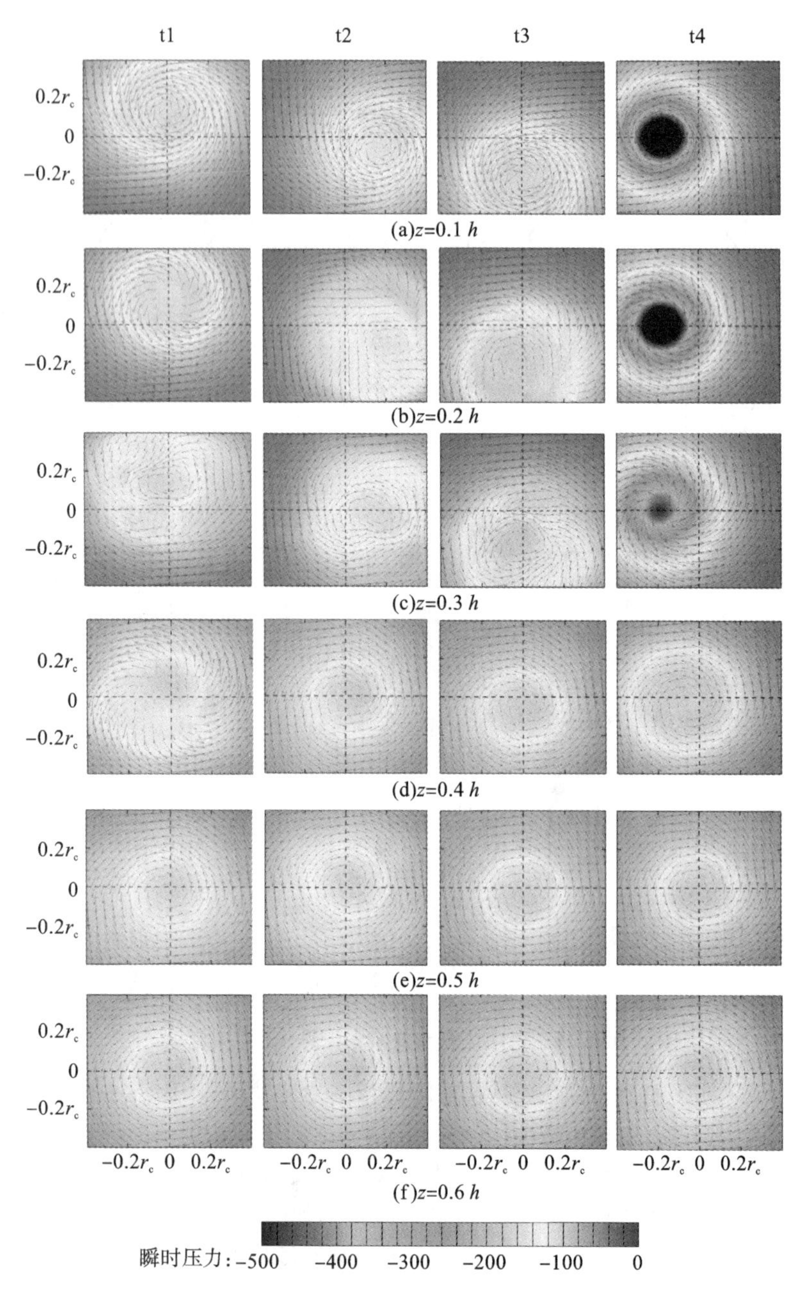

图 6.20 不同截面处的四个时间点的瞬时压力水平分布

心的静流，所以瞬时中心处较大的压力波动可能表明气泡出现垂直振动。

为了清晰地展示中频运动，实验中采用离散相法(DPM)对烟雾进行建模，从模型底部注入示踪颗粒，所选时间点如图 6.17(b)所示。示踪颗粒的直径均为 1×10^{-5} m，且注入速度为 0.1 g/s。本实验中忽略颗粒的重力，并对其位置直接积分而不考虑它们与流体的相互作用。当流场进入准稳态阶段时才释放颗粒，以消除初始瞬态的影响。涡泡在垂直方向不稳定，并在平均驻点周围振动。涡泡中的垂直速度接近于零，但是从气泡底部到驻点的垂直

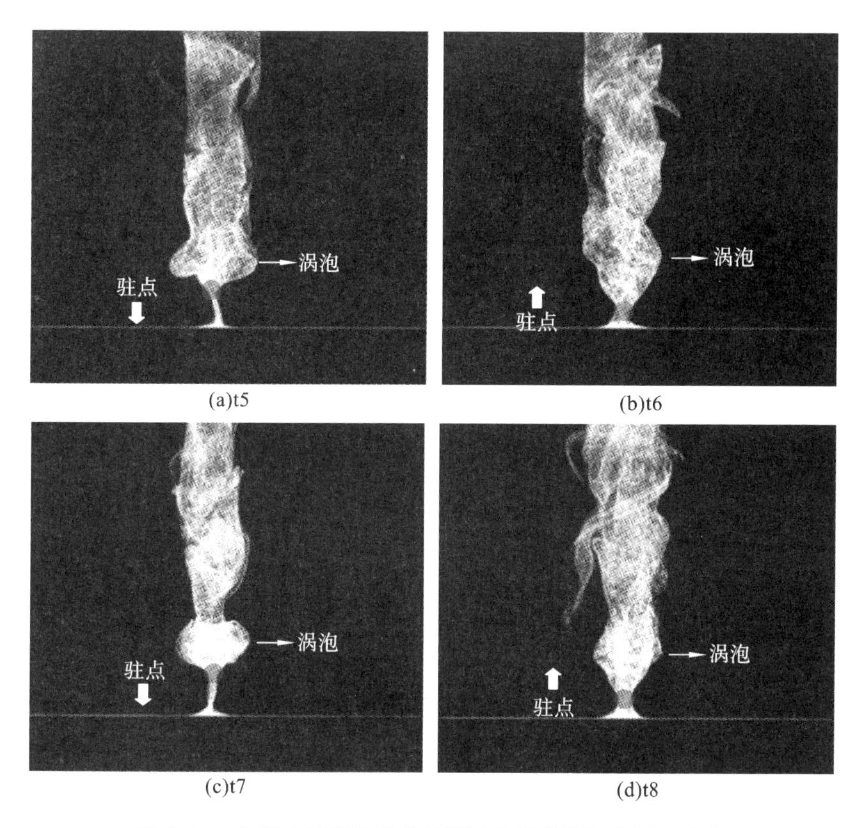

图 6.21 在四个时间点时从地面注入示踪颗粒的瞬时流动

速度有较大的加速度。因此，由于涡泡的垂直振动，平均驻点会周期性地经历较大的垂直速度和几乎为零的垂直速度，且频率适中。最大的 w 出现的位置较最大的 u 和 v 出现的位置更高，w'与 u'、w'与 v'脉动的散点呈现独特的分布。当垂直速度脉动为正，即涡泡向上运动时，气流向中心靠近。另外，由于水平组织的涡旋运动，平均驻点处存在较大的切向和径向脉动。而当垂直速度脉动为负，即涡泡向下移动时，平均驻点移动到静流区，此处 u'、v'、w'的脉动较小，因此会出现 w'与 u'的散点图和 w'与 v'的散点图散射成漏斗形状的现象。如上所述，较大的压降对应垂直速度射流，因此，由于气泡的垂直振动，p'与 w'散点图的形状如图 6.10 所示。当压降较大，即气泡向上移动时，垂直速度脉动为正，而当 $w'>0$ 时，p'与 w'之间呈负相关关系。

6.3 总　结

本章利用大涡模拟对龙卷风的亚临界涡旋破裂阶段进行了详细研究，其中包括平均流场和脉动，以及流动参数的相关性。然后研究了雷诺平均力在两个方向上的平衡，并第一次对龙卷风流场进行了详细的湍动能收支研究。此外还在一些有代表性的监测点上记录了风速的时间历程，并进行了频谱分析来确定龙卷风的典型运动。最后通过流场可视化来揭示运动的机理，并对一些特殊现象进行了解释，结论如下。

(1) 研究了湍流散点。在点($z=0.1h,r=0$)处 v' 和 u' 的散点绝大多数位于根据式 $\sqrt{u'^2+v'^2}=1.0V_c$ 绘制的图形上,而 w' 与 u' 和 w' 与 v' 散点在靠近平均驻点的位置呈几乎相同的漏斗形状,且在垂直脉动接近 $-2.0V_c$ 时聚集。当垂直脉动由负变为正时,水平脉动随即增加。

(2) 研究了雷诺平均力平衡。在靠近地面位置,即 $z<0.08h$ 处,垂直平衡主要为垂直对流项和垂直压力梯度项之间的平衡。当 $z=0.1h$ 时,径向平衡主要为离心力项、径向压力梯度项、湍流项和垂直对流项之间的平衡。随着高度增加,径向平衡主要发生在径向压力梯度项和离心力项之间,且在高度超过 $0.4h$ 时压力梯度力和离心力几乎相等,表明已达到旋转平衡。对于径向湍流子项,$-v^2/r$ 和 u^2/r 始终出现在靠近中心的位置,而与高度无关。另外,$-v^2/r$ 和 u^2/r 的绝对值大小几乎相同。

(3) 研究了湍动能平衡。在涡泡附近存在显著的压力扩散项,且其大小远远大于湍流运输项和湍动能产生项,说明压力-速度关系以及压力扩散项对涡泡内湍流运输项产生了实质性影响。涡泡处的正湍流运输是湍流波动能量远离最大平均剪切位置的运输。

(4) 进行了速度谱分析。对瞬时流场进行可视化,发现平均流场的中心($x=0,y=0$)与瞬时流场的中心(水平速度为零的位置)之间有明显的偏移,该偏移量围绕中心点($x=0,y=0$)旋转。当 u' 的值较大时,v' 的值很小,反之亦然,因此径向速度的时间历程呈现出正弦曲线形状。径向脉动和切向脉动具有相同的振幅,使得在中心的径向力平衡中,$-v^2/r$ 和 u^2/r 相互抵消,v' 与 u' 的散点大概率分布在圆内。在 $z=0.1h$ 处,瞬时中心和平均中心之间的偏移量是最大的。随着高度增加,偏移量逐渐减小,最后这两个中心在 $z=0.5h$ 处重合。

(5) 涡泡在垂直方向上不稳定。涡泡在平均驻点周围振动,气泡中的垂直速度几乎为零。但是,从气泡底部到驻点的垂直速度有较大的加速度。因此,由于涡泡的垂直振动,平均驻点会周期性地出现较大的垂直速度和几乎为零的垂直速度。当垂直速度脉动为正,即涡泡向上运动时,较大的流体动量将被输送到离中心更近的地方。此外,由于水平方向有组织的涡旋运动,平均驻点处的切向和径向脉动都较大。而当垂直速度脉动为负,即涡泡向下运动时,平均驻点将移动到静流区,u'、v'、w' 的脉动很小。因此,w' 与 u' 的散点图和 w' 与 v' 的散点图散射呈漏斗形状。

第7章 粗糙度和龙卷风平移影响

近几十年来，人们对龙卷风状涡旋的流场结构进行了大量研究，取得了许多重要成果，确定了流场结构的主要参数。这些研究主要针对平坦地形上的静止型龙卷风，而实际观测到的龙卷风往往是以10～30 m/s的速度平移的，并会对地面附近的流场产生扭曲作用。龙卷风也可能出现在城市地区，例如2011年出现在美国密苏里州乔普林的龙卷风，共造成158人死亡。因此，研究地面粗糙度对近地面流体结构的影响具有重要意义。然而，目前的相关研究较少。本书前文已提出了局部涡流比与藤田级数之间的关系，并将模拟流场与观测流场进行了比较，在比较中产生的一些差异被认为是由于龙卷风平移造成的。但是，还没有数据可以支持这种观点。并且当引入地面粗糙度和龙卷风平移后，学者们也不确定局部涡流比与藤田级数之间的关系是否仍然成立。

本章使用LES湍流模型对粗糙地面上的龙卷风和具有平移速度的龙卷风进行了数值模拟。通过在N-S方程中添加额外的动量源项来模拟地面粗糙度，并通过在地面上提供相对运动来模拟龙卷风平移。在第1节中，提供了用于此模拟的参数，研究了地面粗糙度和龙卷风平移对两种典型的龙卷风状涡流（涡旋破裂和多涡流）流场的影响详细讨论了速度以及地面压强分布。最后阐明了引入地面粗糙度和龙卷风平移后流场的相似性。

7.1 数值模拟参数

本章选取$h_0=50$ m作为粗糙度区域高度，假设粗糙度体积密度γ_0为0.25。采用与第4章相同的模拟器，计算长度标度为1/1900，对粗糙度区域的高度采用相同的比例进行标度，缩尺后的h_0为0.026 m。粗糙度体积密度与附录B中的验证案例相同，因此选择同样的阻力系数$C_{D,\tilde{u}_z}=0.4$。模拟地面粗糙度影响的模型示意图如图7.1所示，为了使气流充分发展，粗糙度区域从距入口一定距离的位置开始。

在第1章中，介绍了通过在地面上附加一个速度来模拟龙卷风平移的方法，图7.2为模拟龙卷风平移影响的模型示意图。第4章计算的速度比为1∶3，考虑到龙卷风平移速度V_T实际上为10～30 m/s，在模型地面上沿水平方向指定一个速度为5 m/s的水平移动。

本章的网格分布和求解方法与第4章相同。对模拟器的修改只是增加了阻力源项，以便模拟粗糙区域，以及在地面上引入一个速度来模拟龙卷风平移。

本章对光滑地面上的静止龙卷风、粗糙地面上的静止龙卷风和光滑地面上的平移龙卷风进行了系统研究，并针对每种类型的龙卷风模拟了9种情况。表7.1为不同情况下的龙卷风及其涡量参数。下标“.b”“.r”和“.t”分别表示光滑地面上的静止龙卷风（作为基准龙卷风）、粗糙地面上的静止龙卷风和光滑地面上的平移龙卷风。

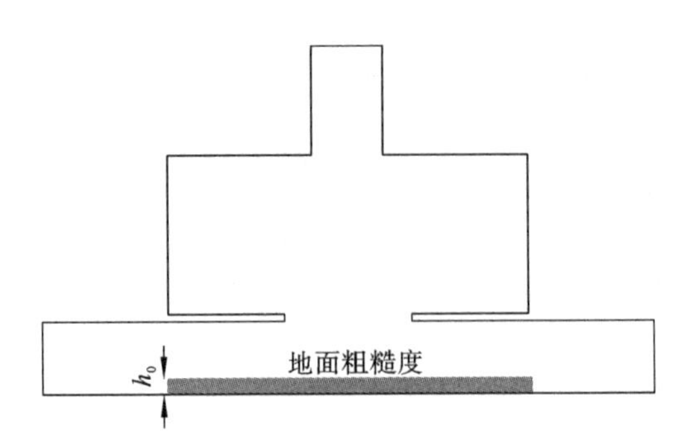

图 7.1　模拟地面粗糙度影响的模型示意图

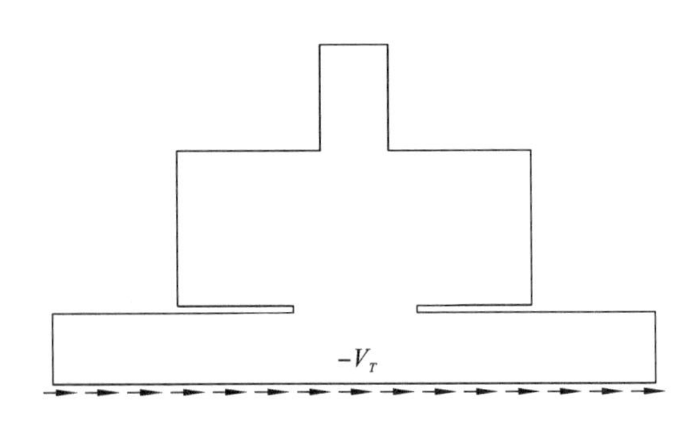

图 7.2　模拟龙卷风平移影响的模型示意图

注：箭头表示增加的地面速度，V_T表示龙卷风的平移速度；“－”表示地面上的附加速度与龙卷风的平移速度相反。

表 7.1　不同情况下的龙卷风及其涡量参数

	编号	θ	S_E	S	S_C	V_C /(m/s)	r_c/m	U_{min} /(m/s)	V_{max} /(m/s)	W_{max} /(m/s)	$r_{v_{max}}$ /m	$h_{v_{max}}$ /m	P_{min} /Pa
光滑地面上的静止龙卷风（基准案例）	1.b	46.8	0.4	0.02	0.71	10.7	0.014	—	—	—	—	—	−5
	2.b	58.0	0.6	0.06	1.59	9.8	0.024	−10.6	15.7	25.3	0.013	0.020	−106
	3.b	64.9	0.8	0.12	2.36	9.1	0.035	−8.6	12.2	10.1	0.021	0.016	−205
	4.b	69.4	1.0	0.22	2.93	9.6	0.047	−9.2	13.0	6.2	0.027	0.015	−216
	5.b	76.0	1.5	0.34	4.16	11.0	0.054	−9.6	13.7	6.0	0.035	0.014	−339
	6.b	79.4	2.0	0.69	5.39	12.4	0.073	−11.1	17.1	5.7	0.043	0.013	−410
	7.b	82.1	2.7	1.06	6.74	14.3	0.084	−11.8	19.0	4.7	0.055	0.012	−509
	8.b	83.5	3.3	1.58	7.96	16.0	0.097	−13.7	21.8	4.7	0.058	0.011	−619
	9.b	84.4	3.8	2.44	8.89	18.6	0.112	−15.9	26.6	5.0	0.063	0.010	−674
粗糙地面上的静止龙卷风	1.r	46.8	0.4	0.01	0.24	13.1	0.010	—	—	—	—	—	−21
	2.r	58.0	0.6	0.03	0.56	12.6	0.014	—	—	—	—	—	−50
	3.r	64.9	0.8	0.19	1.67	9.6	0.043	−11.3	16.3	23.1	0.010	0.021	−95
	4.r	69.4	1.0	0.34	2.14	10.1	0.057	−13.6	20.8	33.8	0.012	0.022	−158
	5.r	76.0	1.5	0.82	3.51	10.7	0.086	−12.2	14.8	7.2	0.026	0.013	−197
	6.r	79.4	2.0	1.06	4.92	12.1	0.092	−13.5	17.4	7.2	0.031	0.011	−286
	7.r	82.1	2.7	1.39	6.13	14.4	0.096	−15.9	20.5	6.8	0.046	0.012	−429
	8.r	83.5	3.3	1.49	6.77	14.8	0.098	−16.0	20.9	5.7	0.052	0.011	−466
	9.r	84.4	3.8	1.68	8.10	15.8	0.108	−17.5	23.2	5.3	0.053	0.011	−569

续表

	编号	θ	S_E	S	S_C	V_C /(m/s)	r_c/m	U_{min} /(m/s)	V_{max} /(m/s)	W_{max} /(m/s)	$r_{v_{max}}$ /m	$h_{v_{max}}$ /m	P_{min} /Pa
光滑地面上的平移龙卷风	1.t	46.8	0.4	0.02	0.49	11.1	0.013	—	—	—	—	—	−19
	2.t	58.0	0.6	0.05	0.86	7.8	0.021	−6.2	10.4	6.5	0.011	0.024	−41
	3.t	64.9	0.8	0.10	2.32	9.6	0.032	−6.7	10.2	5.0	0.021	0.018	−82
	4.t	69.4	1.0	0.17	2.65	9.5	0.041	−8.1	11.8	5.9	0.029	0.012	−115
	5.t	76.0	1.5	0.46	4.12	11.3	0.062	−10.2	14.9	5.6	0.045	0.017	−228
	6.t	79.4	2.0	0.75	5.02	13.2	0.074	−11.6	17.3	6.2	0.045	0.015	−331
	7.t	82.1	2.7	1.08	6.55	15.4	0.082	−13.5	20.5	7.2	0.060	0.011	−440
	8.t	83.5	3.3	1.60	7.41	16.3	0.097	−14.1	21.7	7.3	0.056	0.010	−505
	9.t	84.4	3.8	2.61	9.12	17.3	0.120	−15.3	23.3	7.2	0.068	0.010	−581

7.2 时间平均流场

7.2.1 粗糙地面上的龙卷风

在地面上引入粗糙度会大大影响龙卷风状涡旋流场。虽然已经有关于粗糙度影响的研究,但其结论却不一致。Natarajan 和 Hangan[2012][81]的研究涵盖了较大范围的涡流比,但探讨的案例非常有限。在本书中,除与基准龙卷风相同的案例之外,还探讨了另外两种情况,并使用与基准龙卷风相同的边界条件。

图 7.3 显示了涡旋破裂状态下光滑地面和粗糙地面的速度绝对值等值线,实线表示粗糙度区域的顶部。可以发现,引入粗糙度之后,流场结构发生了较大变化。当地面光滑时,龙卷风会发生双核破裂,但是,引入粗糙度会促使流场退化为单核结构,涡流气泡消失,在中心出现非常强烈的向上流动现象。由于流场从双核结构退化为单核结构,因此涡核变小。正如 Natarajan 和 Hangan[2012][81]所提出的,粗糙度似乎有降低涡流比的趋势。然而,根据表 7.1 的数据,由于粗糙度而导致的涡核半径增加的情况使得该论点不能普遍成立。如图 7.4 所示为多核状态下光滑地面和粗糙地面的速度轮廓,对于编号为 9.r 的龙卷风,$S_E=3.8$,其涡核尺寸与编号为 9.b 的龙卷风的涡核尺寸几乎相同,这表明粗糙度对回旋区流场的影响不明显。另一个重要发现是,最大切向速度出现的高度不受粗糙度的影响,仍保持几乎恒定的 0.01 m 的高度。但是,由于引入了粗糙度,如图 7.4(b)所示,龙卷风内部向下流动时很难触及地面,在粗糙度区域上方便停止了流动。而由于内部流动没有触及地面,使得气流的向外移动减弱,因此$r_{v_{max}}$比地面光滑时小,如表 7.1 所示。

图 7.5 和图 7.6 分别为 $S_E=0.6$ 和 $S_E=3.8$ 时,光滑地面和粗糙地面上的龙卷风平均流场流线,阴影区域表示地面粗糙度区域,箭头表示流体方向。在接下来的讨论中,将详细

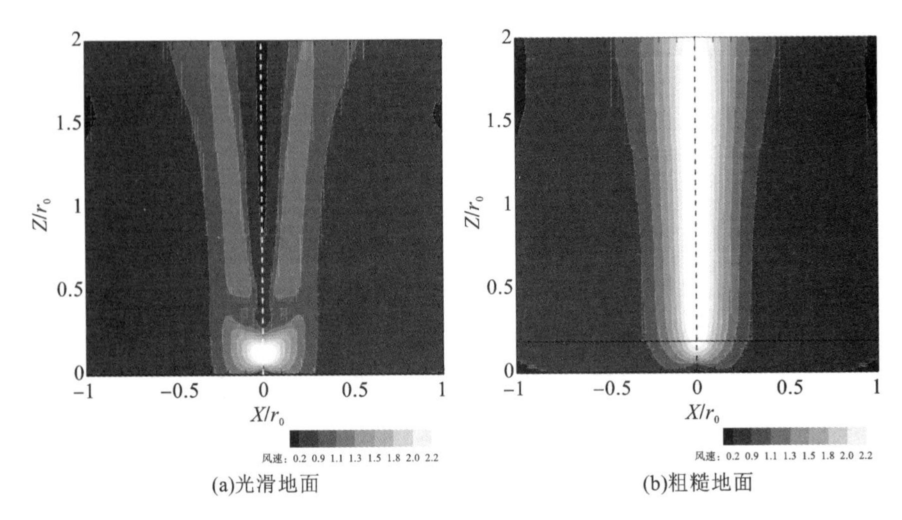

(a)光滑地面　　(b)粗糙地面

图 7.3　涡旋破裂状态下光滑地面和粗糙地面的速度绝对值等值线

注：虚线表示模拟器的中心，实线表示粗糙度区域的顶部，风速已经通过W_0归一化处理。

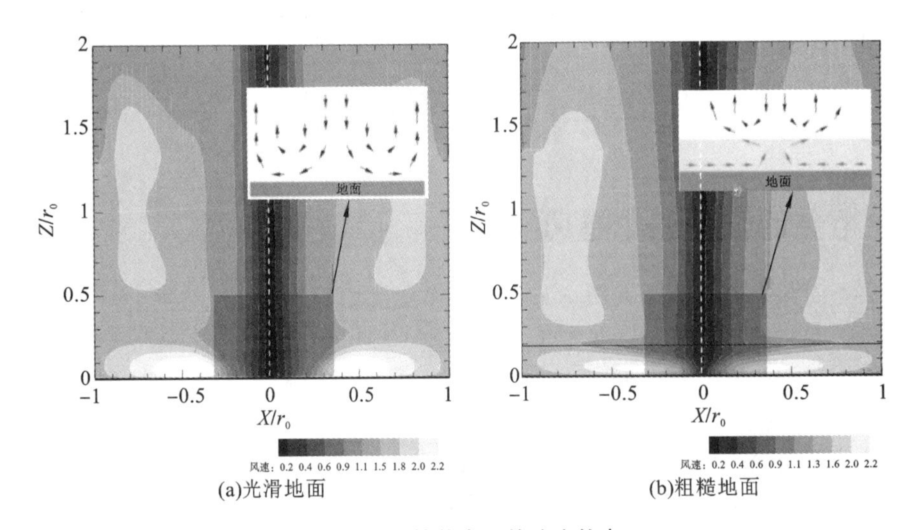

(a)光滑地面　　(b)粗糙地面

图 7.4　多核状态下的速度轮廓

注：虚线表示模拟器的中心，实线表示粗糙度区域的顶部。叠加的素描图表示龙卷风转角区域的气流模式，风速已经通过W_0归一化处理。

研究涡旋破裂状态和多涡旋状态的流场。涡旋破裂状态是过渡状态，因此它应该对边界条件的变化最敏感，对于多涡旋状态，在第 4 章中可以找到相似规律。从图 7.5(a)中可以清楚地看到，在涡旋破裂阶段，边界层穿透到中心并转向朝上，垂直流则脱离了垂直轴，形成了一个膨胀的气泡。在地面引入粗糙度后会消除这种膨胀的气泡，从而使流场与单核涡流状态下的流场非常相似，如图 7.5(b)所示。而粗糙度能否减弱所有状态下的涡流的问题将在后文进行系统分析。如图 7.6(a)所示，将涡流比增加到多涡旋状态后，径向射流不能穿透到中心，而是在一个驻环处向上和向外移动。粗糙度的引入会扰动流场，特别是在非常靠近地面的区域，如图 7.6(b)所示。

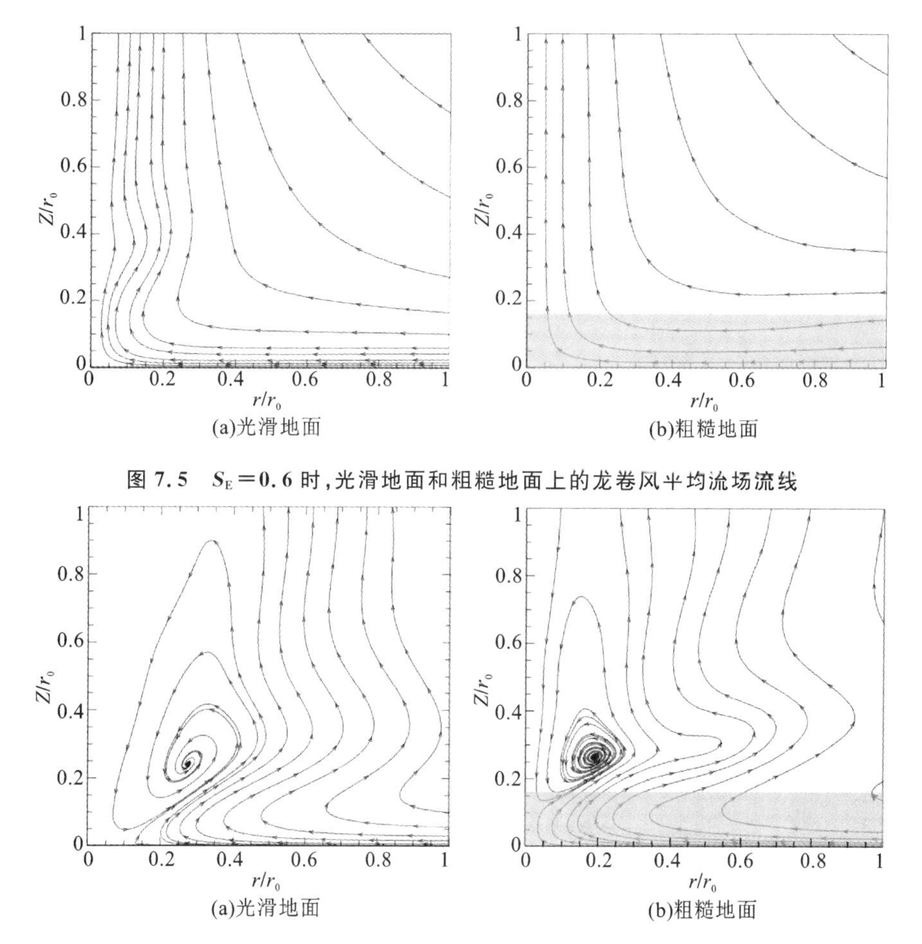

图 7.5　$S_E=0.6$ 时，光滑地面和粗糙地面上的龙卷风平均流场流线

图 7.6　$S_E=3.8$ 时，光滑地面和粗糙地面上的龙卷风平均流场流线

龙卷风在粗糙地面和光滑地面上归一化切向速度的径向剖面如图 7.7 所示。显然，当 $S_E=0.6$ 时，引入粗糙度后，近地面射流现象消失，低海拔处的切向速度峰值变得小于高海拔处的切向速度峰值，这表明流体类型转变为单涡旋，这与前文关于流线的结论一致。当 $S_E=3.8$时，与光滑地面情况相比，粗糙地面在 $z=0.1\ r_0$ 处切向速度的最大值较小，并且该最大切向速度的位置变得更靠近中心。在高海拔处，切线速度在引入粗糙度之后有所降低，并且峰值向内移动。

当$S_E=0.6$ 时，粗糙度不会过多影响径向速度的分布。但是，对于涡流比非常大的情况，径向速度分布的相似性受到影响，如图 7.8 所示。在低海拔的龙卷风外部区域，由于粗糙度的拖曳作用，径向速度减小，并且这种向内的径向流直接穿透到中心。光滑地面中的驻环则成为位于中心的一个驻点。从驻环到驻点的发展也表明内部向下流动无法接触地面。在高海拔处，无论是在光滑地面还是在粗糙地面，径向速度几乎都为零，这意味着在高海拔处，流场仍遵循回转平衡定律，即离心力与压力梯度保持平衡。

图 7.9 为龙卷风在粗糙地面和光滑地面上归一化垂直速度的径向剖面。当$S_E=0.6$ 时，无论地面粗糙还是光滑，都可以在外部区域找到相同的剖面；但是，在内部区域，粗糙度的引入使该剖面在高海拔处和低海拔处都得到了巨大的发展。当地面粗糙时，可以在龙卷风中心找到很大的垂直速度，并且其幅度会随着高度的增加而增加，这是单个涡旋垂直速度

的典型分布。当$S_E=3.8$时，在靠近地面的区域中，径向速度可以直接穿透到中心，因此中心垂直流不可能接触地面。如图7.9(b)所示，粗糙度的引入使中心垂直速度变为正值。在高海拔处，剖面变得平整，负值区域变窄。

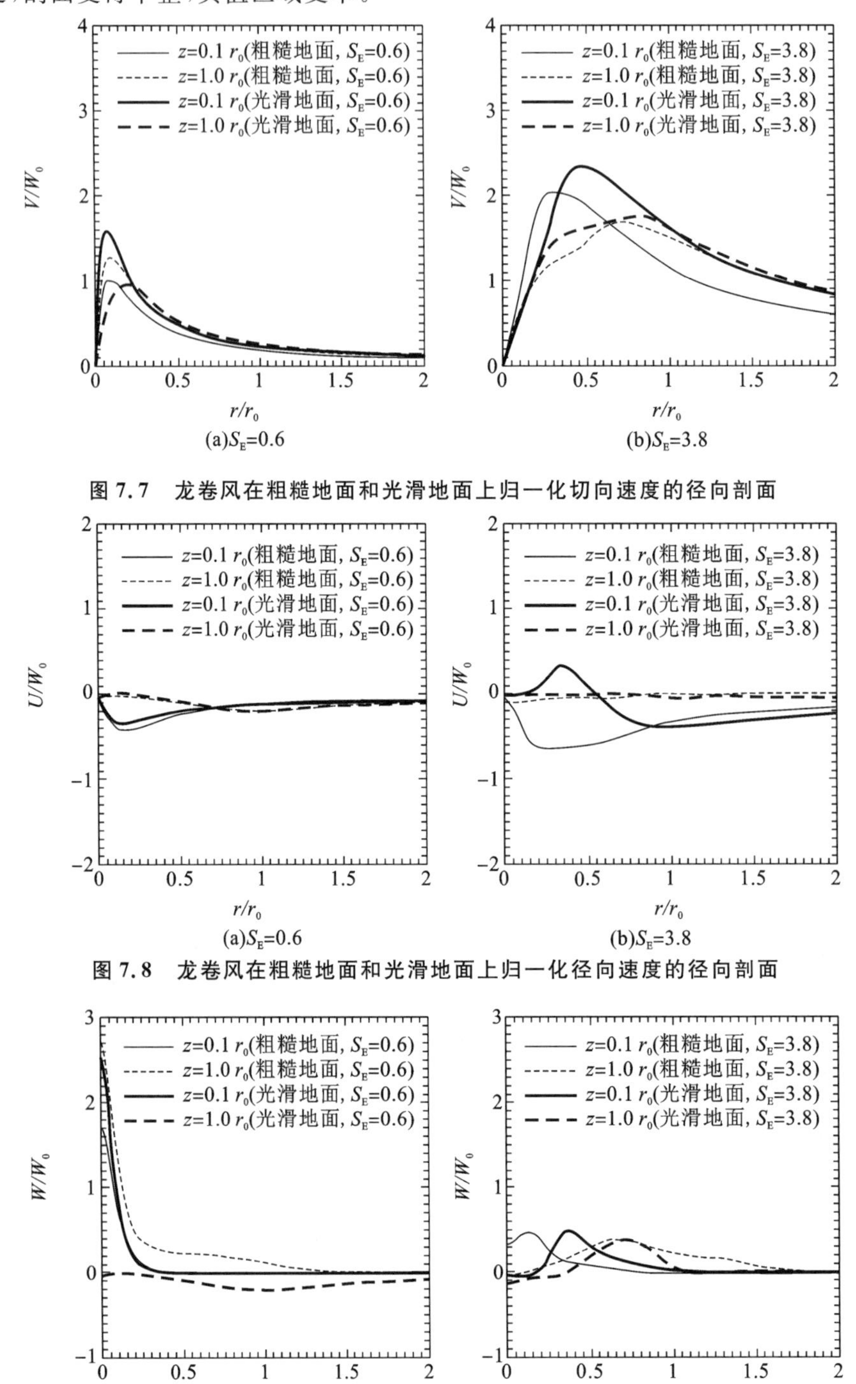

图7.7 龙卷风在粗糙地面和光滑地面上归一化切向速度的径向剖面

图7.8 龙卷风在粗糙地面和光滑地面上归一化径向速度的径向剖面

图7.9 龙卷风在粗糙地面和光滑地面上归一化垂直速度的径向剖面

粗糙度的引入也会影响地面上的压强分布，使压降变弱，龙卷风在粗糙地面和光滑地面上压力系数的径向剖面如图 7.10 所示。当$S_E=3.8$时，由于触地现象消失，龙卷风中心附近轮廓上的扁平形状变得清晰。

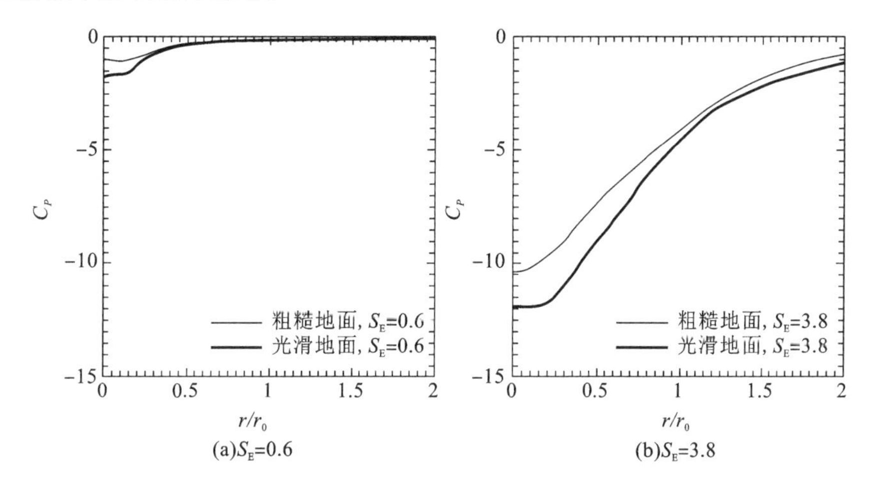

图 7.10 龙卷风在粗糙地面和光滑地面上压力系数的径向剖面

目前已经有研究阐明了龙卷风平移或地面粗糙度如何影响龙卷风的涡核和高海拔地区龙卷风的最大切向速度。在这些研究中，流入角始终保持恒定不变，并探讨了引入地面粗糙度或地面运动后r_c和V_c的变化，也即旋转平衡区与外部涡流比S_E中参数的区别。本书将采用同样的方法进行阐明。

引入地面粗糙度后r_c和V_c的变化如图 7.11 所示，在图 7.11(a)中，引入地面粗糙度对涡核尺寸有较大影响。当外部涡流比为 1～3.5 时，地面粗糙度会使龙卷风产生膨胀，在涡旋触地后，龙卷风的膨胀效果达到最大。但是当涡流比很大时，显示出地面粗糙度有减小涡核尺寸的效果。由于目前已有的研究有限，涡流比的范围不大，这可能就是为什么有些研究人员认为粗糙度会增大涡核而有些研究人员认为粗糙度会减小涡核的原因。图 7.11(b)绘制了归一化的V_c与S_E图像。地面粗糙度对V_c的影响与涡流比有关：当外部涡流比非常小时，地面粗糙度会使V_c增大；随着外部涡流比增大，地面粗糙度会使V_c减小。与对龙卷风涡核尺

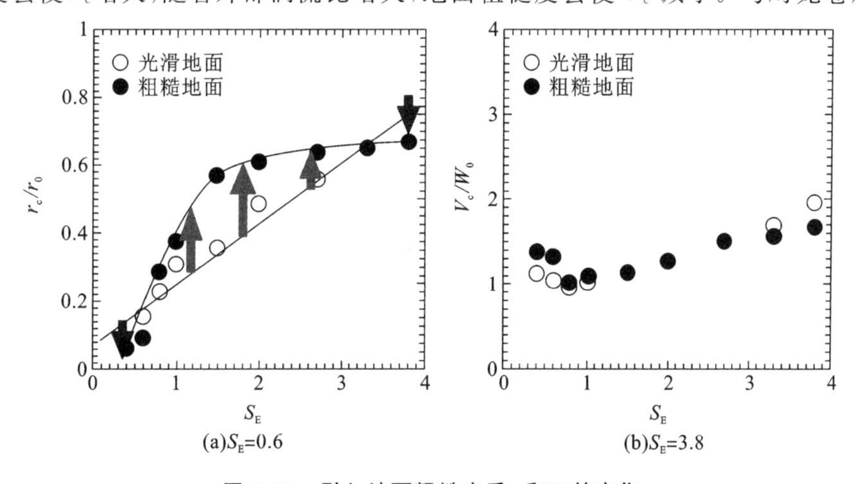

图 7.11 引入地面粗糙度后r_c和V_c的变化

寸的影响相比,可以发现地面粗糙度对V_c的影响并不显著。由此可以得出结论:V_c的大小主要由流入角决定。

7.2.2 平移龙卷风

在本次模拟中,平移龙卷风涡旋被视为参考系,因此,将地面设置为沿相反方向移动。图 7.12 和图 7.13 为龙卷风处于不同状态时的速度等值线,叠加平移速度会干扰并破坏地面附近流场的轴对称性。

当涡流比较小时,涡旋的倾斜很明显;但是对于中等强度涡旋,当$S_E=0.6$时,如图 7.12(b)所示,倾斜主要集中在$z=0.5\ r_0$位置以下,并且涡旋破裂消失,流场的结构似乎为单涡旋和涡旋破裂之间的过渡阶段。局部涡流比从 1.59 下降到 0.68 也验证了这一观点,具体见表 7.1。当流入角增加到 85°,且$S_E=3.8$时,如图 7.13(b)所示,龙卷风漏斗的倾斜不像前一个那样明显。

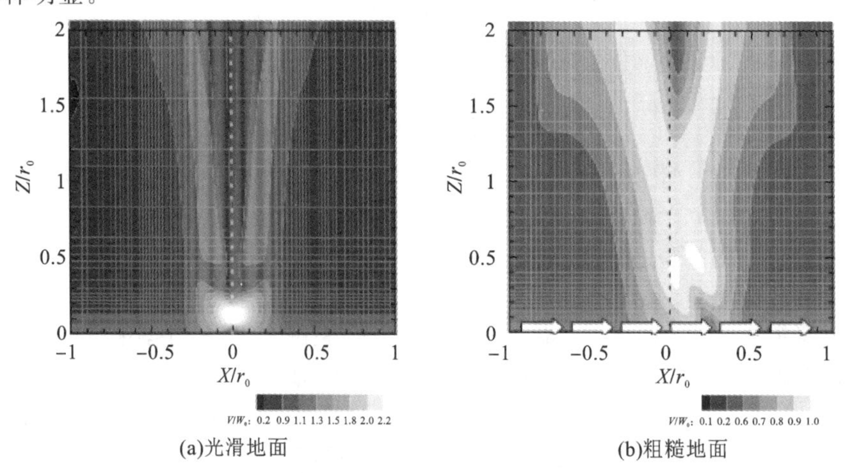

(a)光滑地面　(b)粗糙地面

图 7.12　龙卷风处于静止和涡旋破裂状态时的速度等值线

注:地面上的箭头表示引入的速度方向,虚线表示模拟器的中心,以清楚地说明龙卷风的减弱。

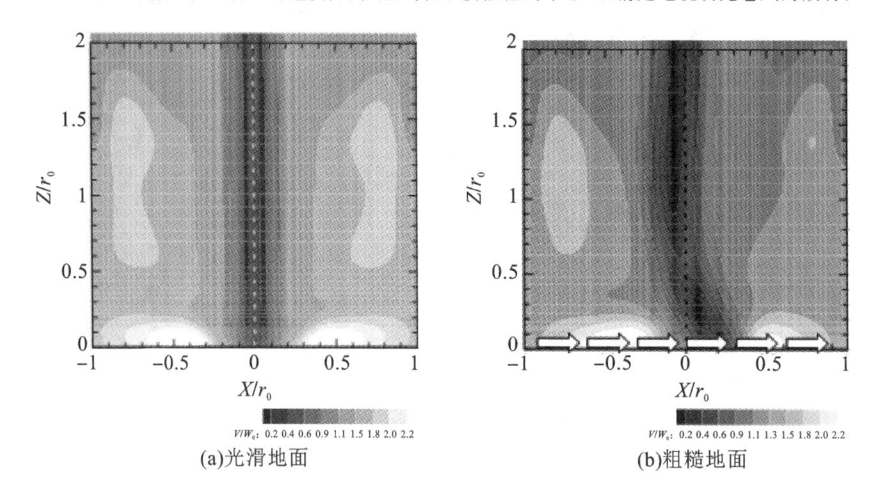

(a)光滑地面　(b)粗糙地面

图 7.13　龙卷风处于静止和多涡旋状态时的速度等值线

注:地面上的箭头表示引入的速度方向,虚线表示模拟器的中心,以清楚地说明龙卷风的减弱。

平移对龙卷风涡旋轴对称的扰动，会给龙卷风涡核半径的识别带来很大困难。以一个水平切片为例，如图7.14所示绘制了龙卷风在不同情况下时切向速度的等值线。该切片是从编号为9.t的龙卷风中提取的，高度 $z=0.1\ r_0$。可以发现，由于在地面上附加了剪应力，其轮廓不再显示为同心圆形状。在涡旋的一侧，地表的运动与流体的运动一致，角动量增大；而在相反的一侧，角动量减小。轮廓使用一个圆形拟合，该圆形被视为龙卷风涡核的边缘。但是，在高海拔时，这种影响变弱，龙卷风的中心仍然位于模拟器的中心，如图7.14(b)所示。

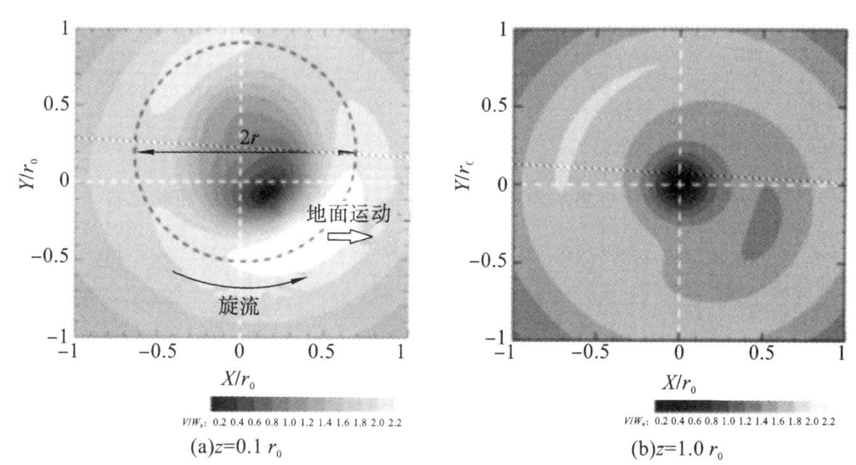

图7.14 龙卷风平移时和在 $S_E=3.8$ 的光滑地面上时切向速度的等值线

注：空心大箭头表示地面上附加速度的方向，黑色箭头表示龙卷风的旋转方向。

本章提取了速度分量和地面压力，并绘制了剖面图，分别如图7.15～图7.19所示。但是，由于龙卷风的中心与模拟器的中心并不一致，所以绘制的数据不在通过模拟器中心的直线上。为了绘制这些变量，首先须确定水平速度为零值的位置，此位置被视为龙卷风在此高度的中心，然后提取穿过龙卷风中心并与 x 轴对齐的直线上的数据。对于编号为2.t的龙卷风，在高度为 $0.1\ r_0$ 时，龙卷风的中心位于 $x=0.03\ r_0$ 和 $y=-0.01\ r_0$ 处；在高度为 $1.0\ r_0$ 时，龙卷风的中心位于 $x=0.01\ r_0$ 和 $y=-0.01\ r_0$ 处。对于编号为9.t的龙卷风，在高度为 $0.1\ r_0$ 时，龙卷风的中心位于 $x=0.1\ r_0$ 和 $y=-0.1\ r_0$ 处；在高度为 $1.0\ r_0$ 时，龙卷风的中心位于 $x=0.03\ r_0$ 和 $y=-0.02\ r_0$ 处。另外需要指出的是，图中的 x 轴表示的是相对于龙卷风中心的位置，而不是相对于模拟器中心的位置，以便与静止龙卷风进行清晰对比。

平移龙卷风和静止龙卷风的归一化切线速度的径向分布如图7.15所示。为了便于讨论，将正 x 区域定义为背面，负 x 区域定义为正面。当外部涡流比为0.6时，切向速度随平移的引入而减小，在背面，高海拔地区的切向速度大于靠近地面的切向速度，这与正面刚好相反。在大涡流比情况下，当龙卷风平移时，最大切向速度会减小，在高海拔处与低海拔处的龙卷风涡核直径则没有表现出明显的变化。靠近中心的轮廓斜率在背面变大，而在正面变小。

对于径向速度，如图7.16所示，当 $S_E=0.6$ 时，近地剖面形状会有一定的变化，但峰值变化不大。在高海拔处，由于回转平衡，无论有无平移，径向速度几乎都为零。当外部涡流比很大时，龙卷风漏斗的倾斜会使剖面发生很大变化。沿正 x 方向施加在地面上的平移速

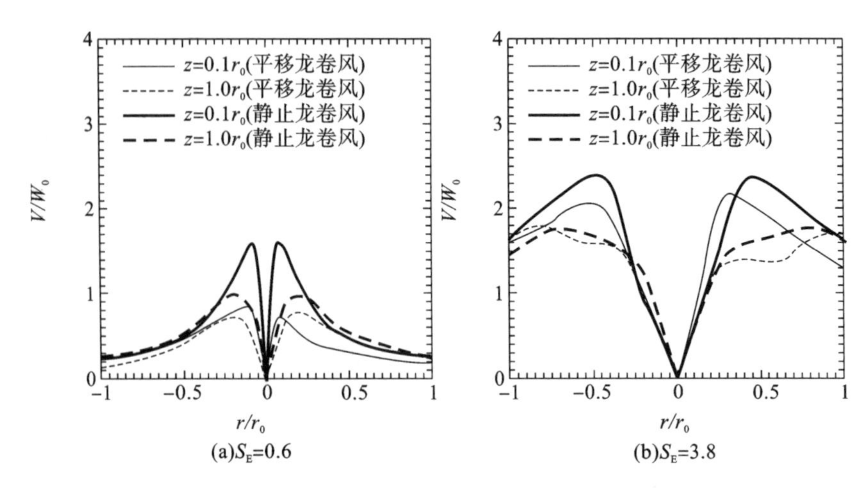

图 7.15　平移龙卷风和静止龙卷风的归一化切向速度的径向分布

度可增强前侧径向内流和后侧径向外流，这可以解释图 7.16(b)所示轮廓形成的原因。在低海拔处，径向内流在前侧较强，峰值为 $-1.1\ W_0$。向外流动的气流主要集中在龙卷风后侧，其峰值大于静止情况时的峰值，达到 $0.6\ W_0$。在高海拔处，径向速度变化不大。

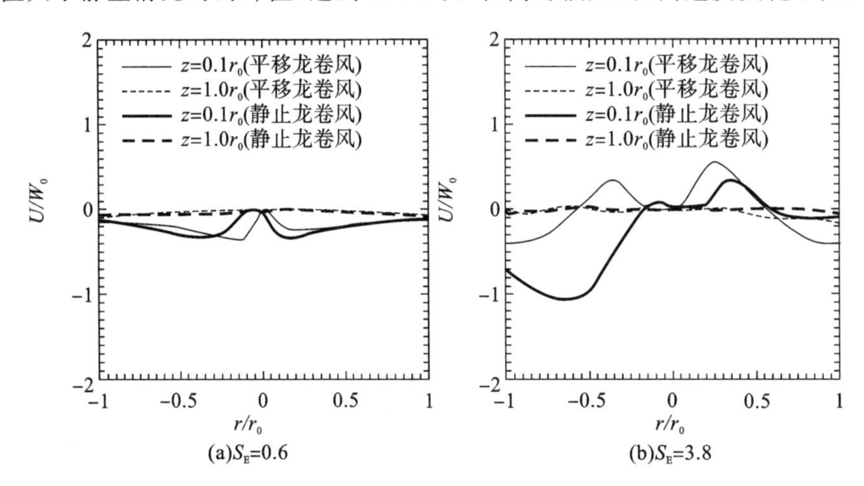

图 7.16　平移龙卷风和静止龙卷风的归一化径向速度的径向分布

如图 7.17 所示，引入龙卷风平移速度后，龙卷风在 $S_E=0.6$ 时的垂直速度急剧增大。在低海拔处，射流逐渐趋于平缓，垂直速度的峰值由 $2.5\ W_0$ 降至 $0.4\ W_0$。另一方面，在 $1.0\ r_0$ 高度处，即使垂直速度的峰值没有改变，但由于平移扰动，波峰之间的下降变得非常微弱。当 $S_E=3.8$ 时，低海拔处的垂直速度增大，如图 7.17(b)所示。在高海拔处，向上流动的区域在龙卷风前侧变窄，而在后侧变宽。

平移龙卷风和静止龙卷风的压力系数径向分布如图 7.18 所示。当 $S_E=0.6$ 时，龙卷风移动使得其轮廓相对静止龙卷风更加倾斜，且最大压力略有下降。当 $S_E=3.8$ 时，平移龙卷风中心附近的轮廓不像龙卷风静止时那样平坦，而且由于龙卷风的倾斜，轮廓的形状变得不对称。

在高海拔处，引入平移龙卷风后中心半径 r_c 和最大切向速度 V_c 的变化如图 7.19 所示。可以发现，无论龙卷风是静止的还是平移的，中心半径和最大切向速度几乎相同。因此可以认为，无论龙卷风是静止的还是平移的，高海拔处龙卷风的涡核半径和最大切向速度只由外部涡流比确定。

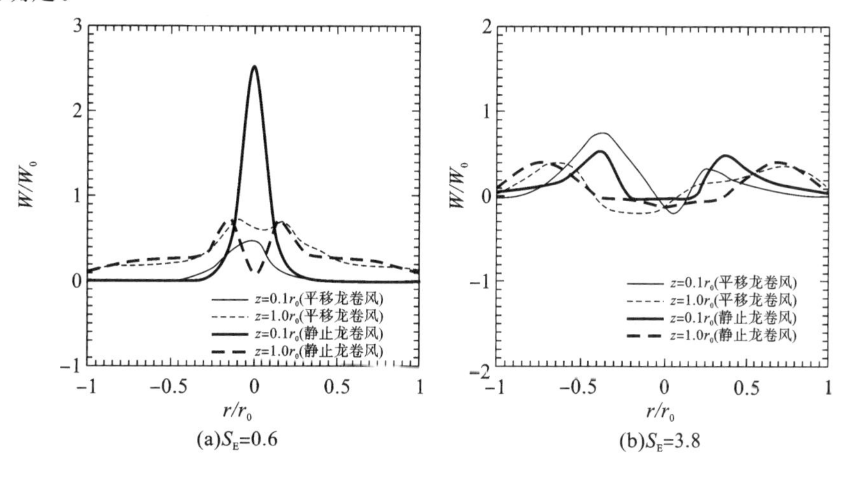

图 7.17 平移龙卷风和静止龙卷风的归一化垂直速度的径向分布

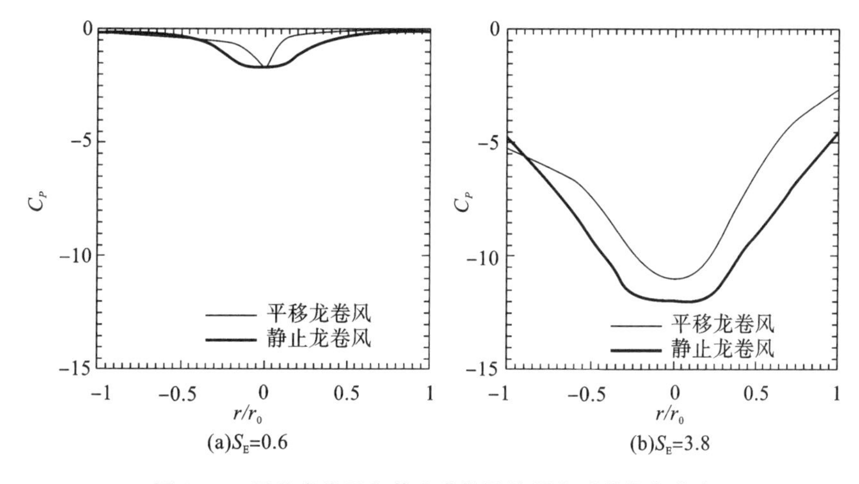

图 7.18 平移龙卷风和静止龙卷风的压力系数径向分布

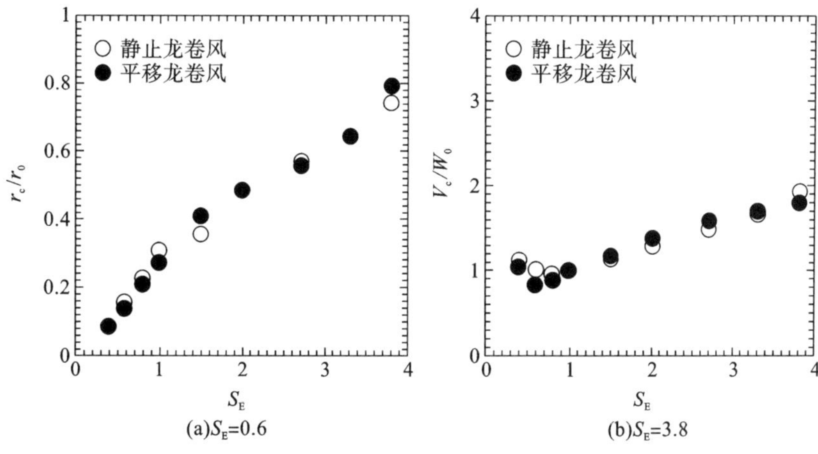

图 7.19 引入平移龙卷风后r_c和V_c的变化

7.3 龙卷风涡旋的相似性

第4章研究了静止龙卷风在光滑地面上的相似性，并发现流场相对于局部涡流比在不同模型中呈现出相同的趋势，但是，地面粗糙度以及龙卷风平移的影响尚未进行分析。

最大平均涡旋速度V_{max}与上部回旋区最大平均涡旋速度V_C之比如图7.20(a)所示。与光滑地面上的龙卷风相比，粗糙地面上的龙卷风有一个非常陡峭的峰值，并且波峰向较高的S_C偏移。对于局部涡流比大于3.5的情况，V_{max}/V_c的值几乎是一个常数，在1.4左右发生变化。图7.20(b)中显示了$-U_{min}/V_{max}$与S_C的关系，三种情况的结果显示出相同的趋势，均散布在中心值0.65左右。垂直速度的射流如图7.20(c)所示，当局部涡流比约为2时，W_{max}/V_{max}达到最大值；当局部涡流比大于3.5时，W_{max}/V_{max}的比值在中心值0.4附近变化。图7.20(d)显示了$r_{v_{max}}/h_{v_{max}}$与S_C的线性关系。第4章的研究发现，尽管模拟器不同，但参数V_{max}/V_c、$-U_{min}/V_{max}$、W_{max}/V_{max}和$r_{v_{max}}/h_{v_{max}}$呈现出相同的变化趋势。因此，可以进一步得出结论，无论地面情况如何变化，近地强化都由局部涡流比确定。

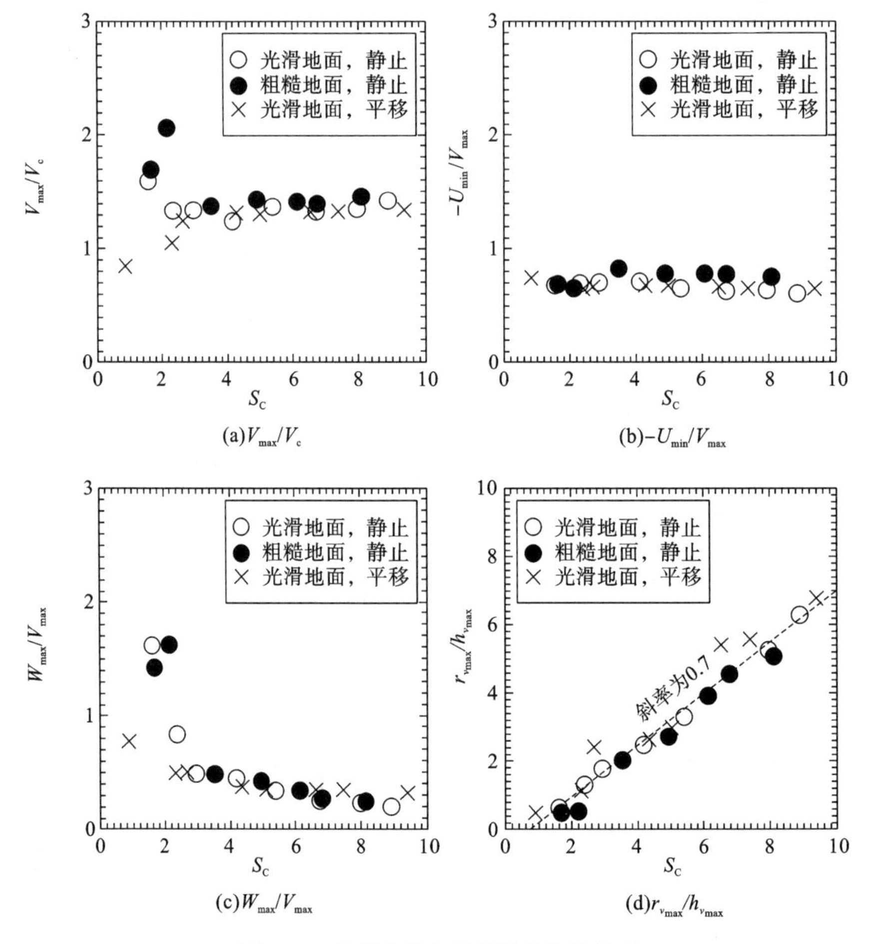

图7.20 不同参数与局部涡流比的关系

第4章提出了局部涡流比与藤田级数之间的关系，即$S_C=2F-0.92$，当$F>1.5$时，应用此式将模拟龙卷风转换为藤田级数后，显示出了良好的一致性。当$F>1.5$时，再次使用关系式$S_C=2F-0.92$来转换结果并将数据显示在图7.21中。速度比和尺度比与第4章中一致，分别为1∶3和1∶1900。由图7.21可知，局部涡流比与藤田级数之间的关系仍然有效。

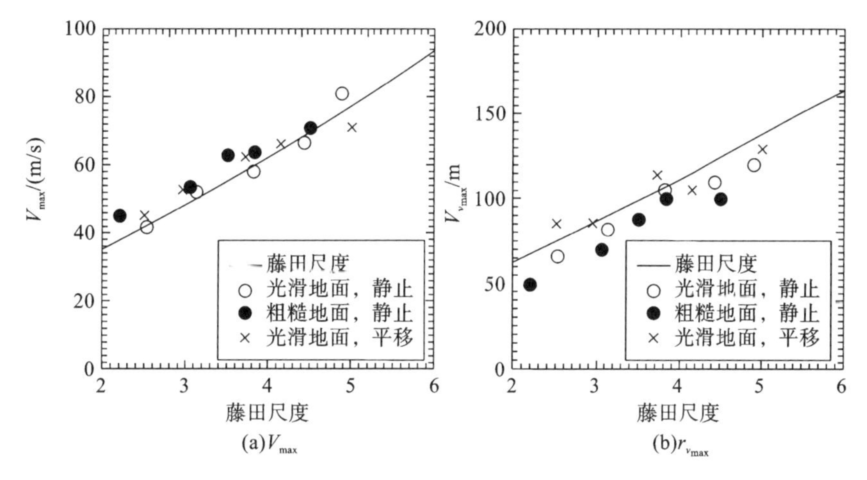

图7.21　参数V_{max}和$r_{v_{max}}$与藤田尺度的关系

Spencer龙卷风出现在农村，在汇流区入口处采用指数为0.143的幂律分布，对应于Ⅱ类地面粗糙度，因此在这种情况下可将地面视为光滑地面。由于观察到Spencer龙卷风的平移速度在10～30 m/s之间，因此选择了10 m/s的平移速度，并与观测数据进行了详细比对。

如图7.14(b)所示，龙卷风的中心与高海拔模拟器的中心重合。因此，将模拟器的中心作为龙卷风的中心进行平均值计算。计算的切向速度和径向速度如图7.22所示，它们分别绘制在径向和垂直方向上，叠加在图7.22上的是Spencer龙卷风的观测数据，该数据来自Haan[2008][36]等的研究。相对第4章中忽略平移影响，可以发现，切向速度的模拟结果，特别是接近地面的切向速度模拟结果得到了完善，径向速度也更加接近于Spencer龙卷风流场的模拟结果。因此，可以得出结论，只要选择好龙卷风的平移速度，自然界中的龙卷风可以较好地再现。

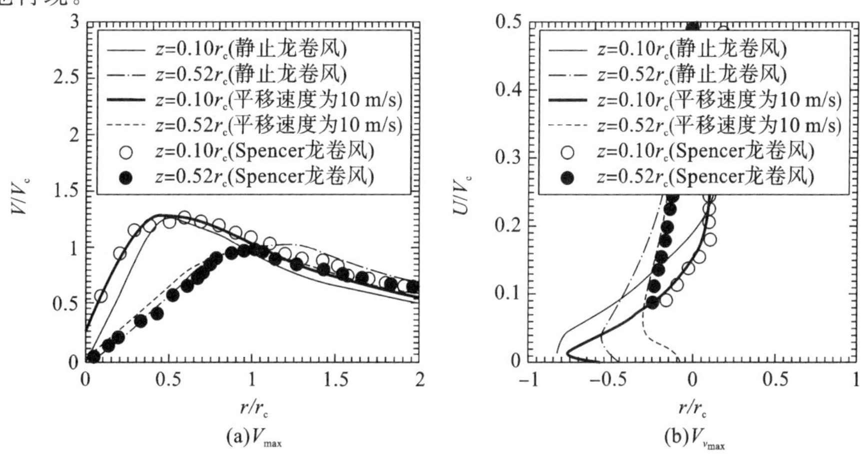

图7.22　静止龙卷风、平移龙卷风与Spencer龙卷风之间的流场比较

7.4 总　　结

本章提出了模拟粗糙地面上龙卷风和龙卷风平移的方法,并研究了地面粗糙度和平移对龙卷风的影响,以下总结本章研究的结果。

(1) 地面粗糙度的引入使内部向下的流动停止在粗糙区域顶部。在粗糙区域中,垂直速度向上,最大切向速度的高度不受地面粗糙度的影响,仍位于约 0.01 m 高度处。

(2) 平移扰乱了龙卷风的对称性,使流场更加复杂。由于地表附加剪应力,平均切向速度的等值线不再呈圆形。在涡旋的一侧,地面的运动与流体的运动一致,角动量增大,而在相反的一侧,角动量减小。

(3) 在高海拔处,无论是否引入龙卷风,V_c和r_c都表现出与外部涡流比相同的变化趋势。但是,如果地面粗糙,则高海拔处的涡核半径会急剧变化,地面粗糙度将增大龙卷风涡核的尺寸。对于小涡旋和大涡旋情况,地面粗糙度则表现出减小龙卷风涡核尺寸的效果。

(4) 在非常靠近地面的区域中,探讨了参数V_{max}/V_c、$-U_{min}/V_{max}$、W_{max}/V_{max}和$r_{v_{max}}/h_{v_{max}}$的变化趋势。地面粗糙度使射流更加强烈,但是当 $S_C>2$ 时,所有参数都显示出相同的趋势,这意味着无论地面条件如何,局部涡流比都适用于确定较大涡旋情况下近地面附近的流场。

(5) 引入平移速度后,龙卷风切向速度的结果,特别是近地面切向速度的结果得以改善,并且径向速度也变得更接近于 Spencer 龙卷风流场中的切向速度。

第 8 章　龙卷风诱导气动力

作为风工程领域的一个主要研究方向，风与结构的相互作用在过去的几十年里得到了广泛的研究，其中大部分都是针对普通直线风进行的。然而，龙卷风诱导气动力少有研究。

本章采用 LES 方法，计算了龙卷风对典型建筑的气动力，阐明了利用传统风洞估算龙卷风气动力的可行性。第 1 节介绍了数值模拟参数。第 2 节给出了数值模拟结果，包括龙卷风流场、建筑物气动力以及建筑物尺寸和龙卷风平移的影响。第 3 节揭示了龙卷风诱导力与直线风诱导力之间的关系，提出了一种利用传统风洞估算建筑物龙卷风诱导力的方法。

8.1　数值模拟参数

龙卷风数值模拟器的配置如图 8.1 所示。模拟器的几何形状与前几章相同。入口条件与第 4 章中对应多核龙卷风相同，建筑模型安装在底部。

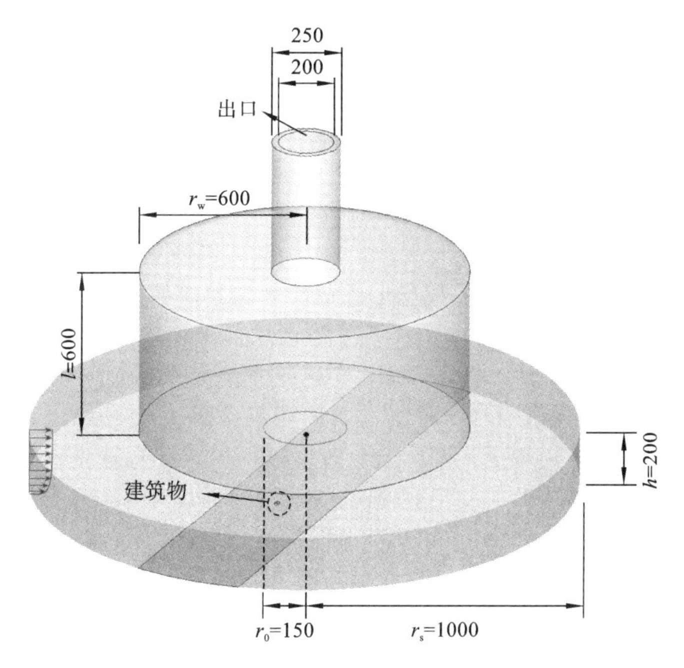

图 8.1　龙卷风数值模拟器的配置(单位:mm)

图 8.2 为龙卷风数值模拟器的网格系统。为了准确捕获龙卷风状涡流的流场并定量研究建筑物上的风荷载，在汇流区的中心部分和地面附近，设计了精细的网格。最小网格尺寸在垂直方向为 0.1 mm，在水平方向为 0.15 mm。为了避免网格尺寸突然变化，两个方向上的增长比均小于 1.2。总网格数约为 8×10^5 个。表 8.1 列出了龙卷风数值模拟器的计算参数。

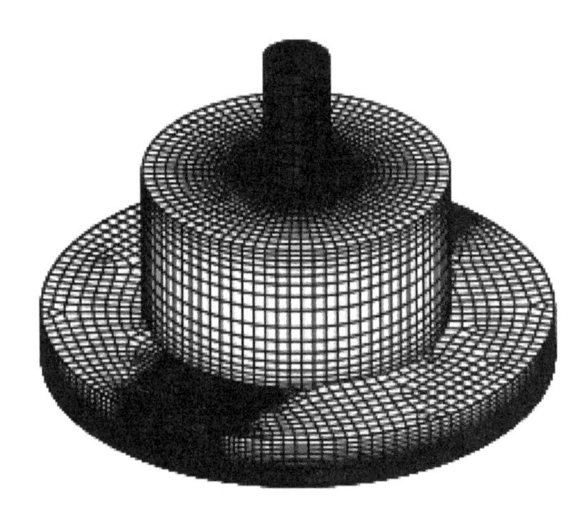

图 8.2　龙卷风数值模拟器的网格系统

表 8.1　龙卷风数值模拟器的计算参数

参　　数	值
网格数量/个	8×10^5
无量纲时间步 $\Delta t W_0/r_0$	0.032
雷诺数 $Re=W_0 d/v$	1.6×10^5
入流角 θ/(°)	88.4
收敛标准	5×10^{-4}

本章采用平面尺寸为 24 m×38 m、屋檐高度为 12.2 m、屋面坡度为 1∶12 的典型建筑模型。由于模拟龙卷风的尺度比为 1∶1900(Alexander 和 Wurma，2005[1])，此处模拟的建筑模型的比例也设为 1∶1900。建筑模型的缩放尺寸和朝向如图 8.3(a)所示，其中 D、W 和 H 分别为建筑模型的长度、宽度和高度。建筑模型表面网格分布如图 8.3(b)所示，建筑模型相对于龙卷风中心的位置如图 8.3(c)所示。具体的建筑模型参数见表 8.2。

利用龙卷风数值模拟器进行了三组数值模拟。第一组为静止龙卷风，即在没有龙卷风平移的情况下，测量作用在建筑模型上的力。通过改变建筑模型的安装位置，研究气动力与建筑模型距模拟器中心距离的关系。第二组将建筑模型放大 1.5 倍，其他设置与第一组相同。在最后一组中，探讨了龙卷风平移效果，其中建筑模型固定在地面上，而龙卷风以一定的速度平移。数值模型的汇流区被分为三个部分，如图 8.2 所示。可通过对内部块体进行滑动，利用网格界面，将相邻的、网格不完全匹配的两个块体的交汇面关联在一起。

在这项研究中，不仅要得出作用在建筑模型上的气动力大小，以及建筑模型尺寸和龙卷风平移影响，还要研究龙卷风诱导力与直线风诱导力之间的关联，并提出一种利用传统风洞估算龙卷风诱导力的方法。因此，另外生成了代表传统风洞的一个模拟器，该模拟器在建筑模型表面上具有和龙卷风数值模拟器相同的网格分布，以避免由于模拟器差异产生其他影响。数值风洞的高度与龙卷风数值模拟器中汇流区的高度相同，为 200 mm；数值风洞的宽度和长度分别为 400 mm 和 1200 mm。建筑模型安装在平台的中心，平台放置在距入口

200 mm处的中心位置，可以旋转平台以改变对建筑模型的攻角。将使用此模拟器计算出的空气动力与 Pierre 等[2005][88]的实验研究进行比较，具体见附录 C。

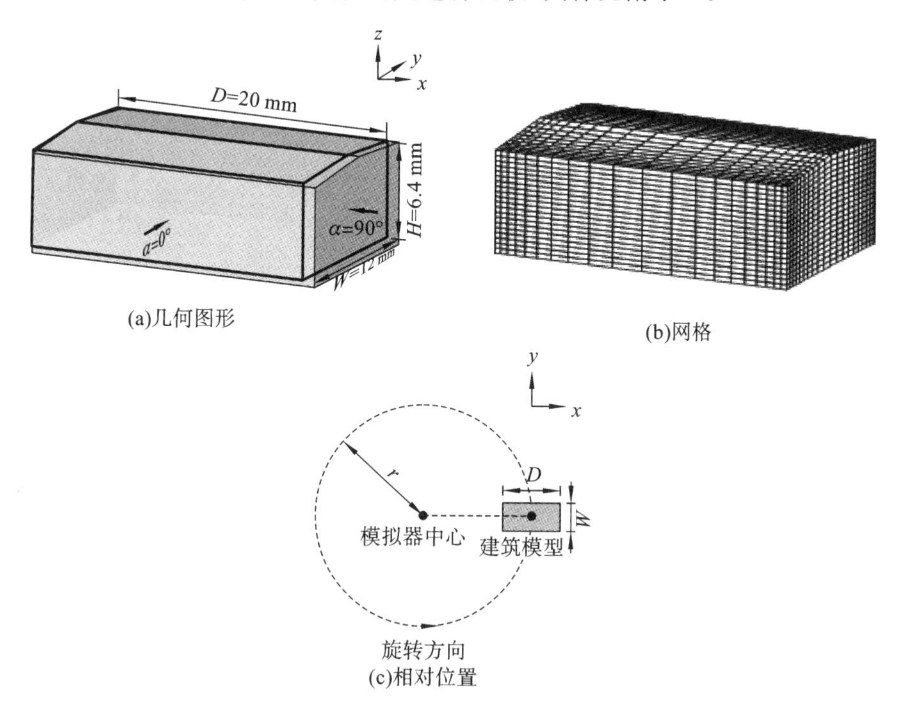

图 8.3　建筑模型

表 8.2　建筑模型参数

参　　数	值
建筑模型的平均檐高 H/mm	6.4
建筑模型长度 L/mm	20
建筑模型宽度 D/mm	13
屋顶坡度	1∶12
在平均屋檐高度处的最大平均切线速度 $V_{H_{\max}}$/(m/s)	22.8
建筑雷诺数 Re_b	2.50×10^4
长度尺度 λ_L	1∶1900
速度尺度 λ_{vel}	1∶3.05
高度方向网格尺寸/mm	0.15
宽度方向网格尺寸/mm	0.15～0.5
宽度方向网格尺寸/mm	0.15～0.2

8.2 数值模拟结果

8.2.1 龙卷风流场

在安装山墙屋顶建筑模型之前，先对龙卷风状涡旋的流场进行量化。测得平均屋檐高度 H 处的最大时均切向速度$V_{m,e,h,\max}$为 22.8 m/s，半径$r_{\max}$为 0.06 m。使用$\lambda_l=1:1900$ 的尺度比，涡核的全尺半径为 110 m。此龙卷风涡流比为：

$$S=\frac{\pi r_c^2 V_c}{Q} \tag{8.1}$$

式中，S 为涡流比；V_c 为最大切向速度；r_c为类圆柱区域出现最大切向速度V_c时的半径；Q 为流量。实测r_c、V_c 和 Q 分别为 0.112 m、18.6 m/s 和 0.3 m^3/s，因此涡流比为 2.44。

用$V_{m,e,h,\max}$对平均屋檐高度处的时均径向、切向和垂直速度进行归一化，如图 8.4(a)所示。龙卷风引起的地面压力用$V_{m,e,h}$进行归一化，如图 8.4(b)所示，在中心可以清楚地观察到较大的压降。因此，可以推测，在龙卷风中心，作用在山墙屋顶上的垂直升力会很大。

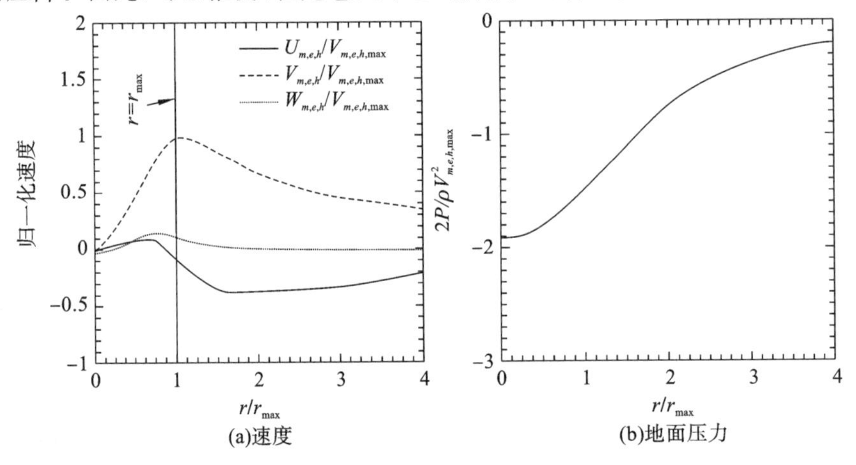

图 8.4 平均顶板高度处的速度分量剖面和地面压力

8.2.2 龙卷风诱导力

第一组模拟中，在距离龙卷风数值模拟器的 13 个不同位置处，分别对建筑物进行了观测。龙卷风诱导气动力通过对建筑模型表面的压力进行积分计算，并归一化为：

$$C_{F_x}=\frac{F_x}{\frac{1}{2}\rho V^2_{m,e,h,\max}WH} \tag{8.2}$$

$$C_{F_y}=\frac{F_y}{\frac{1}{2}\rho V^2_{m,e,h,\max}DH} \tag{8.3}$$

$$C_{F_z}=\frac{F_z}{\frac{1}{2}\rho V^2_{m,e,h,\max}WD} \tag{8.4}$$

式中，F_x、F_y和F_z分别表示 x、y 和 z 方向的时均力。将建筑模型上的龙卷风诱导力与 Case[2011][14]实验结果进行对比，绘制经宽度为 0.2 r_{max}的面元平均平滑化的实验数据，得到力系数轮廓如图 8.5 所示，其中 x 轴由r_{max}归一化。x 方向诱导力的负号表示山墙屋顶建筑模型被拉向龙卷风中心。与最大值出现在龙卷风中心外边界的风速廓线相似，C_{F_x} 由中心从 0 开始增大，并在 $r=r_{max}$处达到最大值 0.8，然后平缓下降。y 方向的龙卷风诱导力，正号表示建筑模型是沿顺时针方向推动，与龙卷风的旋转方向相同。考虑到 x、y 方向气动力归一化面积不同，y 方向的最大力实际上是 x 方向最大力的 2 倍左右。C_{F_x} 和C_{F_y} 最大值出现的位置几乎都在切线方向上，径向速度分量较小。与水平力分量不同的是，升力在风速为零的中心处很大，表明巨大升力是龙卷风压降引起的，而不是风速。实际上，在中心处，升力系数值与压力系数值几乎相同，都在 2 左右。随着离中心距离的增加，升力增大，直到在$r=0.8$ r_{max}的位置，升力出现峰值。但是，地表压力系数没有类似的情况，因此龙卷风引起的压降并不是升力的唯一来源。除压降外，风速是另一个重要因素，风速的最大值出现在最大升力附近。

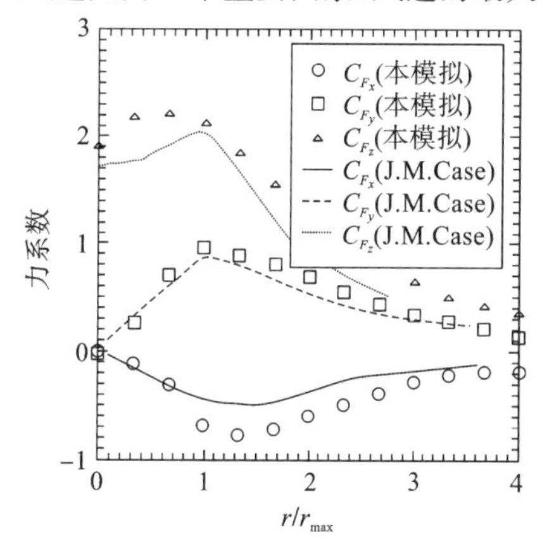

图 8.5　力系数轮廓

Case[2011][14]在实验室模拟的龙卷风中探讨了低层建筑模型的风荷载，其中“模型 1”与本章中使用的建筑模型较为相似。图 8.5 将本章模拟的力系数与“模型 1”所使用的力系数进行了比对，两个模型峰值出现的位置较为一致。在本章中，建筑模型的几何参数，即 D/W、H/W和屋顶坡度，分别为 1.67、0.54 和 1∶12，而“模型 1”的相应参数分别为 1.5、0.46和 1∶3.5，见表 8.3，这可能是差异的主要原因，造成差异的另一个因素是，本章的龙卷风数值模拟器是静止的，然而，在 Case[2011][14]进行的实验中，龙卷风以一定速度移动，因此可能会出现一些非线性效应。

表 8.3　本章和 Case[2011][14]研究中建筑模型的龙卷风涡流比和几何参数

	涡流比 S	尺度比	D/W	H/W	屋顶坡度
本章建筑模型	2.44	1/1900	1.67	0.54	1∶12
Case[2011]研究中建筑模型	2.6	1/100	1.5	0.46	1∶3.5

8.2.3　建筑模型尺寸和平移的影响

为了研究风荷载对建筑模型尺寸的敏感性，本书进行了另一组数值模拟。在这些模拟中，建筑模型被放大 1.5 倍，但形状没有变化。放大的建筑模型分别放置在 7 个位置，与模拟器中心的距离为 0～180 mm。本组模拟中使用的计算参数与第一组中的完全相同。由于建筑模型尺寸发生变化，故再次从龙卷风流场中提取屋檐高度处的最大时均切向速度 $V_{m,e,h,\max}$ 和出现最大 $V_{m,e,h}$ 的半径 $r_{\max}$。本组模拟中 $V_{m,e,h,\max}$ 和 $r_{\max}$ 的值分别为 22.6 m/s 和 0.06 m。图 8.6 为不同尺寸大小建筑模型的气动力系数，结果基本重合，表明气动力系数对建筑模型尺寸并不敏感。

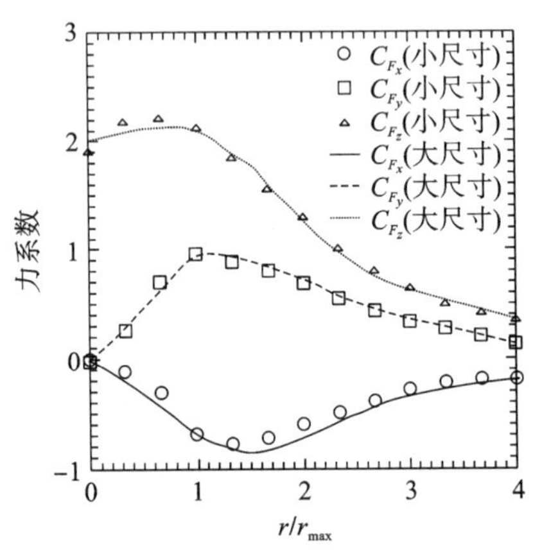

图 8.6　不同尺寸大小建筑模型的气动力系数

自然界中观察到的龙卷风不是静止的，而是以一定的速度平移的，因此阐明龙卷风平移的影响具有一定的意义。在本章中，采用与 Case[2011][14] 实验中相同的方法，假设全尺度龙卷风经过全尺度建筑物的时间与模拟龙卷风经过建筑模型的时间相同。据 Wurman 和 Alexander[2005][119] 报道，南达科他州 Spencer 龙卷风的平移速度为 15 m/s，而本次研究中的全尺度建筑物长度为 38.1 m，因此龙卷风经过建筑物所需的时间为 2.54 s。由于龙卷风数值模拟器的尺度比为 1∶1900，因此本书中，缩尺后的平移速度约为 0.008 m/s。

采用滑移网格技术，对龙卷风的平移过程进行数值模拟。将建筑模型固定在地面上，模拟器以 0.008 m/s 的速度移动。重复模拟 5 次获得整体平均气动力系数。静止龙卷风和平移龙卷风下的建筑模型气动力系数如图 8.7 所示，可以清楚地看到，龙卷风平移对气动力的影响并不显著。

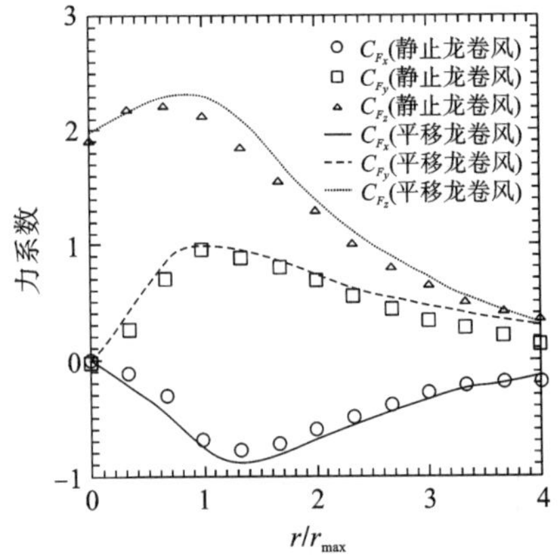

图 8.7　静止龙卷风和平移龙卷风下的建筑模型气动力系数

8.3 龙卷风诱导气动力的风洞预测方法

能否利用传统风洞预测龙卷风诱导力，这个问题多年来一直备受关注。现有研究得出一个共同结论：与风洞中的气动力相比，龙卷风诱导力得到显著增强。另外，龙卷风诱导力和直线风诱导力宜分开探讨。本节将详细研究龙卷风诱导力与直线风诱导力的区别，并找出它们之间的联系。

风廓线与龙卷风诱导的水平气动力廓线的相似性表明，龙卷风诱导的水平气动力廓线在很大程度上可以通过风速来预测。考虑到龙卷风诱导压降和龙卷风诱导风场是垂直力的两个来源，故将其分为两个分量，一个是$F_{z,p}$，可以直接由地面压力廓线计算出来，另一个是F_{z-p}，可用风速预测。龙卷风诱导力的最大值出现在$r=r_{\max}$附近，并且考虑到在龙卷风中心$r<r_{\max}$处的流场比外涡核区$r\geqslant r_{\max}$处的流场要复杂得多，以下的讨论，将主要研究位于外涡核区的建筑物所受的气动力。

将F_x、F_y和F_{z-p}相对于$|V_{m,e,h}|=\sqrt{U_{m,e,h}^2+V_{m,e,h}^2+W_{m,e,h}^2}$作归一化，得到力系数$C_{F_{x'}|V_{m,e,h}|}$、$C_{F_{y'}|V_{m,e,h}|}$和$C_{F_{(z-p)'}|V_{m,e,h}|}$的廓线，如图8.8所示。通过这种归一化方法，可使外部

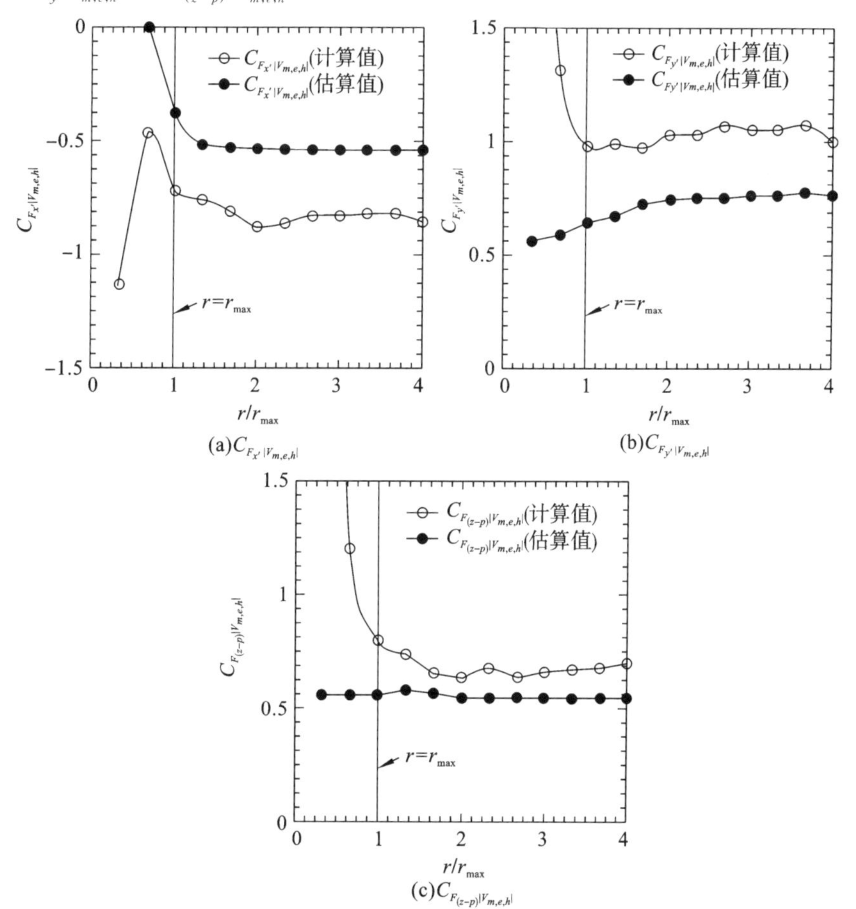

图8.8 建筑模型上以屋檐高度处风速归一化的气动力

区域的力系数变得平稳。

在直线型风洞的数值模型中，将形状和大小相同的建筑模型放置在风洞中。数值模型中应用的归一化风廓线与 Pierre 等[2005][88]的 UWO 实验相同。表 8.4 为数值风洞中不同攻角下的气动力，该力通过屋檐高度处的风速（15 m/s）进行归一化。为了利用数值风洞预测龙卷风诱导力，首先计算龙卷风模拟器流场中屋檐高度处的攻角，然后将数值风洞中的气动力插值到相应攻角。图 8.8 中的插值结果表明，风洞的预测值大大低估了龙卷风诱导的气动力，特别是在龙卷风涡核边界处。同时，还应检验龙卷风模拟器中建筑模型高度以下的风廓线是否与风洞中的风廓线相同，如果不相同，这种差异是否会导致低估龙卷风诱导气动力，因此，在龙卷风模拟器中绘制了接近地面的风廓线，龙卷风流场中建筑模型高度以下的风速示意图如图 8.9，图中可清晰地显示出一种近地面大攻角、平均屋檐高度小攻角的螺旋线。与龙卷风螺旋线不同，直线风模式下的攻角不随高度变化而变化。在龙卷风模拟器中，除攻角不同外，沿建筑模型高度方向的风速几乎是一个常数，即边界层高度较低，而在风洞中，风速从底部开始平缓增加。

表 8.4　数值风洞中不同攻角下的气动力

攻　　角	10°	20°	30°	40°	50°
$C_{F_{x'}}\mid V_{vol}\mid$	−0.30	−0.52	−0.54	−0.54	−0.66
$C_{F_{y'}}\mid V_{vol}\mid$	0.62	0.67	0.75	0.84	0.68
$C_{F_{(z-P)'}}\mid V_{vol}\mid$	0.55	0.58	0.55	0.50	0.46

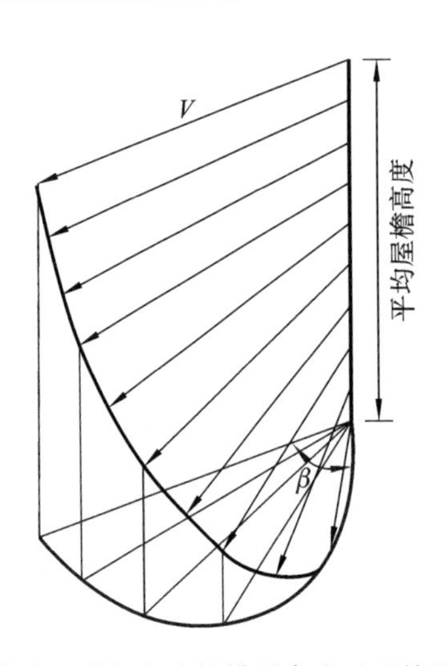

图 8.9　龙卷风流场中建筑模型高度以下的风速示意图

风廓线沿建筑模型高度的差异表明，若要利用风洞预测龙卷风诱导力，用屋檐高度处的风速进行归一化是不合理的。因此，提出了体积风速，计算公式如下：

$$V_{vol}=\frac{\oint_{\Omega} V\mathrm{d}\Omega}{\Omega} \tag{8.5}$$

式中，Ω 是建筑模型所占的体积，V_{vol} 是体积风速加上 U_{vol}、V_{vol} 和 U_{vol}，V 是沿建筑模型高度

方向的风速，$\alpha_{vol}=\arctan(U_{vol}/V_{vol})$是体积风速的攻角。有一点值得注意的是，$|V_{vol}|$和龙卷风模拟器中的$\alpha_{vol}$不是恒定的，而是随建筑模型的位置变化而变化的。体积风速以及体积风向与到龙卷风中心距离的关系如图 8.10 所示，图中绘制了屋檐高度处的对应位置，以表明它们之间的差异。由于龙卷风模拟器中的边界层较低，因此未发现风速有较大变化。但是，在风向方面可以看出明显的差异。最大差异出现在 $r=2\ r_{\max}$ 的位置，屋檐高度处的风向为 25°，体积风速的风向为 50°。这种差异随距离的增加而变小，这是由于在远离龙卷风中心的区域，风廓线上的螺旋线较弱。另一方面，当接近中心时，风廓线中的螺旋线强度迅速减弱，最后在中心附近消失，因此这两种条件下的风廓线在这里趋于一致。在中心附近屋檐高度处，风向的负号是此处径向外流速度导致的。直线风的体积风速计算结果为 12.5 m/s。F_x、F_y和F_{z-p}相对于体积风速$V_{|vol|}$进行归一化，得到力系数$C_{F_{x'}|V_{vol}|}$、$C_{F_{y'}|V_{vol}|}$和$C_{F_{(z-p)'}|V_{vol}|}$的分布，建筑模型上以体积风速归一化的气动力如图 8.11 所示，数值风洞的计算结果也绘制在图中。对于水平分量，传统直线风模拟的结果与外围龙卷风的模拟结果具有很好的可比性。然而，越临近龙卷风中心，旋转气流的曲率变得越大，与建筑模型的大小相比，气流不能简单地被视为直线风。这就是为什么在中心出现较大差异的原因。

通过对建筑模型上的压力等值线进行研究，可以得到进一步的结论。以安装在龙卷风中心边界的建筑模型为例进行详细分析，绘制了如图 8.12(a)所示的压力等值线图，其中压力通过体积风速归一化。在图中，龙卷风引起的大气压已被移除，即仅显示由风速引起的压力。为了方便讨论，将建筑模型的侧壁和屋顶分别命名为 Face 1、Face 2、Face 3、Face 4 和 Roof，如图 8.12(a)所示。在 Face 1 和 Face 2 上，由于风的直接冲击，压力系数大部分为正，因此 Face 1 和 Face 2 可看作迎风面；Face 3 和 Face 4 的压力系数大部分为负，则 Face 3 和 Face 4 可看作背风面。由于 Face 1 和 Face 3 之间以及 Face 2 和 Face 4 之间的压力分布不平衡，龙卷风诱导气动力趋向于使建筑模型沿切向移动并接近其中心，这与 8.2 节中的结论是一致的。此外，由于迎风面的气流分离，楼顶的压力系数为负值。由于该图中移除了龙卷风引起的压降，建筑模型屋顶上的负压分布完全是由风引起的，这表明除了龙卷风导致大气压降外，风也是升力的另一个来源。

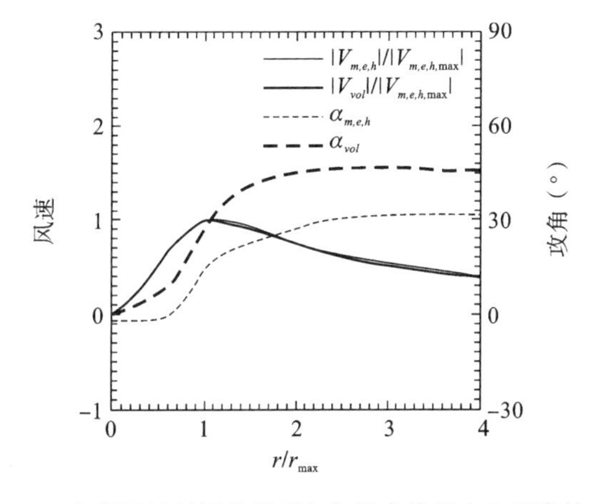

图 8.10 体积风速以及体积风向与到龙卷风中心距离的关系

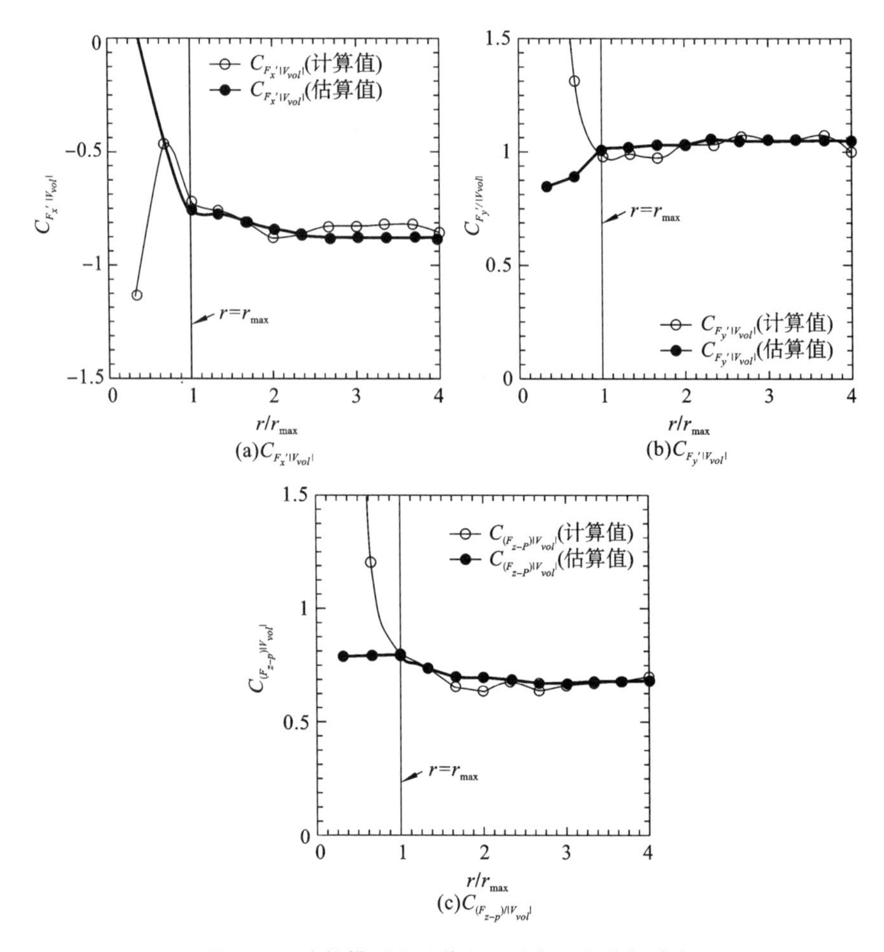

图 8.11　建筑模型上以体积风速归一化的气动力

龙卷风涡核边界屋檐高度处的风向为 10°，体积风速的风向为 30°，因此绘制了传统直线风洞中攻角为 10°[见图 8.12(b)]和 30°[见图 8.12(c)]的建筑模型压强分布图，以供比较。可以清楚地观察到，当风向等于 10°时，正压系数只出现在 Face 1，这意味着只有 Face 1 承受风的直接冲击。当风与 Face 1 相遇后，气流分离，在建筑模型的其他三个侧壁和屋顶上形成负压。即使屋檐高度处的风向相同，这种负压分布也明显与龙卷风引起的分布不同。

但是，当风向为 30°时，压强分布与龙卷风的相当。Face 1 和 Face 2 的压强主要为正，而 Face 3 和 Face 4 的压强则相反。压强等值线的符号和形状都与龙卷风模拟器中的压强等值线相似。基于以上比较，可以得出结论：体积风速(而不是建筑模型屋檐高度处的风速)是龙卷风气动力与传统直线风气动力之间的有效联系。

通过传统风洞估算龙卷风对建筑模型的气动力的方法可总结为：首先，在风洞中测量不同攻角下的气动力；其次，根据本章提出的定义计算出体积风速，包括体积风速的大小和方向；再次，针对龙卷风中的每个位置，选取与龙卷风体积风速方向相同攻角下的风洞模拟气动力，乘以龙卷风体积风速与风洞体积风速幅值之比的平方；最后，将各位置龙卷风引起的压降乘以建筑模型在 z 方向的投影区面积，再与上一步估算的升力相加，得到压力和风引起的总升力。与龙卷风相比，建筑模型的尺寸很小，因此侧壁上的压力在 x 和 y 方向上相互抵

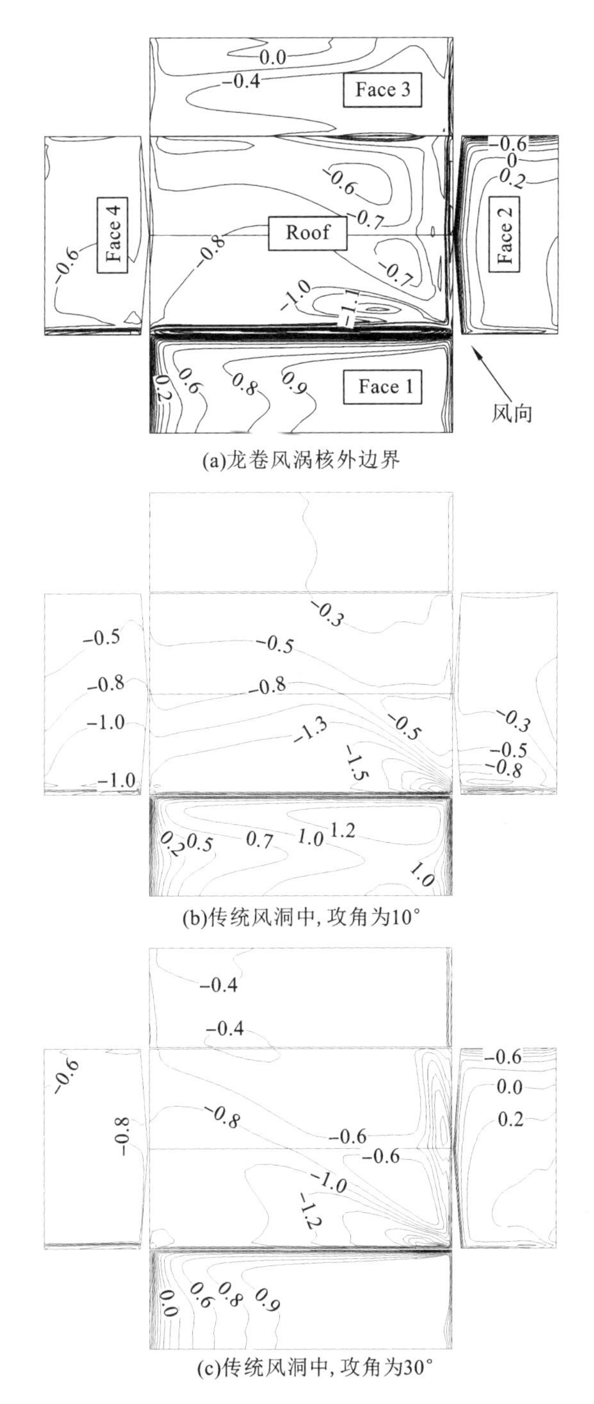

(a)龙卷风涡核外边界

(b)传统风洞中，攻角为10°

(c)传统风洞中，攻角为30°

图 8.12 定位时建筑模型上的压力轮廓

消，这也是为什么只在垂直方向上考虑龙卷风引起的大气压降。

基于这种估算方法，本章计算了龙卷风对建筑模型的气动力，并对其进行了归一化处理。风洞模拟估算的风力与在龙卷风数值模拟器中直接计算的风力如图 8.13 所示，可以清楚地发现,用本章提出的方法计算出的气动力大小和趋势与在龙卷风模拟器中直接计算的气动力吻合较好。在龙卷风涡核外边界附近的估算值偏高,但从工程角度来看,这种误差在可接受范围内。

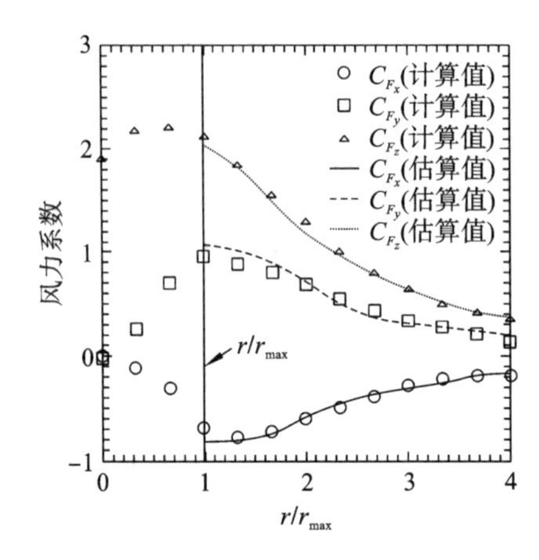

图 8.13 风洞模拟估算的风力与在龙卷风数值模拟器中直接计算的风力

8.4 总 结

本章采用 LES 方法探讨了龙卷风对建筑模型的气动力作用。研究发现:

(1) 作用在建筑模型上的气动力数值模拟结果与 Case[2011][14] 的实验值吻合较好。存在的一些差异是由于两个建筑模型几何形状不完全相同和龙卷风情况不同造成的,本章研究中的龙卷风是静止的,而 Case[2011][14] 实验中的龙卷风是以一定的速度移动的。

(2) 将建筑模型放大 1.5 倍,对放大后的建筑模型的龙卷风诱导气动力系数进行计算,与未放大的建筑模型的龙卷风诱导气动力系数进行比较,结果显示两组气动力系数差异不大,说明气动力系数对建筑模型尺寸不敏感。

(3) 通过使用滑移网格技术,计算龙卷风在平移速度下产生的气动力。发现龙卷风平移情况下的气动力系数与未平移情况下的气动力系数吻合较好,这意味着龙卷风平移的影响并不显著。

(4) 体积风速是龙卷风诱导气动力和传统直线风诱导气动力之间的联系。本章提出了一种利用传统风洞估算龙卷风对建筑模型气动力的评估方法,估算结果与在龙卷风模拟器中直接计算的结果吻合较好。

第 9 章　龙卷风致冷却塔风载

本章模拟了位于龙卷风中的冷却塔及其压强分布、气动力和力谱，并描述了强脉动气动力产生机理。在第 1 节中介绍了控制方程、湍流模型、网格系统和模型的几何形状。在第 2 节中对该模型作了数值验证。在第 3 节中讨论了由龙卷风引起的气动荷载。

9.1　数 值 模 型

9.1.1　冷却塔模型

图 9.1(a)所示为缩尺后冷却塔模型，其全尺高度 H 为 235 m，喉部半径为 105 m，最大半径为 182 m，顶部半径为 114 m，喉部高度是 176.2 m，底部与地面之间的间隙高度为 18 m。Dong 等[2013][23]在直线风洞中研究了尺度比为 1∶200 的模型，探究了冷却塔外表面不同粗糙度的影响。在风洞实验中，用铝箔制成的条带被广泛用于模拟实际冷却塔表面的

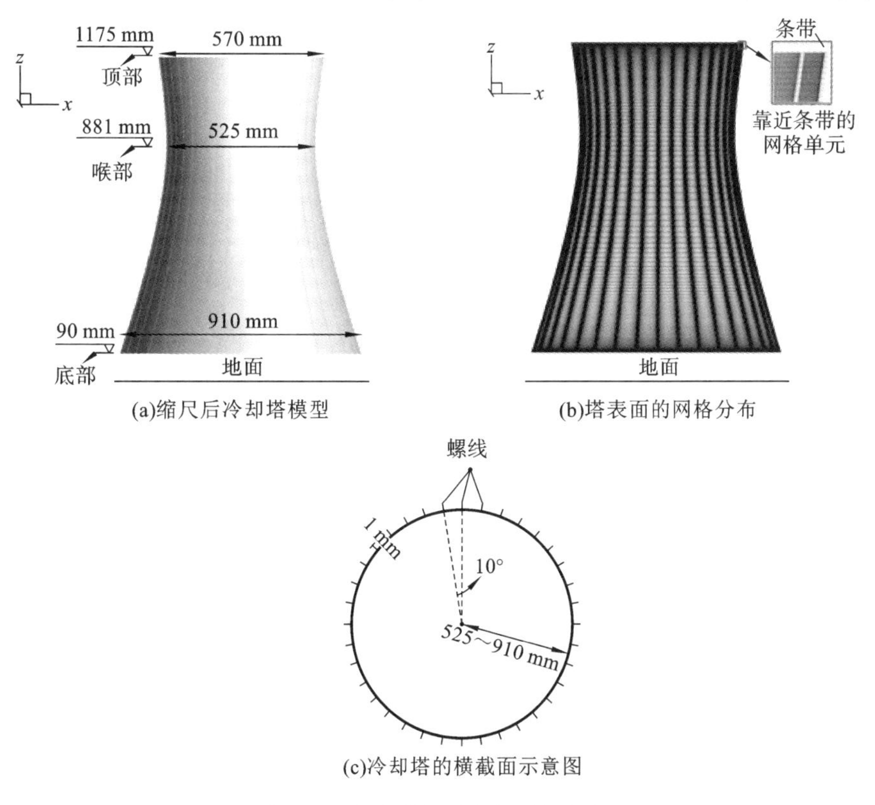

(a)缩尺后冷却塔模型　(b)塔表面的网格分布

(c)冷却塔的横截面示意图

图 9.1　冷却塔模型及其网格分布

脊状结构。Dong 等[2013][23]发现，当外表面每 10°覆盖高度为 1 mm、厚度为 0.5 mm 的条带时，若来流均匀，则风荷载对雷诺数不敏感。在本章中，条带通过物理建模得到。用于龙卷风和直线风模拟的冷却塔数值模型与 Dong 等[2013][23]的数值模型具有相同的尺寸。图 9.1(b)为塔表面的网格分布。每根条带沿高度方向由 10 个网格单元细分，相邻条带之间由 25 个网格单元细分。垂直于塔面的网格单元高度设为 0.1 mm。壁面函数中沿流动方向(h^+)、横风向(v^+)和垂直于壁面方向(n^+)的间距最大值分别为$h^+_{\max}=15$、$v^+_{\max}=67$、$n^+_{\max}=2$。在粗网格区域，水平网格间距为 60 mm，垂直网格间距在整个计算域内相同。中心区域背景网格宽度为 3 mm，长度为 3 mm，在 x 和 y 方向上的水平尺寸均为 7 mm。塔面到背景的网格间距呈线性变化，增长率为1.1。图 9.1(b)显示了模型的细节及靠近条带的网格单元。冷却塔模型的几何信息见表 9.1。

表 9.1　冷却塔模型的几何信息

塔高 H /mm	喉部高度 /mm	底部间隙高度/mm	喉部直径 /mm	顶部直径 /mm	底部直径 /mm	螺纹高度 /mm	相邻螺纹间距/mm	尺度比λ_L
1175	881	90	525	570	910	1	10	1∶200

9.1.2　数值风洞

图 9.2(a)为数值风洞，高度为 2 m，宽度为 15 m，长度为 14 m，与 Dong 等[2013][23]实验的尺寸相同。图 9.2(a)中设 x 为顺风向，y 为横风向，z 为垂直方向。冷却塔位于入口下游 7 m 处，距两侧各 7.5 m。入流速度为 6 m/s，出口采用出口边界条件，即速度和压力梯度

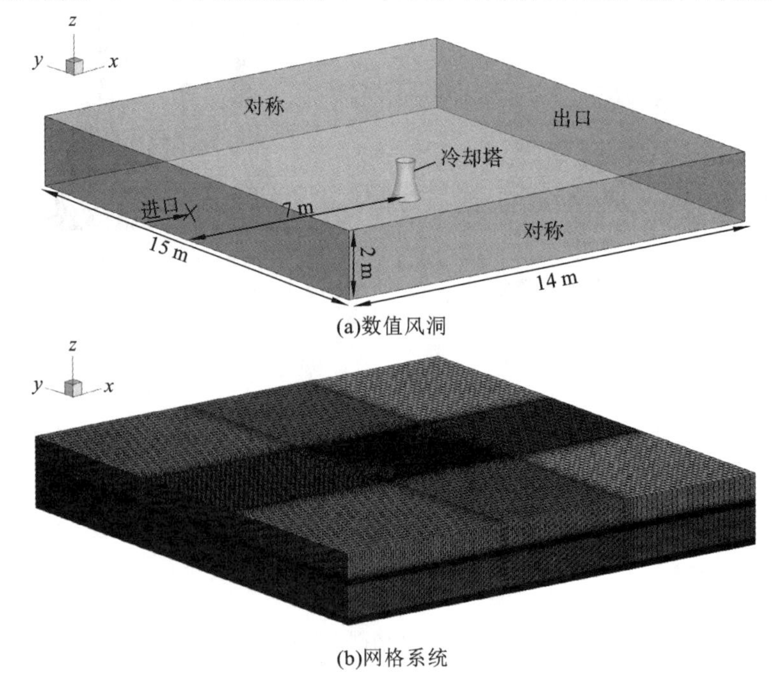

(a)数值风洞

(b)网格系统

图 9.2　数值风洞和网格系统的配置

为0。两侧和风洞顶部设为对称边界条件;风洞底部和冷却塔表面采用无滑移边界条件。如图9.2(b)所示,采用块状结构网格,在入口附近采用粗网格,在冷却塔附近采用细网格。垂直和水平方向最小网格尺寸均为0.1 mm。为了避免网格尺寸突变,两个方向和冷却塔表面法线的增长率均小于1.1。总网格数约为9.1×10^6个。冷却塔雷诺数$Re_c=V_H H/v$,大小为0.47×10^6。风洞模拟参数见表9.2。

表9.2 风洞模拟参数

风洞高度/m	风洞宽度/m	风洞长度/m	冷却塔位置	平均入流速度/(m/s)	冷却塔雷诺数Re_c	尺度比λ_L
2	15	14	风洞中心	6	0.47×10^6	1∶200

9.1.3 龙卷风数值模拟器

本章采用的龙卷风数值模拟器为Ward型,由Matsui和Tamura[2009][72]的模型改进而来,可分为三个部分,即汇流区、对流区和出流区。在本数值模拟中,图9.3(a)所示的进口处速度推进了空气汇流,在出口顶部施加出口边界条件。尺度比λ_L是通过与Wurman和Alexander[2005][119]观察到的1998年发生在美国南达科他州Spencer的F4龙卷风中的流场进行比较而确定的。选取的$\lambda_L=1:200$是考虑到Dong等[2013][23]实验中的尺度比也为1∶200,以消除雷诺数对风洞与龙卷风模拟器内风荷载差异的影响。本模拟中汇流区高度$h_1=2$ m,汇流区半径$r_s=10$ m。半径为$r_0=1.5$ m的上吸孔与一个高度为$l=6$ m、半径为$r_w=6$ m的对流区连接。图9.3(a)中的箭头表示入流施加的气流旋转方向。冷却塔在静止龙卷风的测试位置坐标为$(x=0,y=0)$、$(x=0,y=-0.5r_c)$、$(x=0,y=-1.0r_c)$、$(x=0,y=-1.5r_c)$、$(x=0,y=-2.0r_c)$、$(x=0,y=-2.5r_c)$、$(x=0,y=-3.0r_c)$和$(x=0,y=-3.5r_c)$,在图9.3(a)和图9.4(a)中以实心点表示,r_c为旋转平衡区产生最大切向速度V_c的半径。由于冷却塔高度H正好位于旋转平衡区,因此V_c和r_c分别与冷却塔高度的最大切向速度$V_{H\max}$和对应的$r_{H\max}$相同。在接下来的讨论中,将默认$V_c=V_{H\max}$和$r_c=r_{H\max}$。冷却塔位于负y轴上,以使气动力在x轴方向上保持为正。

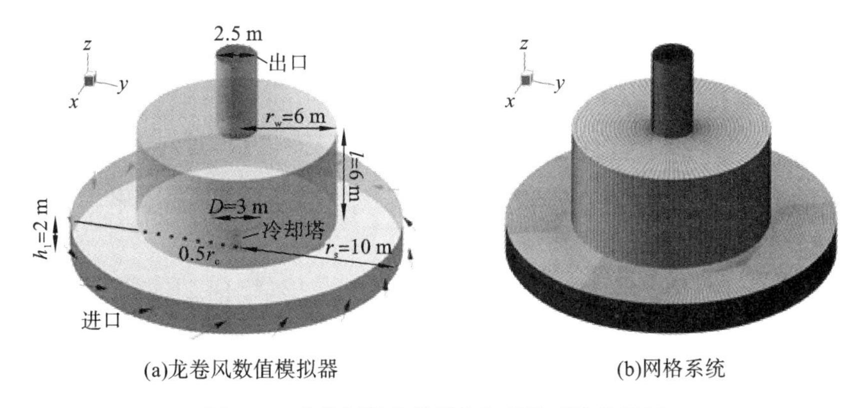

(a)龙卷风数值模拟器 (b)网格系统

图9.3 龙卷风数值模拟器和网格系统的配置

对于龙卷风数值模拟器的边界条件,入口处采用的风廓线公式如下:

$$\begin{cases} u_{r_s}=u_1(z/z_1)^{1/n} \\ u_{r_s}=-u_{r_s}\tan\varphi \end{cases} \tag{9.1}$$

式中，u_{r_s}和v_{r_s}是$r=r_s$处的径向速度和切向速度，$n=7.0$，参考速度u_1和参考高度z_1分别设为0.24 m/s和0.1 m，φ是入流角，取84.4°。入口压力设为0，在出口处，速度和压力的法向梯度设为0。龙卷风模型参数见表9.3。无滑移边界条件应用于冷却塔的表面以及模拟器的底部和周围壁面，除了汇流区顶部采用自由滑移边界条件外，其他边界条件与风洞顶部的边界条件一致。

表 9.3 龙卷风模型参数

H处最大切向速度V_c/(m/s)	V_c出现时的半径r_c/m	入流角φ/(°)	雷诺数Re_t	涡流比S	地面最小平均压强P_{min}/Pa	流量Q/(m³/s)	出口上升风速W_0/(m/s)	尺度比λ_L
20.4	1.15	84.4	1.6×10^6	2.68	365	30	9.55	1∶200

图9.3(b)为龙卷风数值模拟器的网格系统。为了准确捕捉龙卷风状涡旋流场，定量研究冷却塔风荷载，在中心区域和地面附近采用细网格。在冷却塔附近，垂直和水平方向的最小网格尺寸和网格生长比与直线风洞相同，以消除网格差异的影响。总网格数约为9.6×10^6个。

龙卷风中冷却塔相对位置如图9.4(a)所示，其中x、y轴以r_c进行归一化。在图9.4(a)上叠加的是由V_c归一化的冷却塔不同高度处切向平均速度V_H的等值线。箭头表示龙卷风旋转方向，实线圆环表示V_c出现的位置。点1(0°)、点2(90°)、点3(180°)和点4(270°)是位于冷却塔喉部的四个外部监测点，在监测点处记录瞬时压力，以研究龙卷风荷载的动态特性，如图9.4(a)和图9.4(b)所示。在直线风洞和龙卷风模拟中，高度分别为$0.25H$、$0.5H$和$0.75H$的虚线圆表示提取压力分布的位置。为便于讨论，将图9.4(b)中浅色弧线和深色弧线所覆盖的冷却塔表面分别命名为“近涡核区”和“远涡核区”。

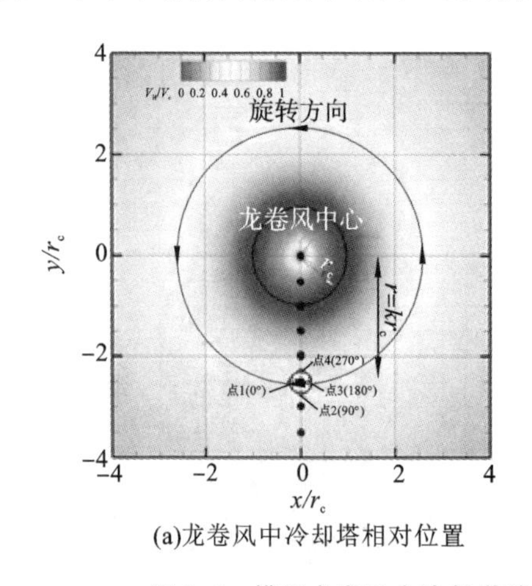

(a)龙卷风中冷却塔相对位置

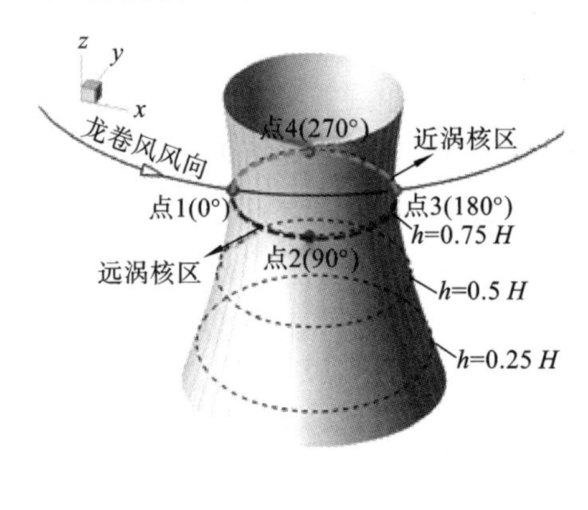

(b)外表面监测点的相对位置

图 9.4 模拟龙卷风中冷却塔的相对位置与外表面监测点的相对位置

冷却塔的雷诺数$Re_c=V_HH/v$在各位置不同，其对应值见表9.4。龙卷风雷诺数$Re_t=w_0D/v=1.6\times10^6$，其中$w_0$为出口上升气流风速，大小为9.55 m/s，$D$为上升孔直径。涡流

比的定义由Haan等[2008][36]提出：

$$S=\frac{\pi r_c^2 V_c}{Q} \tag{9.2}$$

式中，Q为流量；测得参数r_c、V_c、Q分别为1.2 m、17.8 m/s、30 m³/s，因此涡流比为2.68。表9.4为龙卷风模型的工况设置，其中，P、P_{min}和θ分别为实测的$r=kr_c$处的地面平均压强、最小地面平均压强和冷却塔高度处的风向角（由龙卷风状涡流场中arctan (U_H/V_H)计算得出）。U_H为平均径向速度，正值指向龙卷风中心。

表9.4 龙卷风模型的工况设置

编号	径向位置 r/r_c	$r=kr_c$时H处平均切向速度/(m/s)	$r=kr_c$时地面平均压强 P/P_{min}	$r=kr_c$时H处的风向角θ_H/(°)	$r=kr_c$时的冷却塔雷诺数 Re_c	是否安装冷却塔
0	—	—	—	—	—	否
1	0.0	0.00	1.00	0	—	是
2	0.5	0.55	0.81	−1.7	0.86×10^6	是
3	1.0	1.00	0.66	0.0	1.56×10^6	是
4	1.5	0.92	0.42	1.0	1.43×10^6	是
5	2.0	0.72	0.23	1.1	1.12×10^6	是
6	2.5	0.61	0.13	1.1	0.95×10^6	是
7	3.0	0.53	0.09	1.2	0.83×10^6	是
8	3.5	0.45	0.06	1.2	0.70×10^6	是

9.1.4 外部压力系数和气动力系数的定义

外部压力系数C_{p_e,V_H}定义为：

$$C_{p_e,V_H}\equiv\frac{p_e-p_r}{0.5\rho V_H^2} \tag{9.3}$$

式中，p_e为冷却塔外表面的平均压强，p_r为参考压强。在风洞模拟中，将压强参考点设置在进气口处，其值为0，但在龙卷风的模拟中情况稍为复杂。Rotz等[1974][100]将龙卷风引起的结构荷载分为三部分：①与龙卷风引起的压降相关的荷载；②气流直接作用于结构所引起的荷载；③龙卷风飞掷物造成的冲击载荷。在本章中，没有考虑第三部分荷载。第一部分荷载中，龙卷风诱导的压降可以直接从无冷却塔的龙卷风模拟中得到。为了与直线风荷载进行比较，应消除压降影响。因此，选取地面局部压降作为龙卷风的参考压强。然而，这种压降不是恒定的，它随着径向位置的变化而变化。

气动力系数归一化为：

$$C_{F_i,V_H}\equiv\frac{F_i}{0.5\rho V_H^2 A_i} \tag{9.4}$$

式中，C_{F_i,V_H}表示$i(x,y,z)$方向的气动力系数。F_i为时均气动力，A_i为冷却塔投影面积。将气动力系数的波动归一化为：

$$C_{F_i,V_H,\mathrm{RMS}} \equiv \frac{\sqrt{\sum_{k=1}^{k=N}(f_{i,k}-F_i)^2}}{0.5\rho V_H^2 A_i} \tag{9.5}$$

式中，$C_{F_i,V_H,\mathrm{RMS}}$表示气动力系数的波动，f_i为瞬时气动力，其计算式为：

$$f_i \equiv \iint_{\Omega}(p-p_r)\cdot \boldsymbol{n}\mathrm{d}S \tag{9.6}$$

式中，p 为冷却塔表面 Ω 的瞬时压力，$\boldsymbol{n}$ 是垂直于表面微元 S 的单位矢量。

9.2 数值模型的验证

9.2.1 直线风洞验证

冷却塔位于直线风洞中时横截面上的涡量等值线如图 9.5 所示，图 9.5(a)表示 $t=45$ s 时，水平切面在 z 方向的涡量，$\omega_z=\partial v/\partial x-\partial u/\partial y$。冷却塔的尾部产生了一系列的涡旋，因此，在气动力谱分析中，应该存在一个峰值对应这种周期性的涡旋脱落。

图 9.5(b)为 $y=0$ 的垂直切片上 y 分量的涡量图，$\omega_y=\partial w/\partial x-\partial u/\partial z$。可以发现，由于塔基与地面之间的间隙，气流可以从该处渗透到下游尾迹区域，干扰近边界层流动。直线风作用下冷却塔上的平均外压系数分布如图9.6所示。C_{p_e,V_H} 在 60°和 300°处出现了两个负峰值。与 Dong 等[2013][23]的实验数据进行比较，两者表现出较强的相似性，只在 180°附近存在大约 15%的差异。这些细微的差异可能是由于数值模拟中冷却塔表面与风洞实验中冷却塔表面粗糙度不同造成的。

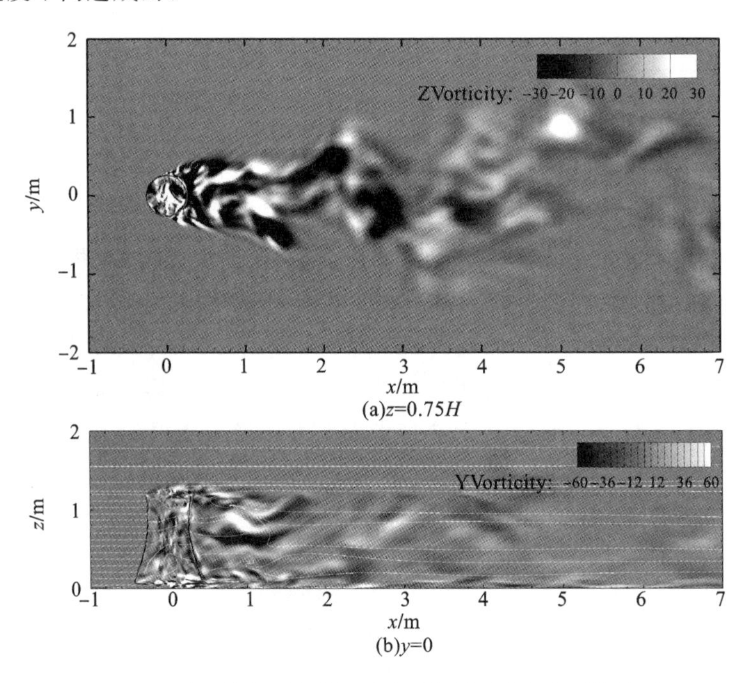

图 9.5 冷却塔位于直线风洞中时横截面上的涡量等值线

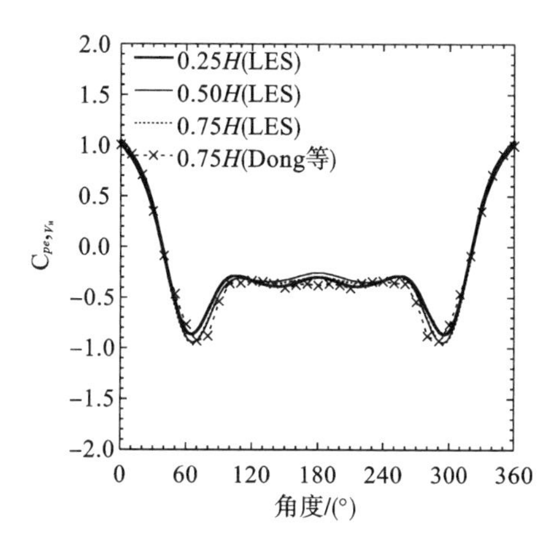

图 9.6 直线风作用下冷却塔上的平均外压系数分布

9.2.2 龙卷风模拟器验证

在没有冷却塔的情况下，进行了 9 个不同涡流比（S＝0.01、0.02、0.06、0.12、0.23、0.73、1.69、2.68、3.12）的模拟。发现涡流比为 2.68 时的尺度比r_L最接近 Spencer 龙卷风尺度比。当 S 分别为 0.02、0.23 和 2.68 时，由V_c归一化的旋转平衡区平均切向速度的对比如图 9.7(a)所示。S＝2.68 时的结果与 Wurman 和 Alexander[2005][119]的 Spencer 龙卷风观测结果最接近，这进一步验证了本书确定尺度比方法的正确性。Matsui 和 Tamura[2009][72]在实验中再现了触地阶段龙卷风，这与模拟中 S＝0.23 时的情况相似。图 9.7(a)中还叠加了 Haan 等[2008][36]在实验中得到的数据，发现其与 S＝2.68 时的结果表现出良好的一致性，也从而验证了当前龙卷风仿真方法的正确性。由龙卷风中的气流旋转引起的地面平均压降如图 9.7(b)所示，并通过V_c进行归一化，显示出的相对平坦的压降曲线也在 Haan 等[2008][36]的实验中得以观察。

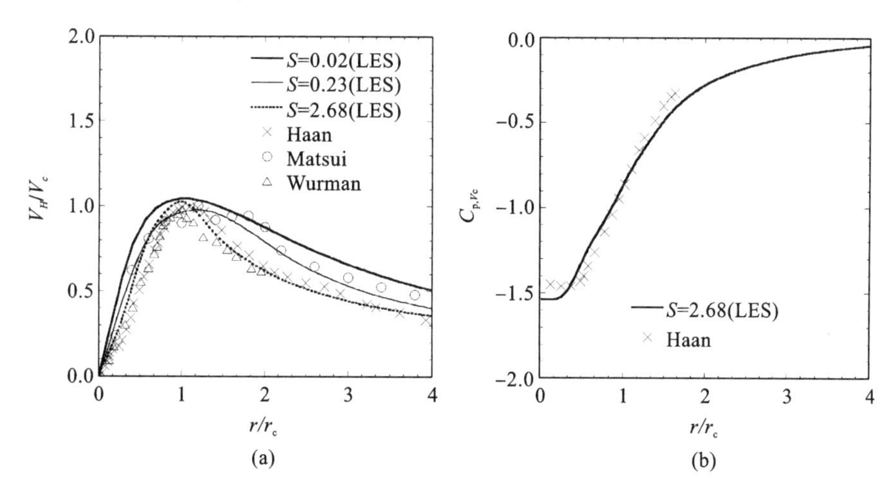

图 9.7 由V_c归一化的旋转平衡区平均切向速度及地面压降的径向分布

9.3 冷却塔风荷载

9.3.1 冷却塔周围流动形式

本节首先研究冷却塔周围的流动形式，冷却塔位于不同位置时水平切面上的垂直涡量分析如图 9.8 所示。在 $r=0$ 时，由于此处的流动对称，因此没有明显尾流。将径向距离增加到 $r=0.5\,r_c$ 后，出现涡旋脱落，此时的涡旋脱落是不对称的，在远核心部分，其脱落程度比近核心部分的脱落更明显。其原因可能是因为远核心来流风速大于近核心来流风速。气流曲率也可能导致涡旋脱落的不对称性。径向距离进一步增加到涡核边界时，切向速度最大，可以清楚识别出分离点和驻点，且来流分离点与冷却塔位于直线风的位置附近。进一步增加径向距离，由于来流风速降低，来流旋转曲率减小，涡旋脱落也趋于对称。

9.3.2 平均风荷载

不同径向位置的平均外部压强分布如图 9.9 所示，其中压强通过 V_H 进行归一化。当 $r=0$ 时，由于切向速度为 0，因此直接绘制移除大气压降后的压强分布图。此时冷却塔外表面上的压强基本分布在 0 Pa 附近。这意味着只有大气压降会对此处的外部压强产生影响。当 $r=0.5\,r_c$ 时，平均外部压强在 90°和 300°时下降，表明流动发生分离。并且可以发现远核心压降大于近核心压降。冷却塔上最大外部压降发生在 $r=1.5\,r_c$ 处，且在 $0.75H$ 的高度处达到－2。Cao 等[2015][12]的实验数据也绘制在图 9.9(c)和图 9.9(d)中，可见压力系数曲线的不对称趋势相同，但是数值有较大差异，这些差异可能是由冷却塔雷诺数和表面粗糙度不同引起。

龙卷风中气流在冷却塔表面的驻点位置与均匀直线风的位置不同。在龙卷风情况下，与 Dong 等[2013][23]的实验数据相比，驻点向近核心移动，如图 9.8(e)～图 9.8(h)和图 9.9(e)～图 9.9(h)所示。但随着径向距离的增加，偏移量变小。当 $r=0.35\,r_c$ 时，龙卷风引起的外部压力系数与直线风之间的差异最小。

由 V_H 归一化的气动力系数与径向距离的关系如图 9.10 所示，将位于龙卷风中的冷却塔的气动力系数与直线风洞中的气动力系数进行比较。龙卷风中心处的切向速度为 0，因此，不在此处计算气动力系数。所以，仅绘制从 $r=0.5\,r_c$ 至 $r=3.5\,r_c$ 的气动力系数曲线。冷却塔在 $r=0.5\,r_c$ 时，龙卷风引起的气动力系数比直线风洞小，但随着径向距离的增加，其气动力系数值也迅速增加，在 $r=1.5\,r_c$ 处达到峰值，然后在 $r=3.5\,r_c$ 处又减小至 0.7，几乎与直线风洞相同，如图 9.10(a)所示。当冷却塔位于龙卷风状涡旋中时，y 分量的气动力系数如图 9.10(b)所示，其从涡核内部到 $r=1.5\,r_c$ 处逐渐增大，然后逐渐减小，最后与直线风洞中的气动力系数相等。与沿 x 方向的气动力系数不同，垂直方向气动力系数在涡核内部出现最大值，如图 9.10(c)所示。此后，垂直方向的气动力逐渐减小，然后变为负值，并在 $r=$

3.5 r_c处约为−0.4。龙卷风涡核内部的垂直方向气动力系数为正值的原因是其核心边界附近的竖向风速较大。但是，随着径向距离的增加，竖向风速减弱，并最终几乎与直线风相同。

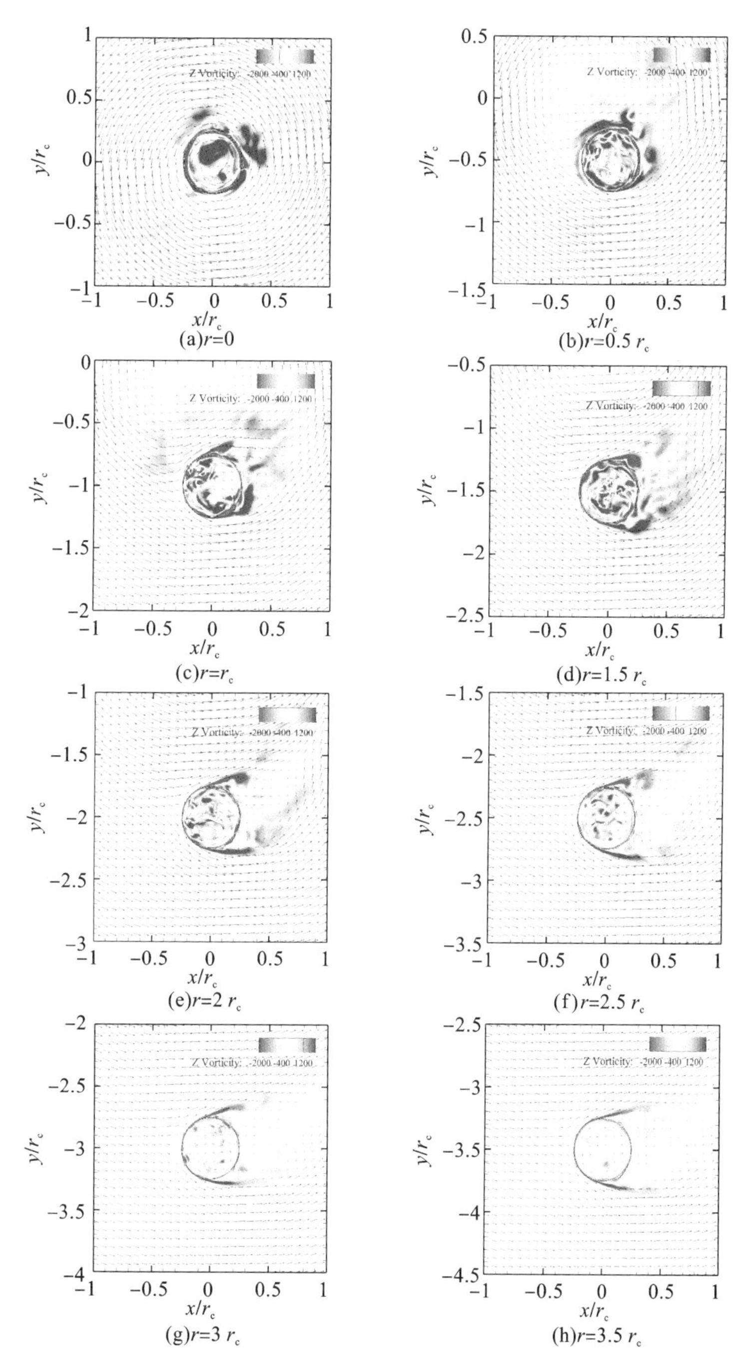

图 9.8 冷却塔位于不同位置时水平切面上的垂直涡度分布

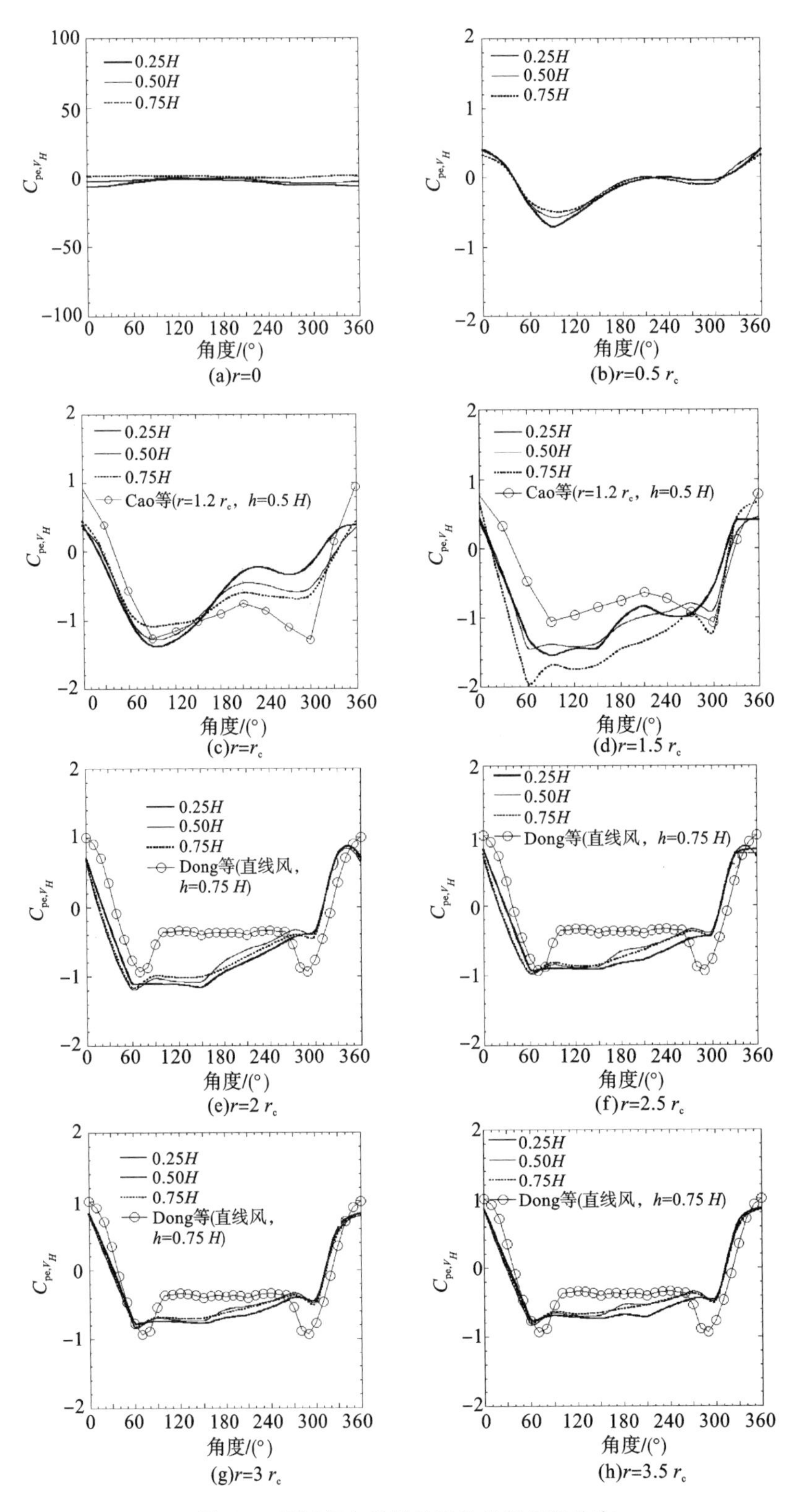

图 9.9　不同径向位置的平均外部压强分布

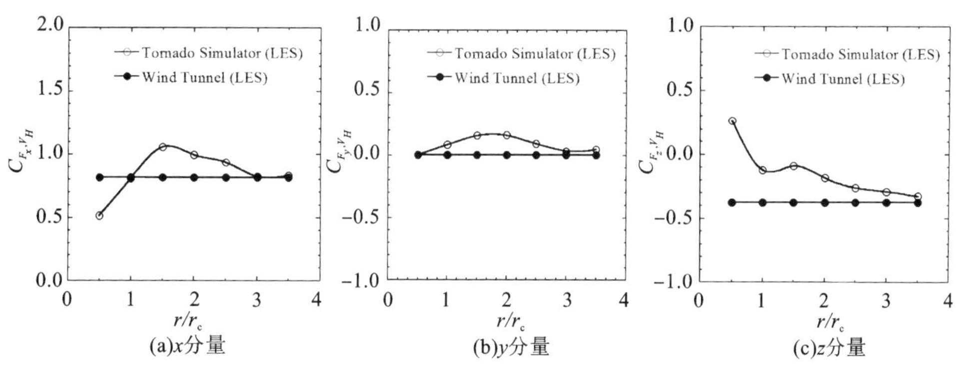

图 9.10 由V_H归一化的气动力系数与径向距离的关系

9.3.3 风荷载脉动

由 V_H 归一化的脉动气动力均方根值与径向距离的关系如图 9.11 所示。在龙卷风的涡核内部，气动力在各个方向都出现最大值，但随后都逐渐减小并接近直线风洞值，这表明来流风况在龙卷风外围几乎变为直线且为层流，Liu 和 Ishihara[2015b][66]对龙卷风状涡旋的系统研究已证实了这一点。值得一提的是，垂直方向的气动力波动在 $r=0.5\ r_c$时出现了一个极大的值，原因是此处竖向风速较大，并且子涡结构从此处穿过冷却塔。

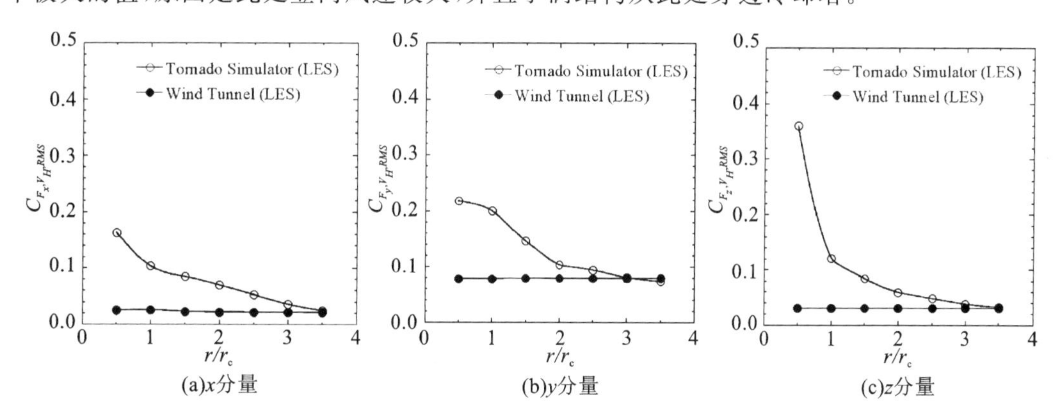

图 9.11 由V_H归一化的脉动气动力均方根值与径向距离的关系

通过最大熵方法(MEM)计算分析 x 方向的气动力的功率谱。

在图 9.12(a)中，水平轴以 H/V_H进行归一化，垂直轴以σ^2/n 进行归一化，其中 σ 是脉动力标准差。图中绘制了冷却塔安装在不同径向位置时 x 方向气动力的功率谱及直线风洞功率谱。从 x 方向脉动气动力功率谱图中可以清楚地看到两个峰值。较小的峰值出现在大约 $nH/V_H=0.17$处，这也是冷却塔处在直线风中时的唯一峰值。当 $r>1.0\ r_c$时，频谱曲线仅出现一个位于 $nH/V_H=0.17$ 处的峰值，这表明其流场与直线风具有相似性。当 $r=0$ 和 $r=0.5\ r_c$时，发现频谱在 $2.0<n2\pi\ r_c/V_c<3.0$ 的位置出现另一峰值，其中$V_c/2\pi\ r_c$对应龙卷风核心旋转频率。$2.0<n2\pi\ r_c/V_c<3.0$ 意味着冷却塔位于核心区域时出现了近三倍于龙卷风核心旋转的频率。为了阐明这种现象，后文将对龙卷风瞬时流场开展研究。当 $r=0$ 时，分析了四个监测点的瞬时压强，如图 9.12(b)所示，频谱中 $2.0<n2\pi\ r_c/V_c<3.0$ 处的峰值最为明显。说明当结构位于龙卷风核心区域时，气动力脉动主要由子涡引起。

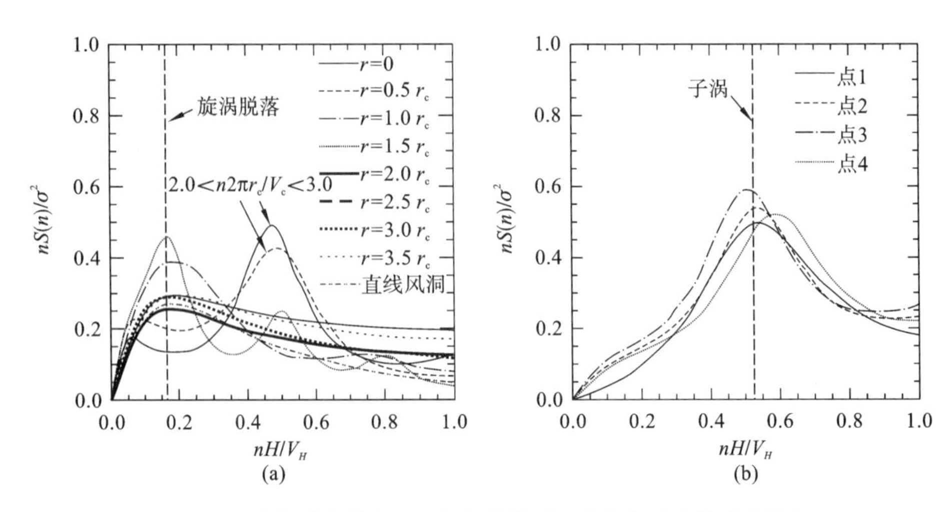

图 9.12　冷却塔安装在不同径向位置时 x 方向气动力的功率谱和冷却塔位于龙卷风中心时监测点的压力功率谱

龙卷风模拟器中四个连续时间点的瞬时压强等值面如图 9.13 所示，图中可以清楚地观

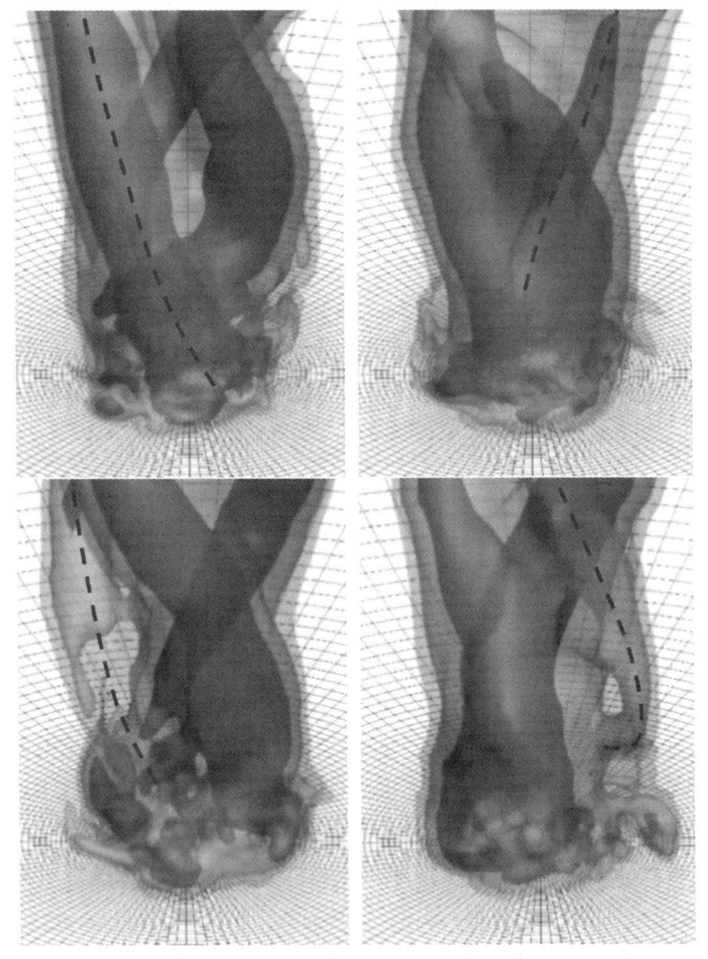

图 9.13　龙卷风模拟器中四个连续时间点的瞬时压强等值面

察到三个子涡。正如 Snow[1982][105]所提到的，子涡结构并不稳定，它倾向于先变强，然后消散，最后不断产生新的子涡。图中虚线表示不同时间点的同一个子涡，在图 9.13(a)中，可以发现该子涡非常活跃，随着时间推移，子涡逐渐变弱，然后消散，最后，如图 9.8(d)所示，生成了一个新的子涡。Monji[1985][79]曾指出，在子涡中存在额外的压降，因此，子涡的存在可能会给结构带来周期性的风荷载。当冷却塔位于 $r=0$ 和 $r=0.5\,r_c$ 处时，子涡的存在应该是气动力出现近三倍于龙卷风核心旋转频率的原因。

图 9.14 为冷却塔位于龙卷风中心不同时刻的瞬时压强分布，图中显示了龙卷风穿过冷却塔喉部切面上瞬时压强分布的四个连续快照，并可以清楚地观察到三个子涡。粗实线表示冷却塔的外表面，由图可知在三个子涡中存在额外压降。该压降接触冷却塔的外表面后，造成外部压强的周期性变化。

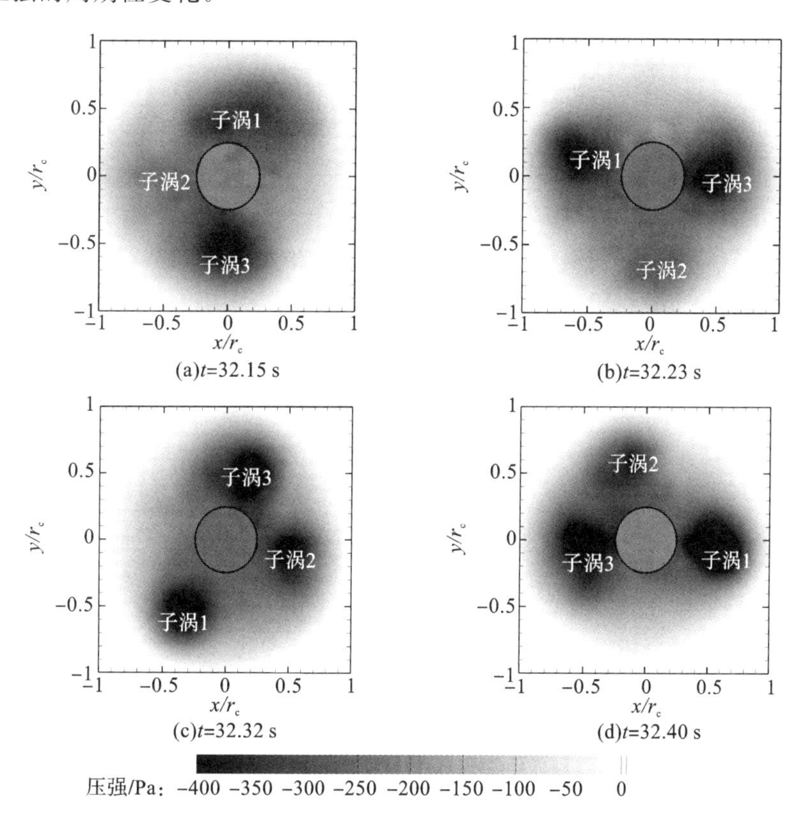

图 9.14 冷却塔位于龙卷风中心不同时刻的瞬时压强分布

9.4 结论与讨论

在本章冷却塔位于龙卷风涡旋的数值模拟研究中，发现最大水平力系数出现在约 $r=1.5\,r_c$处，最大垂直力系数出现在龙卷风内部核心区域。气动力系数的脉动随着径向距离的减小而增加。当径向位置为 $r=3.5\,r_c$时，平均力系数和脉动系数几乎与直线风洞模拟中的相同。存在两个因素会影响龙卷风引起的气动力，即子涡和涡旋脱落。在龙卷风的内部核心区域，子涡的影响最为明显。当冷却塔的径向位置为 $r \geqslant 1.0\ r_c$ 时，频谱曲线出现峰值且和直线风洞模拟一致，这意味着涡旋脱落是龙卷风外部区域气动力脉动的主要因素。当前模拟中的入流几乎都是层流，尽管在龙卷风模拟中常采用这种假设，但正如 Bryan 等[2017][11]所提出的那样，这种假设可能偏离实际。后续研究中，应该分析入流条件影响。

第 10 章　位于不同阶段龙卷风的紧致型飞掷物

据了解，目前只有四项研究考虑了龙卷风中的飞掷物。Crawford[2012][18]通过实验研究龙卷风中的风致飞掷物。在他的研究中，使用了爱荷华州立大学(ISU)的龙卷风模拟器，并阐明了球形和圆柱形风致飞掷物的自由飞行轨迹。采用龙卷风模拟得到平均流场，并根据相对风速计算作用在飞掷物上的气动力。使用恒定加速度积分法预测飞掷物的飞行轨迹。实验和数值计算结果在开始阶段偏差很小，但随着飞行的持续，偏差逐渐增大，并发现数值模型中被忽略的湍流是偏差产生的原因。最近，Bourriez 等[2020][9]使用伯明翰大学龙卷风状涡旋发生器(UOB-TVG)研究了龙卷风致飞掷物轨迹。其数值预测的轨迹与实验结果相似，但模拟中采用的纯对称风场与真实龙卷风中的强湍流流场有很大不同。此外，Baker 和 Sterling[2017][5]开发了一个简化分析模型来预测风速和飞掷物对建筑物的影响，他们对主要的无量纲参数和飞掷物轨迹进行了研究。然而，该方法在龙卷风边界层区域和湍流方面存在不足，而边界层和湍流又恰是预测飞掷物最大速度所必须明确的。Maruyama[2011][71]使用大涡模拟方法研究龙卷风紧致型飞掷物，最终获得了水平飞掷物最大速度的统计结果。然而，目前还没有一项研究考虑龙卷风引起的飞掷物浓度，这对评估飞掷物的撞击能量至关重要。此外，对不同涡流比龙卷风中飞掷物的特征也不清楚。

考虑到流场中的强湍流，本章旨在阐明不同类型龙卷风引起的飞掷物特征。第 1 节介绍飞掷物的控制方程和案例设置，第 2 节讨论龙卷风中飞掷物的分布和速度，第 3 节为对本章内容的总结。

10.1　数 值 模 型

本节所使用的龙卷风模拟器与第 3 章中的相同，此处不再赘述，主要介绍飞掷物的控制方程和案例设置。

10.1.1　飞掷物控制方程

龙卷风中的飞掷物包含各种形状，作用在飞掷物上的气动力不仅取决于飞掷物与周围风的相对速度，还取决于飞掷物的旋转速度。因此，气动力计算非常复杂。在本章中，假设飞掷物均为“紧致”型物体，且其阻力系数恒定，与风攻角无关。

飞掷物的受力包括气动力和重力。依照 Maruyama[2011][71]和 Bourriez 等[2019][9]的研究，忽略由于压力梯度、浮力和粒子旋转而产生的力。作用在飞掷物上的合力由空气阻力和重力决定：

$$F=C_{d}\rho A|V_{w}-V_{d}|(V_{w}-V_{d})+m_{d}g \tag{10.1}$$

式中，F 是由气动力$C_{d}\rho A|V_{w}-V_{d}|(V_{w}-V_{d})$和重力$m_{d}g$ 引起的合力；C_{d} 是阻力系数，其值

保持恒定，约为 0.4；ρ 是空气密度；A 是横截面积；V_w是风速；V_d是飞掷物速度；m_d是飞掷物质量；g 是重力加速度；$|V_w - V_d|$是风与飞掷物间的相对速度。$|V_w - V_d|$的计算式为：

$$|V_w - V_d| = \sqrt{(V_{x,w} - V_{x,d})^2 + (V_{y,w} - v_{y,d})^2 + (V_{z,w} - V_{z,d})^2} \tag{10.2}$$

式中，$V_{x,w}$、$V_{y,w}$和$V_{z,w}$分别是在 x、y 和 z 方向上的风速；$V_{x,d}$、$V_{y,d}$和$V_{z,d}$分别是在 x、y 和 z 方向上的飞掷物速度。

球形物体的空气阻力系数取决于雷诺数 Re，对于在全尺度龙卷风中的飞掷物，雷诺数在 $1\times10^3 \sim 2\times10^4$ 范围内。在获得作用于飞掷物上的合力之后，可以得到飞掷物加速度 $\ddot{x}$，其计算式为：

$$\ddot{x} = F/m_d \tag{10.3}$$

通过在每个时间步积分加速度来递推飞掷物的飞行轨迹，如 Thampi[2010][110] 所使用的计算式：

$$V_d^{i+1} = V_d^i + \ddot{x}^i \Delta t_d \tag{10.4}$$

$$x_d^{i+1} = x_d^i + V_d^i \Delta t_d + \frac{1}{2} \ddot{x}^i \Delta t_d^2 \tag{10.5}$$

式中，i 表示当前时间步；Δt_d 是飞掷物加速度积分时间步长；x_d表示飞掷物位置。当 $t=0$ 时，初始飞掷物速度V_d^0设为 0。

从试验模型中，发现飞掷物浓度（1 m^3空气中的飞掷物数量）在 1×10^{-4} 个/m^3 数量级内，作用在飞掷物上的气动力在 1 N 的数量级内。因此，单位体积飞掷物对周围流体的反作用力在 1×10^{-4} N 的数量级内，比控制体积上的其他作用力低四个数量级。因此，在本书中，飞掷物和龙卷风之间的双向耦合可以忽略不计，飞掷物间由于相互碰撞而引起的速度变化也可以忽略。当飞掷物撞击地面时，$V_{x,d}$和$V_{y,d}$不变，$V_{z,d}$的符号由负转正，以模拟飞掷物触地反射效果。

应该指出的是，只有在相对垂直速度很大且足以抵消重力影响的情况下，飞掷物才能漂浮在空中。这表明使用上述控制方程，从地面释放的飞掷物无法飞到空中。飞掷物轨迹计算方法的假设总结如下：

（1）阻力系数与风攻角无关；

（2）忽略由于压力梯度、浮力和旋转而产生的作用力；

（3）忽略由粒子碰撞而导致的速度变化；

（4）忽略飞掷物和龙卷风之间的双向耦合；

（5）飞掷物的阻力系数恒定。

10.1.2 案例设置

该数值龙卷风模拟器的尺度比λ_L和速度比λ_V分别为 1 ∶ 1900 和 1 ∶ 3.05（Liu 和 Ishihara2015a[65]）。模拟的龙卷风被缩放到真实的大小和真实的速度，然后计算飞掷物在全尺度龙卷风中的运动。飞掷物在海拔 20 m 处释放，如图 10.1 所示，在选定的海拔高度、预定义的 400 m 宽的正方形区域释放颗粒，颗粒分布均匀，相邻颗粒之间的距离为 20 m，每个时间步长共释放 441 个。假设颗粒密度为 500 kg/m^3，接近广泛用作建筑木材的密度。模拟中考虑了两种颗粒直径 d，分别为 2 cm 和 5 cm；考虑了四种涡流比 S，分别为 0.4、0.6、1.0

和 3.8。涡流比为 0.4、0.6、1.0 和 3.8 的龙卷风分别对应单核龙卷风、涡破裂龙卷风、涡旋触地龙卷风和多核龙卷风。表 10.1 中列出了龙卷风诱导飞掷物模型的案例设置。

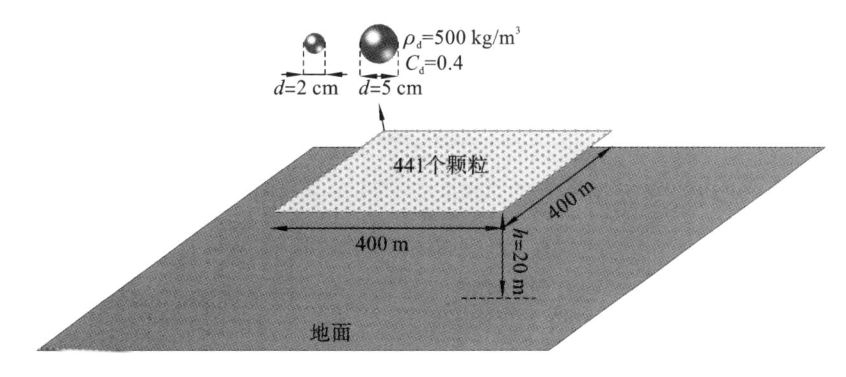

图 10.1 飞掷物示意图

表 10.1 龙卷风诱导飞掷物模型的案例设置

编号	涡流比 S	θ/(°)	飞掷物释放高度 h/m	飞掷物直径 d/cm	飞掷物质量 m_d/kg	Tachikawa 数 T_a	每个时间步长释放的飞掷物数量/个	释放飞掷物的时间步长	阻力系数 C_d
1	0.4	46.8	10	2	0.0021	32.1	441	5000	0.4
2	0.4	46.8	10	5	0.0327	12.8			
3	0.6	58.0	10	2	0.0021	32.1			
4	0.6	58.0	10	5	0.0327	12.8			
5	1.0	69.4	10	2	0.0021	32.1			
6	1.0	69.4	10	5	0.0327	12.8			
7	3.8	84.4	10	2	0.0021	32.1			
8	3.8	84.4	10	5	0.0327	12.8			

10.2 结果和讨论

10.2.1 飞掷物分布

图 10.2 为 t=500 s 时龙卷风中飞掷物的瞬时分布。飞掷物的位置被投影到 x-z 平面上，并根据它们的速度大小进行着色。当 S=0.4、d=2 cm 时，如图 10.2(a)所示，飞掷物形成典型的锥形漏斗形状，在 50～150 m 高度处，飞掷物速度较快，但当飞掷物直径增加到 5 cm 时，这种锥形漏斗形状开始塌陷并膨胀。当 S=0.4、d=5 cm 时，飞掷物中只有少数能达到 150 m 以上的高度。当 S=0.6 时，由于先前的研究（Liu 等，2018[68]）发现地面附近的湍流会增大，飞掷物形成的漏斗形状不如 S=0.4 时的光滑。当 S=0.6、d=5 cm 时，飞掷物的瞬时分布也很难达到 150 m 以上，似乎更集中在地面附近。进一步将涡流比增大到 1.0 时，一些直径为 2 cm 的飞掷物从龙卷风中抛出落到地面上。当 S=1.0 时，由于更大的风速，飞

掷物甚至可以飞到大约 300 m 高度。当 $S=3.8$、$d=2$ cm 时，飞掷物形成的漏斗状消失，并覆盖直径约 400 m 的水平区域，高速飞掷物则集中在地面附近。同时，无论涡流比多大，直径为 5 cm 的飞掷物所能达到的最高高度都在 300 m 以内。

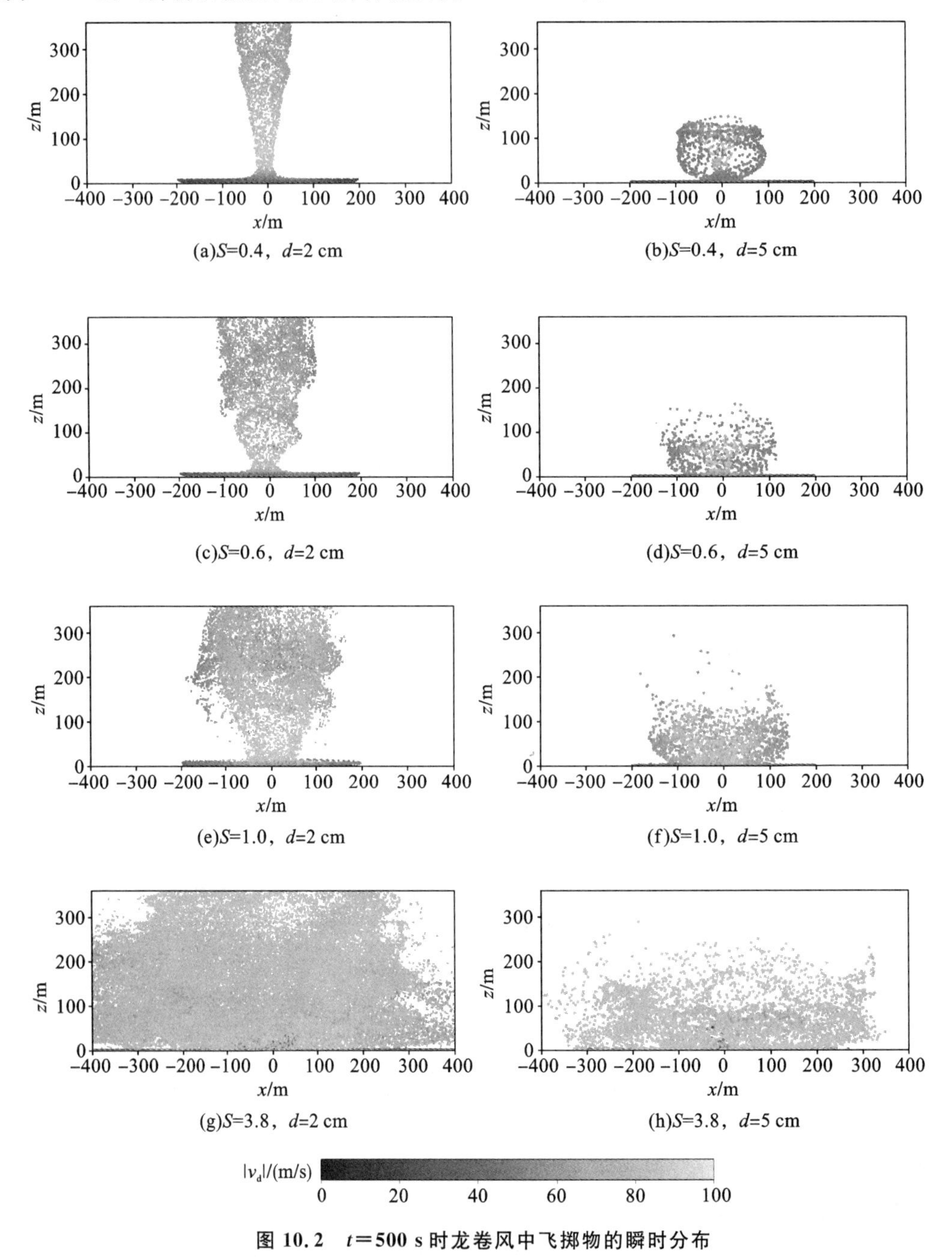

图 10.2　$t=500$ s 时龙卷风中飞掷物的瞬时分布

图 10.3 为每个时间步长穿过 r-z 平面的飞掷物位置。由图可知，在任何情况下龙卷风中心附近几乎都没有飞掷物出现。同时，随着涡流比或飞掷物直径的增大，飞掷物稀疏区域的面积也逐渐增大。当 $S=0.4$、$d=2$ cm 时，漏斗形状呈现斜率约为 5.6 的线性边界。

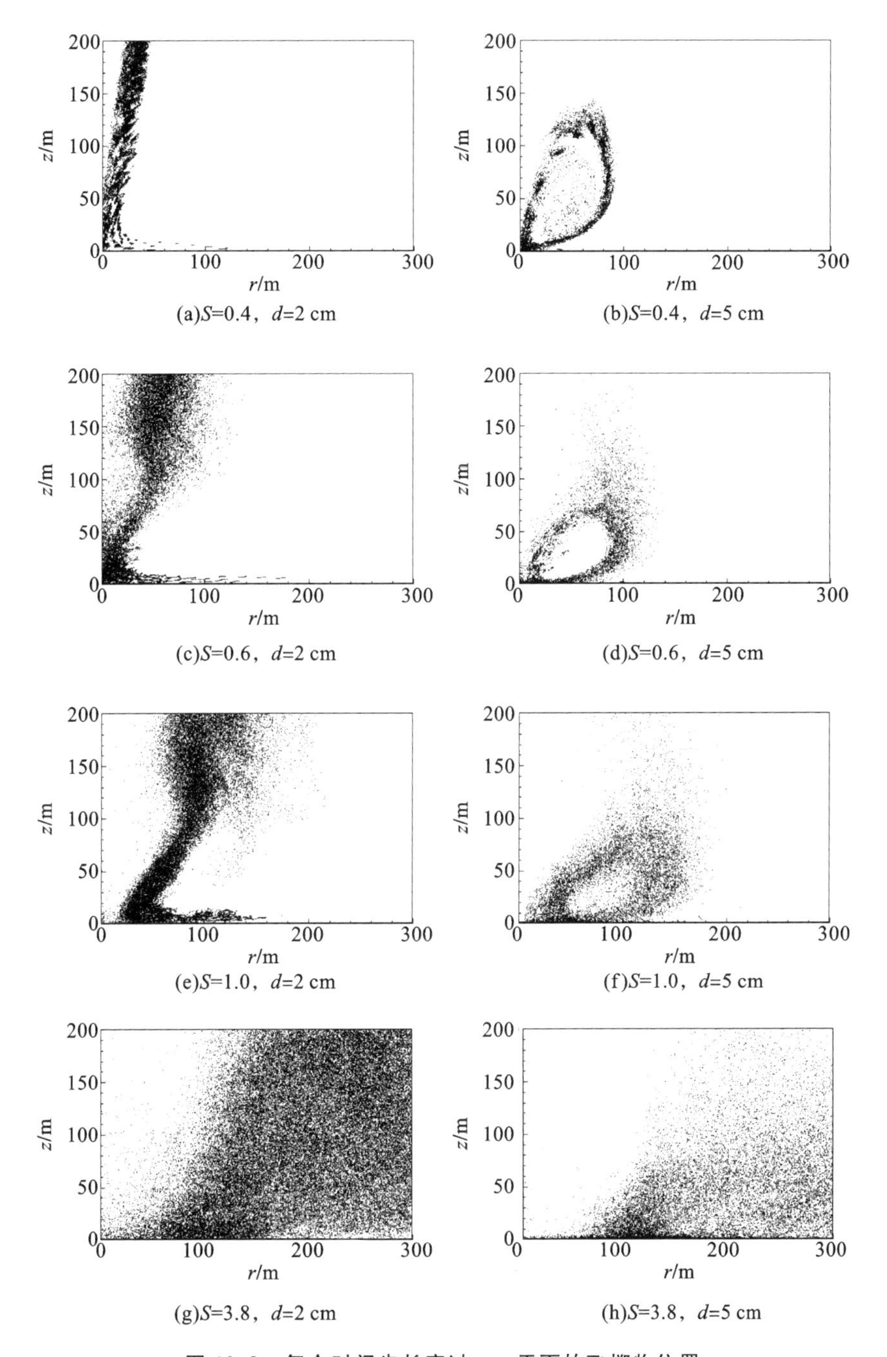

图 10.3　每个时间步长穿过 r-z 平面的飞掷物位置

飞掷物浓度对高程的敏感性较小，但是，当涡流比为 0.6、1.0 或 3.8 时，情况有所不同。具体地说，当涡流比为 0.6 或 1.0 时，在 100 m 高度以下，直径为 2 cm 的飞掷物占据的位置呈圆锥形，100 m 高度以上的飞掷物较分散，飞掷物形成的漏斗边界变得不明显。飞掷物由于离心力被抛出，但龙卷风外围的垂直速度很小，难以支撑飞掷物向上飞行，因此飞掷物将会坠落。当飞掷物落到地面时，强大的近地面径向内流速度会将飞掷物推至龙卷风核心区域，然后被再次吹起。

图 10.4 为龙卷风平均流线以及 r-z 平面上平均飞掷物轨迹，结果表明，只有当涡流比较大、飞掷物直径较小时，飞掷物轨迹才会与龙卷风流线相似。当涡流比为 0.6、1.0 或 3.8 时，即使龙卷风核心区域内流体有向下的运动，其下落到地面的飞掷物数量也极为有限。

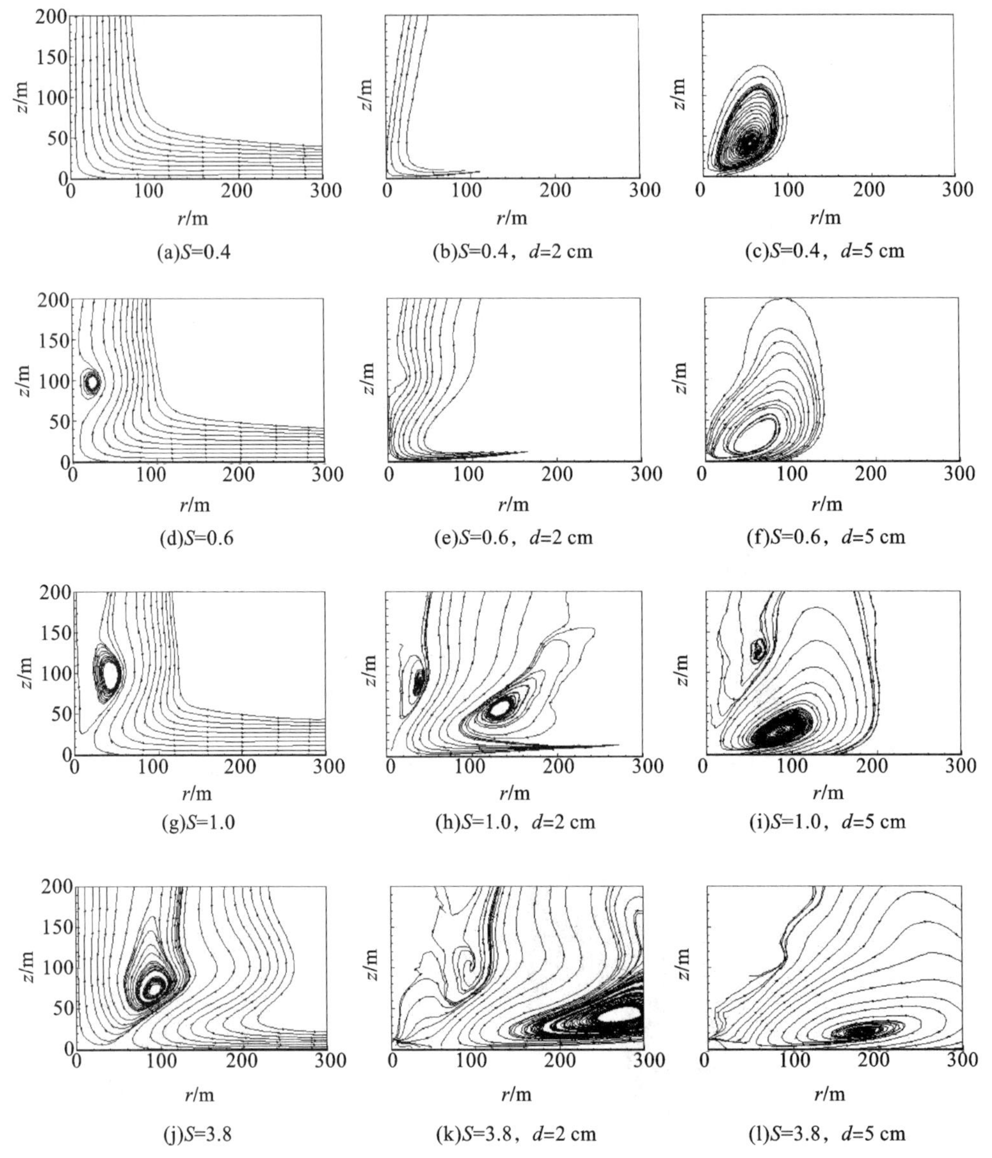

(a)S=0.4　(b)S=0.4，d=2 cm　(c)S=0.4，d=5 cm

(d)S=0.6　(e)S=0.6，d=2 cm　(f)S=0.6，d=5 cm

(g)S=1.0　(h)S=1.0，d=2 cm　(i)S=1.0，d=5 cm

(j)S=3.8　(k)S=3.8，d=2 cm　(l)S=3.8，d=5 cm

图 10.4　龙卷风平均流线以及 r-z 平面上平均飞掷物轨迹

10.2.2　飞掷物速度

在本节中，将探讨飞掷物速度，包括切向分量、径向分量和垂直分量。为了得到飞掷物的平均速度，使用 10 m×10 m 网格划分 r-z 切片，记录通过每个单元格的飞掷物速度，然后对每个单元格中飞掷物的速度进行平均：

$$\vec{V}_j = \frac{\sum_{i=1}^{i=N} \vec{V}_{i,j}}{N} \tag{10.6}$$

式中，N 表示计算过程中通过单元 j 的飞掷物数量；$\vec{V}_{i,j}$ 表示通过单元 j 的第 i 个飞掷物的速度；$\vec{V}_j$ 表示单元 j 中的飞掷物平均速度。$\vec{V}_j$ 有三个分量，即平均切向速度 $V_{t,j}$、平均径向速度 $V_{r,j}$ 和平均垂直速度 $V_{z,j}$。在以 10 m×10 m 网格划分的 r-z 切片上，计算出瞬时飞掷物速度的最大值 $v_{k,\max,j}$：

$$v_{k,\max,j} = \max(v_{k,i,j}) \tag{10.7}$$

式中，k 表示速度分量，它可以是切向分量 t、径向分量 r 或垂直分量 z。

1. 切向分量

龙卷风和飞掷物在 r-z 切片上的平均切向速度 V_t 的分布如图 10.5 所示。当 $S>0.4$

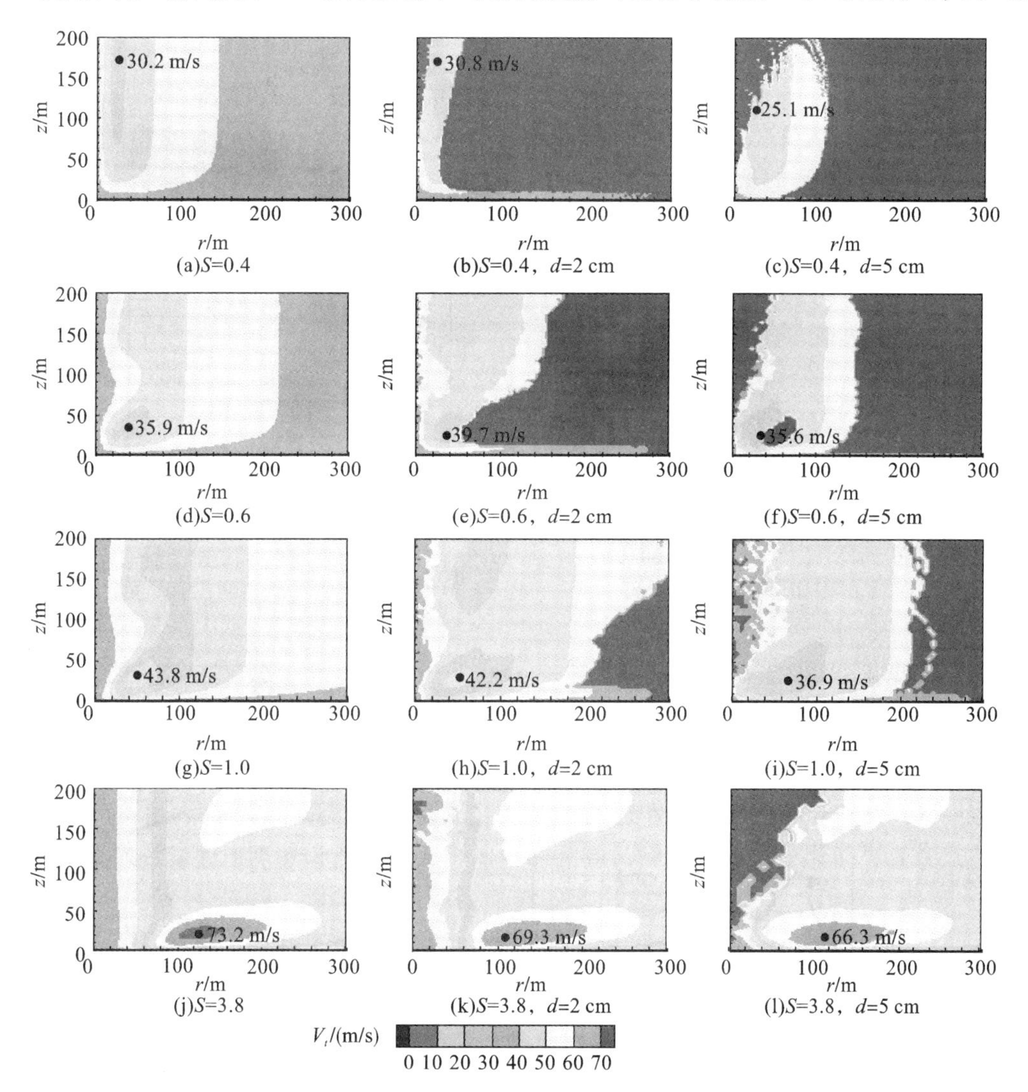

图 10.5 龙卷风和飞掷物在 r-z 切片上的平均切向速度 V_t 的分布

时，飞掷物与龙卷风的平均切向速度出现最大值的位置基本一致。由于龙卷风中的速度主要为切向速度，因此利用龙卷风的切向速度分布来预测飞掷物的破坏区域是合理的。这也意味着在龙卷风最危险的区域，风速最强，飞掷物速度也最快。一般来说，飞掷物的切向速度与龙卷风的切向速度基本相同，但随着飞掷物直径的增大，切向速度略有减小。

为了定量研究切向速度，绘制龙卷风和飞掷物平均切向速度的径向分布，如图 10.6 所示。考虑到 10 m 高度在风工程中一直作为参考高度，而 50 m 高度则是城市建筑物的平均高度，所以选择这两个高度来绘制剖面。在 $z=10$ m 处，龙卷风中的V_t剖面与飞掷物中的V_t剖面变化趋势基本相同，且在龙卷风核心区域有较高的切向速度。在实际观测中，研究人员记录的是飞掷物速度；然而，在实验中则直接测量风速。这应该是对自然界龙卷风的观测结果与实验观测结果不一致的另一个原因。从图 10.6 可以进一步得出结论：如果通过龙卷风中的飞掷物速度来测量龙卷风风速，那么所有类型的龙卷风核心区域附近的风速都会偏高。但是，随着飞掷物直径的减小或涡流比的增大，龙卷风的平均切向速度与飞掷物的平均切向速度的差异将减小。当 $S=3.8$、$d=2$ cm 时，飞掷物的平均切向速度与龙卷风的平均切向速度曲线基本相同。结果表明，只有当飞掷物的 Tachikawa 数大于 32.1，且龙卷风处于多核阶段，并在 10 m 高度的低海拔处时方可用飞掷物平均切向速度预测龙卷风平均切向速度。

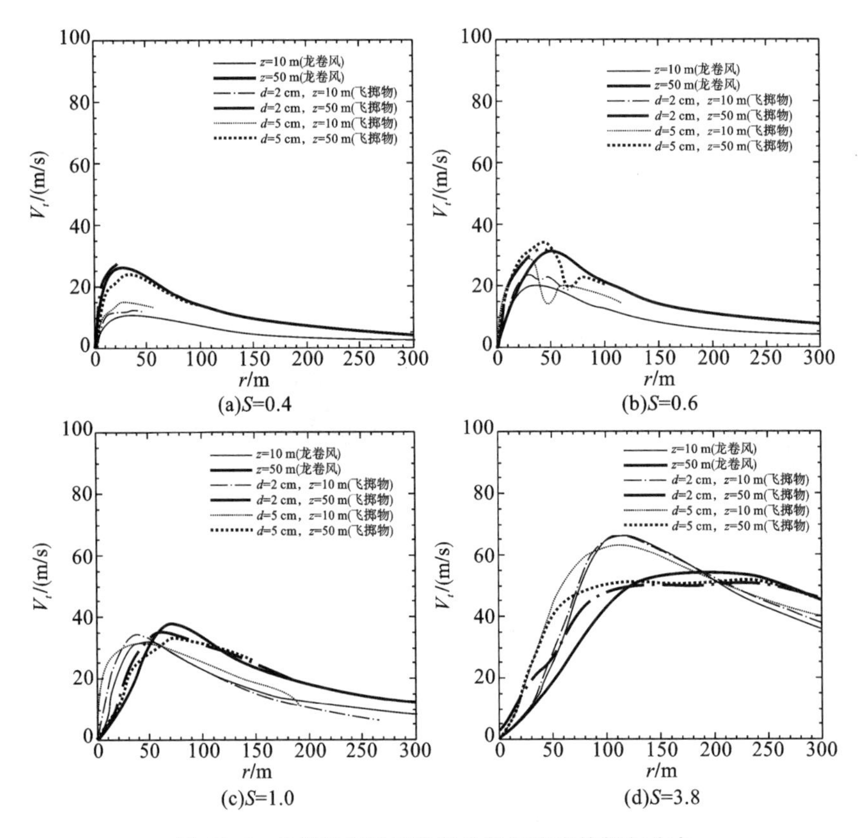

图 10.6　龙卷风和飞掷物平均切向速度的径向分布

最大瞬时切向速度$V_{t,\max}$对于评估飞掷物的破坏力同样重要。龙卷风和飞掷物在 r-z 平

面上的最大瞬时切向速度$V_{t,\max}$的空间分布如图 10.7 所示。当涡流比为 0.4 或 0.6 时，龙卷风和飞掷物的$V_{t,\max}$分布有很大不同。但当涡流比大于 0.6 时，这种差异变得不再明显。当涡流比为 3.8 时，龙卷风中$V_{t,\max}$的值为 125.5 m/s，与飞掷物$V_{t,\max}$较为接近。值得注意的是，在涡破裂阶段（$S=0.6$），龙卷风的$V_{t,\max}$值甚至比直径为 5 cm 的飞掷物的 $V_{t,\max}$值高出 28 m/s；但在触地阶段，龙卷风的$V_{t,\max}$值分别比直径为 2 cm 和 5 cm 飞掷物的 $V_{t,\max}$值小 11.7 m/s 和 14.2 m/s。因此，可以认为只有当龙卷风达到多核阶段时，利用龙卷风中的风速来预测飞掷物的破坏力才是合理的。

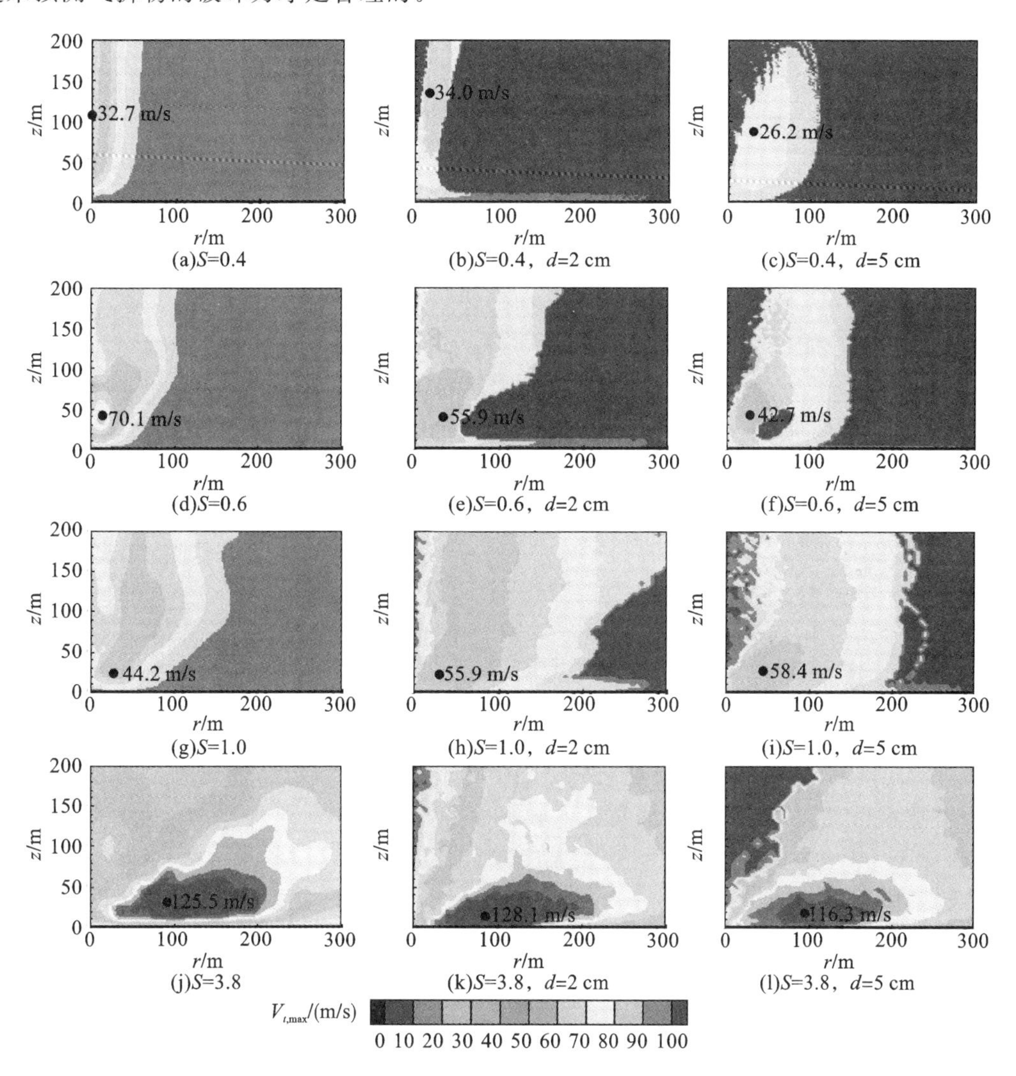

图 10.7　龙卷风和飞掷物在 r-z 平面上的最大瞬时切向速度$V_{t,\max}$的分布

龙卷风和飞掷物中最大瞬时切向速度$V_{t,\max}$的径向分布如图 10.8 所示，$V_{t,\max}$与V_t相比表现出不同特性。并不是所有情况下 $V_{t,\max}$在龙卷风中心都为零，这是由龙卷风中心的徘徊运动造成的。当涡流比为 0.6 时，在龙卷风中心附近 $V_{t,\max}$出现峰值，此时的$V_{t,\max}$与涡流比为 0.4 时龙卷风中的$V_{t,\max}$表现出极相似的轮廓线。随着涡流比从 0.6 增大到 1.0，这种相似性逐渐消失。

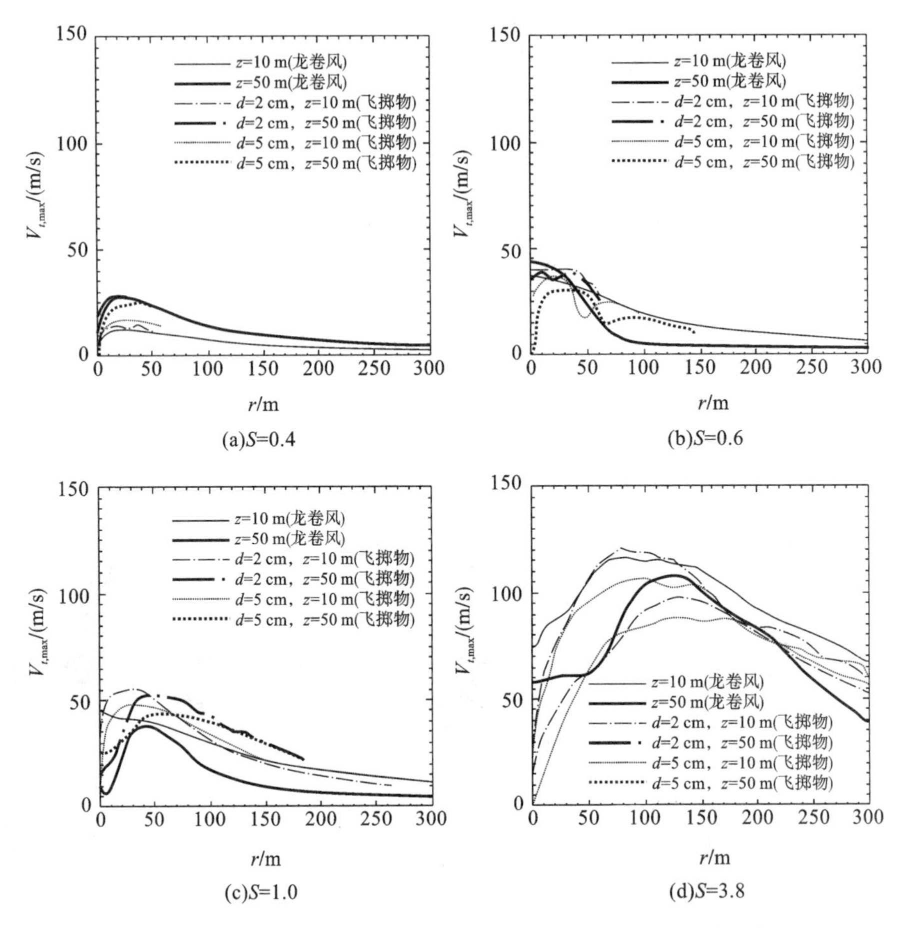

图 10.8　龙卷风和飞掷物中最大瞬时切向速度$V_{t,\max}$的径向分布

2. 径向分量

在龙卷风状涡旋中，大部分土建结构地面附近的径向速度较大，因此对径向速度分量的分析具有重要意义。龙卷风和飞掷物在 r-z 平面上的平均径向速度V_r的分布如图 10.9 所示，随着涡流比的增大，可以观察到龙卷风中最大径向内流速度和最大径向外流速度均增大，且飞掷物的平均径向外流速度大于龙卷风中平均径向外流速度。当 $d=2$ cm 时，对于地面附近的平均径向内流速度，飞掷物与龙卷风几乎相同。当 $d=5$ cm 时，飞掷物的径向内流速度减弱，且当涡流比为 1.0 或 3.8 时，飞掷物的径向速度比龙卷风中的径向速度小约 10 m/s；当涡流比为 0.4 或 0.6 时，飞掷物的径向速度比龙卷风中的径向速度小约 4 m/s。高海拔时径向外流速度的增加和低海拔时径向内流速度的降低表明，在针对龙卷风引起的飞掷物的结构设计中，对高、低层建筑应采取不同的应对方法。

与平均切向速度不同，对于涡流比为 0.4、0.6 或 1.0 的龙卷风，$z=10$ m 处的平均径向速度的径向分布只能用小飞掷物($d=2$ cm)来预测，如图 10.10 所示。当 $S=3.8$ 时，直径为 2 cm 和 5 cm 飞掷物近地表的径向内流速度分别比龙卷风中的低 5 m/s 和 12 m/s 左右。在高海拔 $z=50$ m 处，飞掷物的径向速度总是大于龙卷风中的径向速度。值得注意的是，当

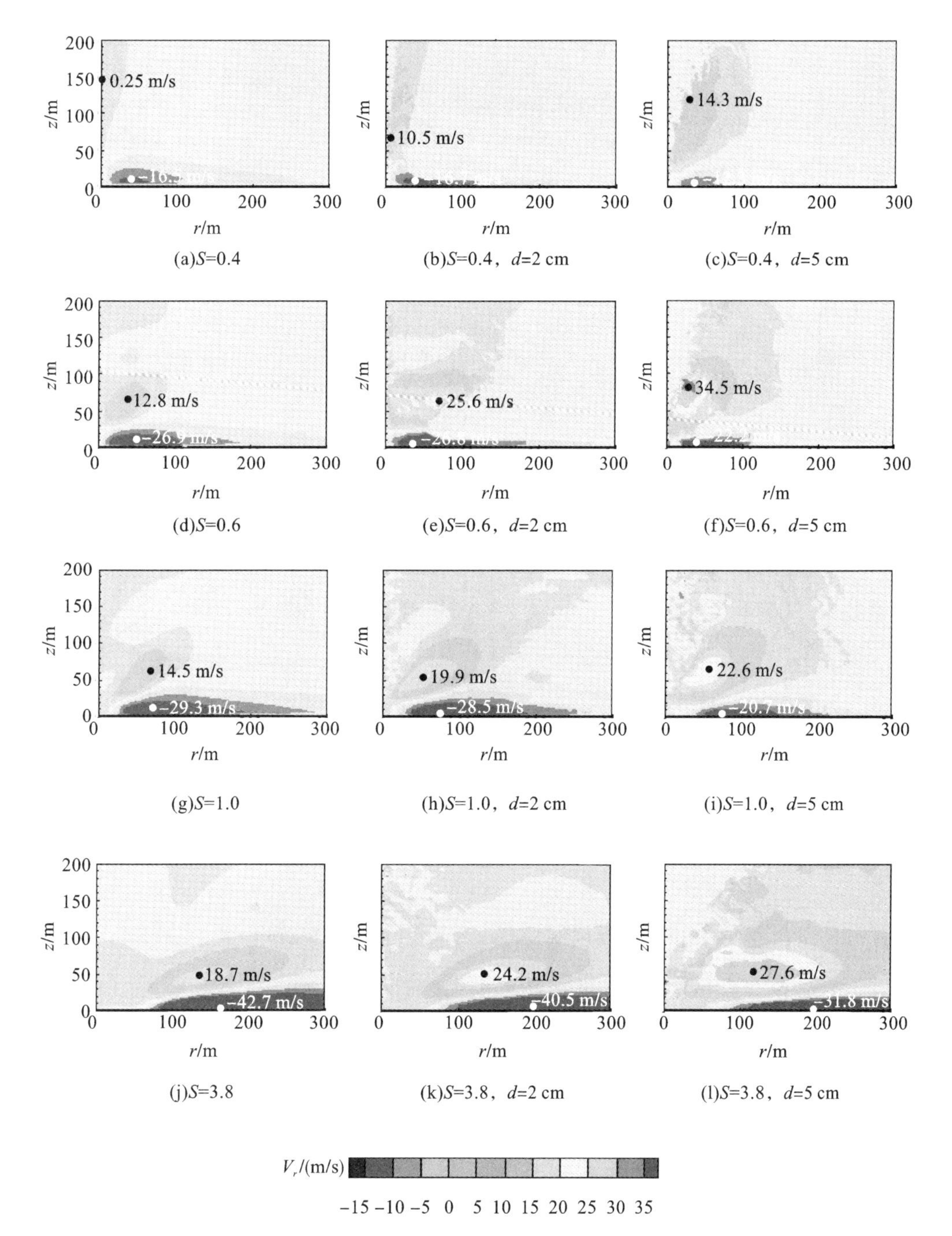

图 10.9 龙卷风和飞掷物在 r-z 平面上的平均径向速度V_r的分布

$S=0.4$时，$z=50$ m 处的龙卷风和飞掷物的平均径向速度的符号(即正或负)均不同。

龙卷风和飞掷物在 r-z 平面上的最大瞬时径向速度 $V_{r,\max}$的分布如图 10.11 所示，其中虚线表示正值和负值之间的边界。可以发现，虽然最大平均径向速度通常小于最大平均切向速度的一半，但最大瞬时径向速度$V_{r,\max}$在地面附近出现了极大值，当 $S=3.8$ 时，龙卷风和飞掷物中的最大瞬时径向速度都在 80 m/s 以上。这表明径向速度分量具有较大的阵风

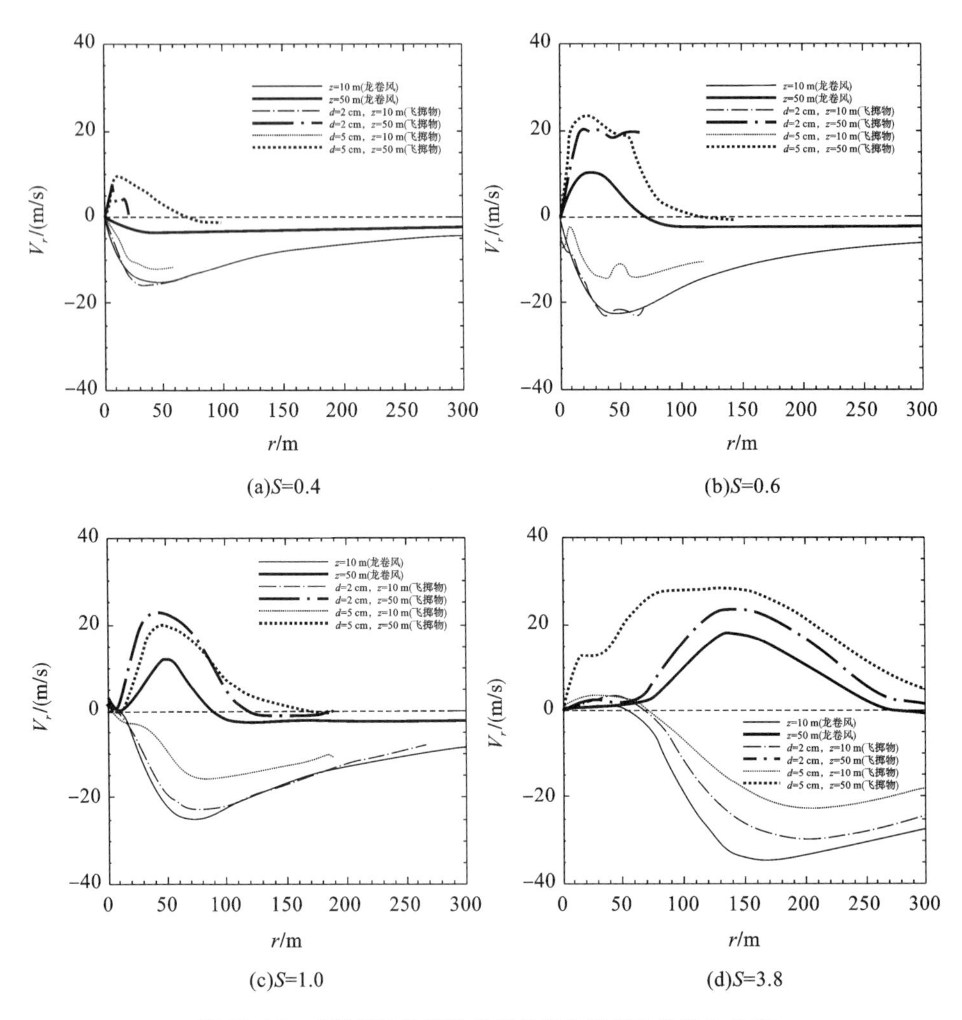

图 10.10 龙卷风和飞掷物的平均径向速度V_r的径向分布

效应。除 $S=3.8$、$d=2$ cm 外，指向龙卷风外围区域的飞掷物$V_{r,\max}$普遍大于指向龙卷风中心的飞掷物$V_{r,\max}$。

龙卷风和飞掷物的最大瞬时径向速度 $V_{r,\max}$的径向分布如图 10.12 所示。当涡流比为 0.4 或 0.6 时，V_r的最大峰值在龙卷风中心，而此处径向速度的平均值为 0。

3. 垂直分量

垂直分量的情况相对复杂，龙卷风和飞掷物在 r-z 平面上的平均垂直速度 V_z 的分布如图 10.13 所示。首先，在龙卷风的外部区域，平均垂直速度V_z总为正值。然而，由于重力作用，飞掷物落到地面后，平均垂直速度变为负值。其次，飞掷物的平均垂直速度与龙卷风中的平均垂直速度的大小有很大差异，尤其是负垂直速度。当 $S=1.0$、$d=5$ cm 时，飞掷物负垂直速度达到 23.0 m/s，约为龙卷风风速的 4 倍。最后，将不同位置飞掷物的平均垂直速度与龙卷风中的平均垂直速度进行比较，发现根据龙卷风中的平均垂直速度来预测飞掷物的平均垂直速度会出现较大差异。

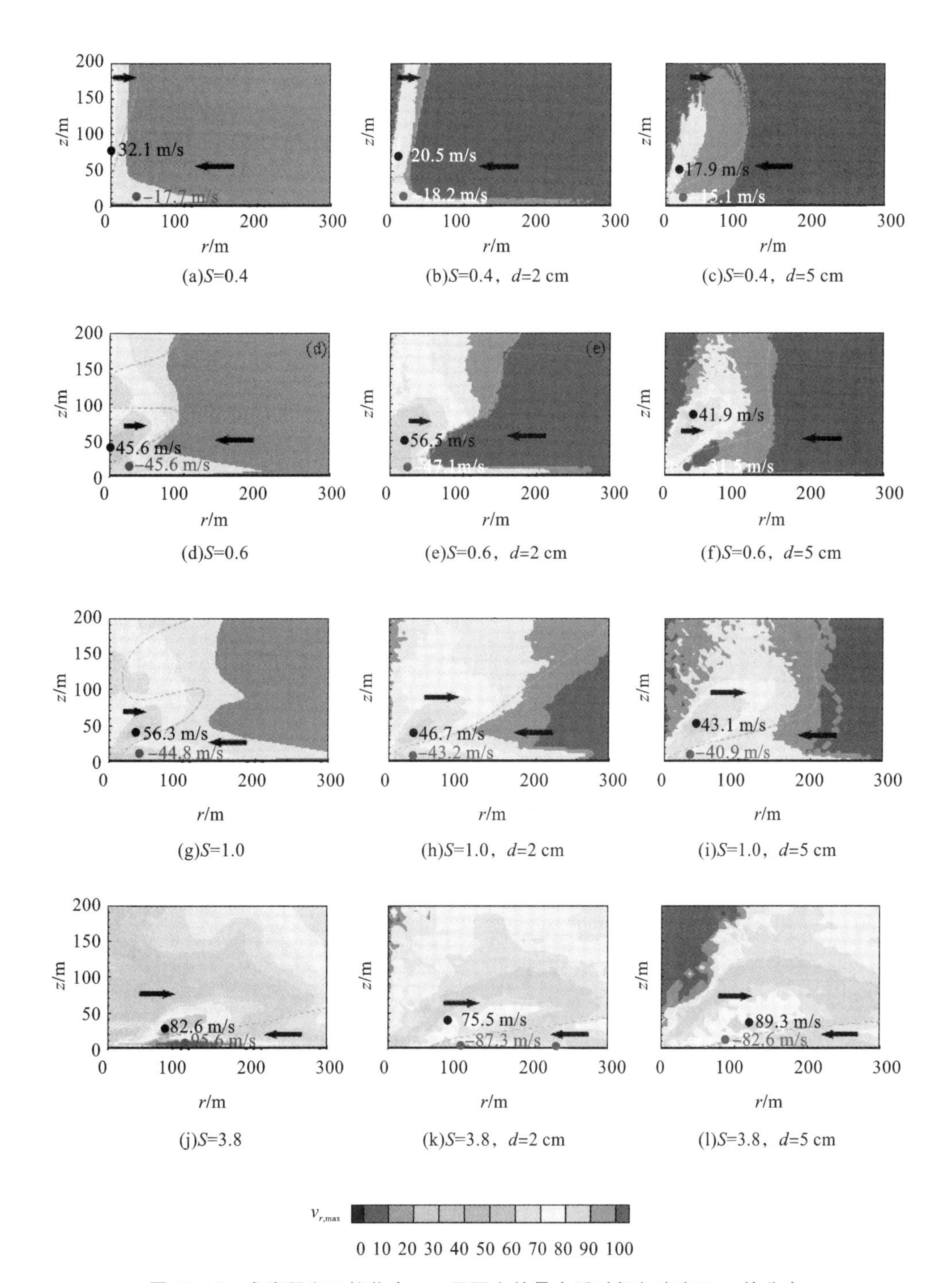

图 10.11　龙卷风和飞掷物在 r-z 平面上的最大瞬时径向速度 $V_{r,\max}$ 的分布

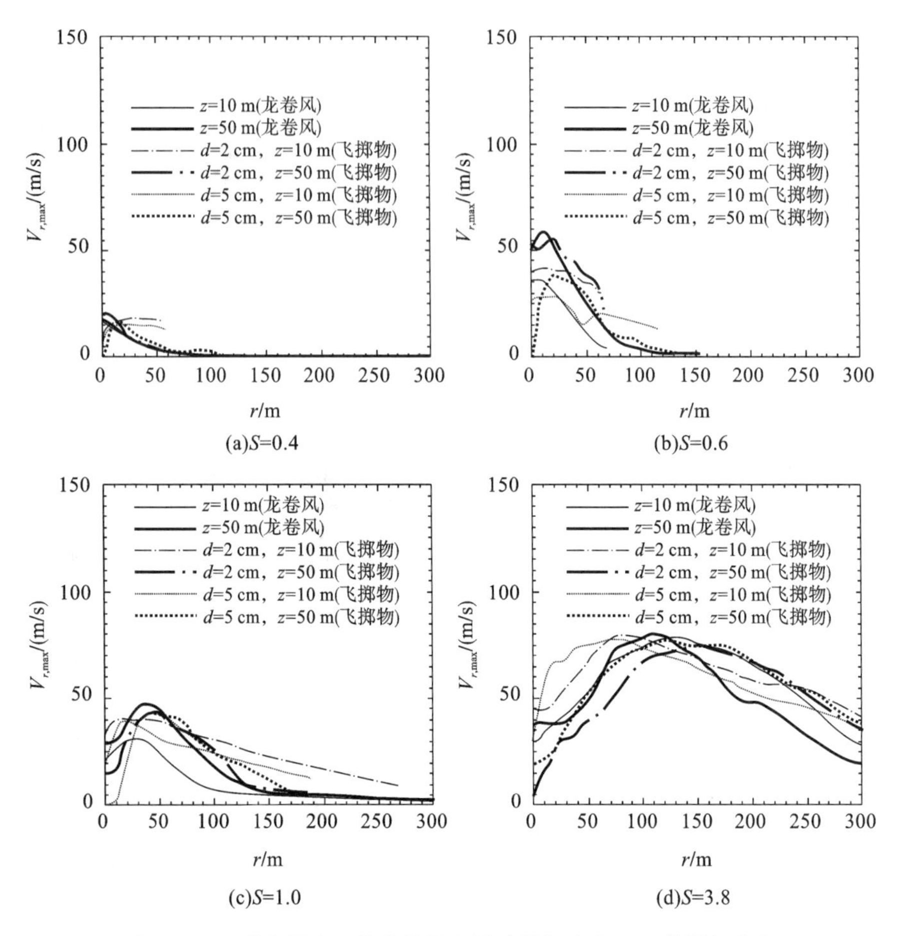

图 10.12　龙卷风和飞掷物的最大瞬时径向速度$V_{r,max}$的径向分布

龙卷风和飞掷物平均垂直速度 V_z 的径向分布如图 10.14 所示。由图可知，只有在低海拔($z=10$ m)时，尺寸较小飞掷物($d=2$ cm)的平均垂直速度才与涡流比为 0.4、0.6 和1.0的龙卷风中的平均垂直速度相当。当飞掷物尺寸较大时，负平均垂直速度覆盖较大区域，这意味着当飞掷物尺寸较大时，建筑物更容易受到龙卷风中飞掷物的撞击。

龙卷风和飞掷物在 r-z 平面上的最大瞬时垂直速度$V_{z,max}$的分布如图 10.15 所示。与$V_{r,max}$的剖面图相同，采用虚线来表示龙卷风和飞掷物正、负$V_{z,max}$的边界。当 $S=0.6$ 时，龙卷风中的$V_{z,max}$超过 90 m/s，直径为 2 cm 和 5 cm 的飞掷物的$V_{z,max}$分别达到 86.5 m/s 和 58.5 m/s，甚至大于相应的$V_{t,max}$。因此，对于涡旋破裂阶段的龙卷风来说，最具破坏力的可能不是切向分量，而是垂直分量。同时，在海拔 50 m 左右，涡旋破裂阶段出现极大的向上垂直速度，说明在高层建筑的抗龙卷风设计中，需要特别考虑垂直风或飞掷物垂直运动造成的破坏。

龙卷风和飞掷物最大瞬时垂直速度$V_{z,max}$的径向分布如图 10.16 所示。图中显示飞掷物的$V_{z,max}$一般小于龙卷风中的$V_{z,max}$，这可能是飞掷物由于重力的原因下落而导致的。

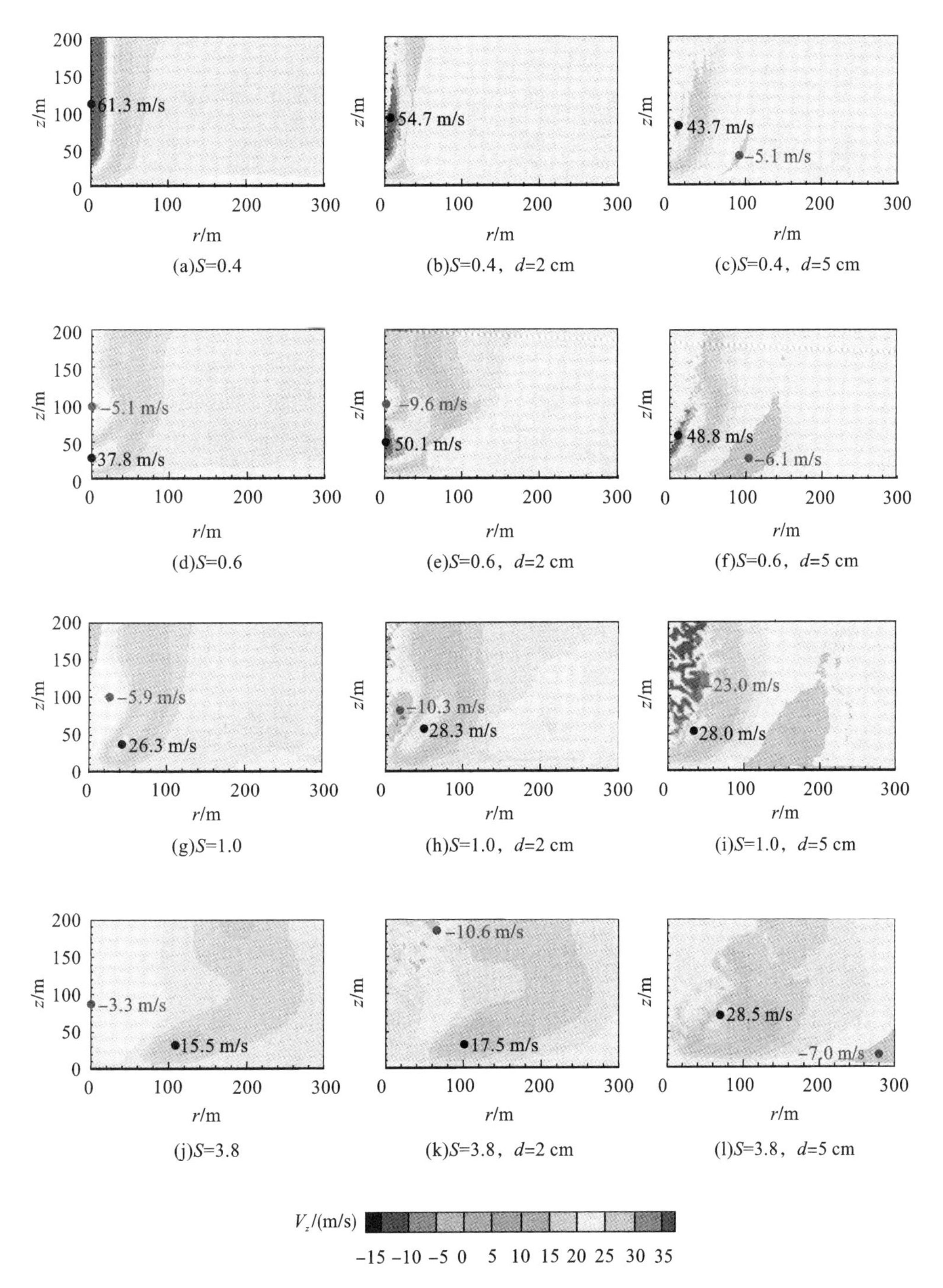

图 10.13　龙卷风和飞掷物在 r-z 平面上的平均垂直速度 V_z 的分布

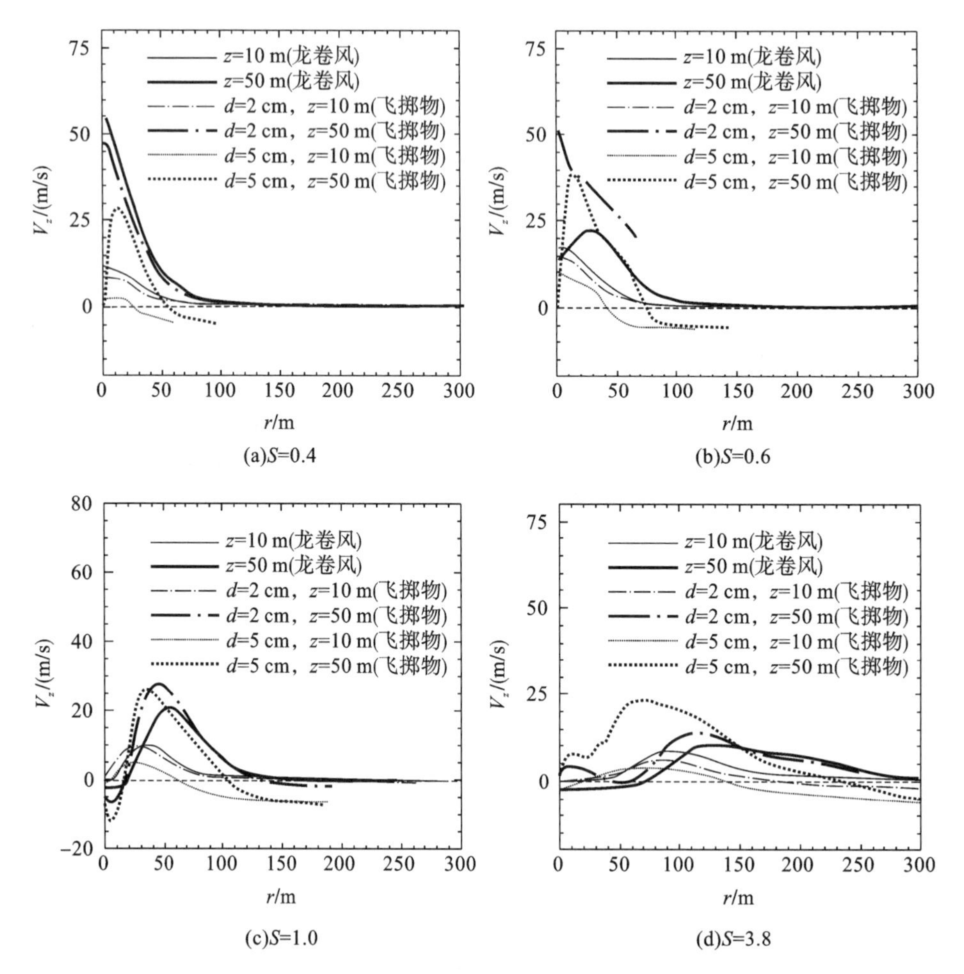

图 10.14　龙卷风和飞掷物平均垂直速度V_z的径向分布

10.2.3　速度值汇总

本节研究龙卷风和飞掷物的最大平均速度V_{max}的大小和最大瞬时速度v_{max}的大小，如图10.17所示。随着涡流比的增大，龙卷风和飞掷物V_{max}出现的位置越来越接近，且龙卷风和飞掷物的V_{max}值之间的差异通常会减小。当$S=0.4$时，龙卷风中$V_{max}=61.6$ m/s，出现在$r=0$且$h=144.8$ m处，而直径为5 cm飞掷物的V_{max}仅为46.9 m/s，出现在$h=82.0$ m处。当$S=0.6$时，龙卷风和飞掷物的V_{max}出现最大的差异。在这个阶段，龙卷风的V_{max}达到67.5 m/s，但是飞掷物的V_{max}降低到39.1 m/s，在v_{max}的曲线中可以找到类似的趋势。龙卷风和飞掷物的最大速度量级及其对应位置见表10.2。

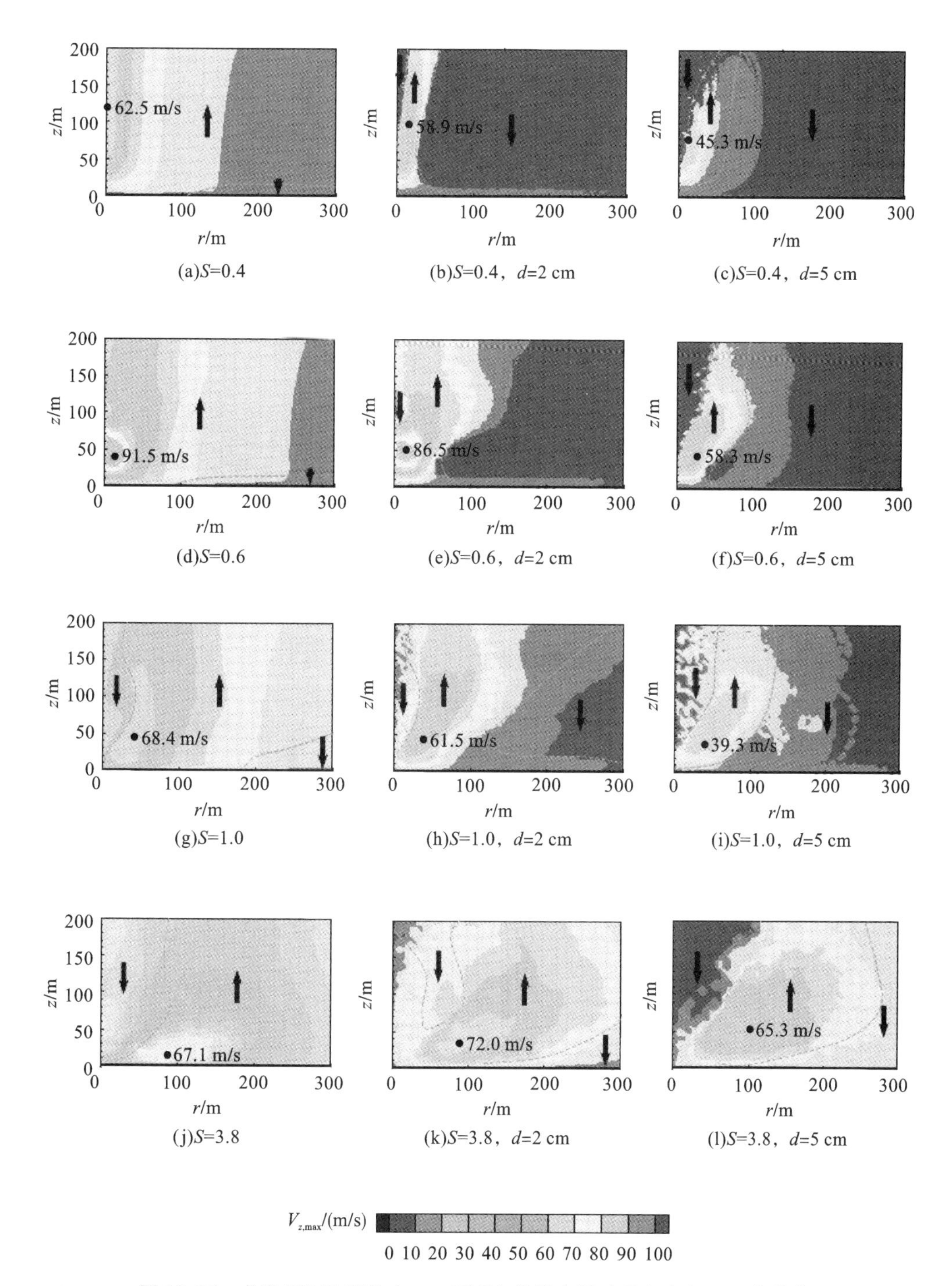

图 10.15　龙卷风和飞掷物在 r-z 平面上的最大瞬时垂直速度$V_{z,max}$的分布

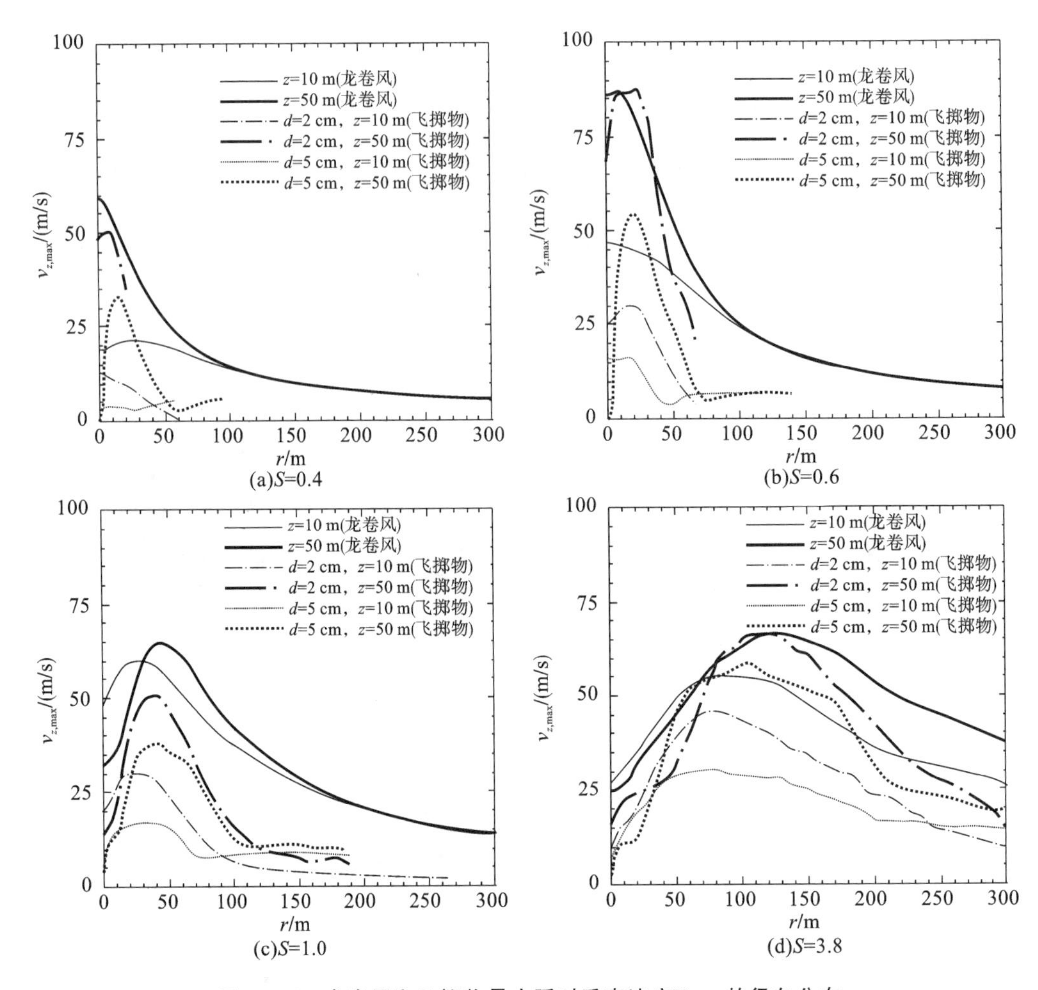

图 10.16　龙卷风和飞掷物最大瞬时垂直速度$V_{z,max}$的径向分布

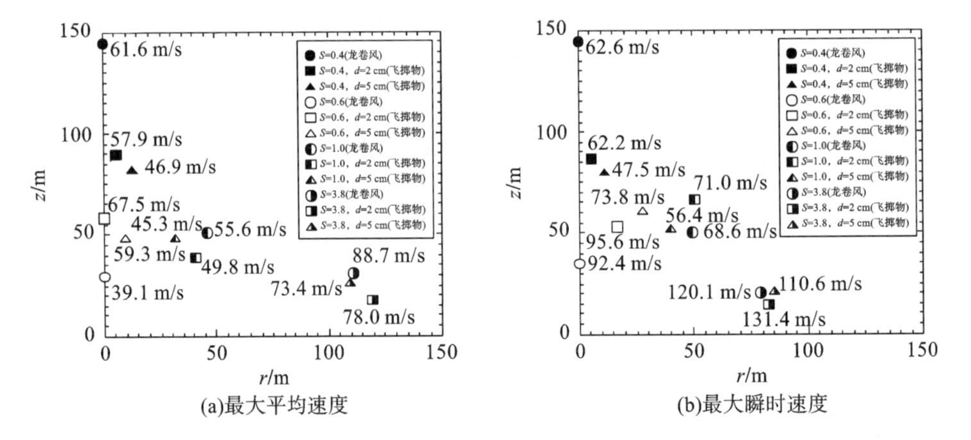

图 10.17　龙卷风和飞掷物最大平均速度与最大瞬时速度的位置和数值

表 10.2 龙卷风和飞掷物的最大速度量级及其对应位置

涡流比 S 及飞掷物直径 d	V_{max} /(m/s)	$V_{max,t}$ /(m/s)	$V_{max,r}$ /(m/s)	$V_{max,z}$ /(m/s)	$r(V_{max})$ /m	$h(V_{max})$ /m	v_{max} /(m/s)	$v_{max,t}$ /(m/s)	$v_{max,r}$ /(m/s)	$v_{max,z}$ /(m/s)	$r(v_{max})$ /m	$h(v_{max})$ /m
$S=0.4$	61.6	0	0	61.6	0	144.8	62.6	0.2	0.6	61.6	0	145.8
$S=0.4$, $d=2$ cm	57.9	20.7	6.4	53.3	5.6	89.6	62.2	16.7	13.4	58.4	5.6	87.1
$S=0.4$, $d=5$ cm	46.9	17.1	11.7	42.4	12.4	82.0	47.4	18.5	9.2	42.7	11.4	80.9
$S=0.6$	39.1	0	0	39.1	0	29.4	92.4	9.1	8.3	91.6	0	35.6
$S=0.6$, $d=2$ cm	67.5	0	0	67.5	0	58.6	95.5	13.1	37.9	86.4	17.1	53.2
$S=0.6$, $d=5$ cm	59.3	25.3	22.8	40.4	9.3	48.5	73.8	37.7	21.3	59.0	27.9	61.1
$S=1.0$	55.6	25.7	14.0	21.6	45.8	51.4	68.6	33.6	15.1	58.0	51.1	5.23
$S=1.0$, $d=2$ cm	49.8	32.9	18.4	29.1	40.8	39.1	71.0	37.4	14.2	59.0	50.9	66.9
$S=1.0$, $d=5$ cm	45.3	23.2	22.5	29.5	31.3	48.5	56.4	22.8	39.2	32.5	40.4	52.5
$S=3.8$	88.7	67.8	12.7	15.7	110.7	30.8	120.1	118.2	9.2	15.1	82.4	20.6
$S=3.8$, $d=2$ cm	73.4	69.2	−1.27	11.1	119.2	17.8	131.4	129.0	−8.1	21.4	83.9	14.6
$S=3.8$, $d=5$ cm	70.8	63.3	13.2	15.6	109.4	26.1	110.6	107.2	18.5	22.7	85.7	21.1

飞掷物瞬时速度的概率密度函数分布如图 10.18 所示。图中选取 0.1 m$<z<$20 m(A 区,平均高度约为 10 m)和 40 m$<z<$60 m(B 区,平均高度为 50 m)两个区域的飞掷物进行概率密度的计算。A 区从 0.1 m 的高度开始计算,这是因为 0.1 m 以下的飞掷物几乎没有运动。图中还绘制了概率密度的偏度和峰度,随着龙卷风涡流比的增大,飞掷物瞬时速度值的概率密度更趋近于高斯分布,且概率密度曲线变得更加平滑,这也导致其更小的峰度值。此外,对于 B 区直径为 2 cm 的飞掷物,虽然龙卷风的旋转强度很大,但瞬时速度绝对值的峰值几乎相同,为 50 m/s。对于直径为 5 cm 这种较大尺寸的飞掷物,概率密度函数分布曲线更陡峭,这表明直径为 5 cm 的飞掷物以更均匀的速度移动。

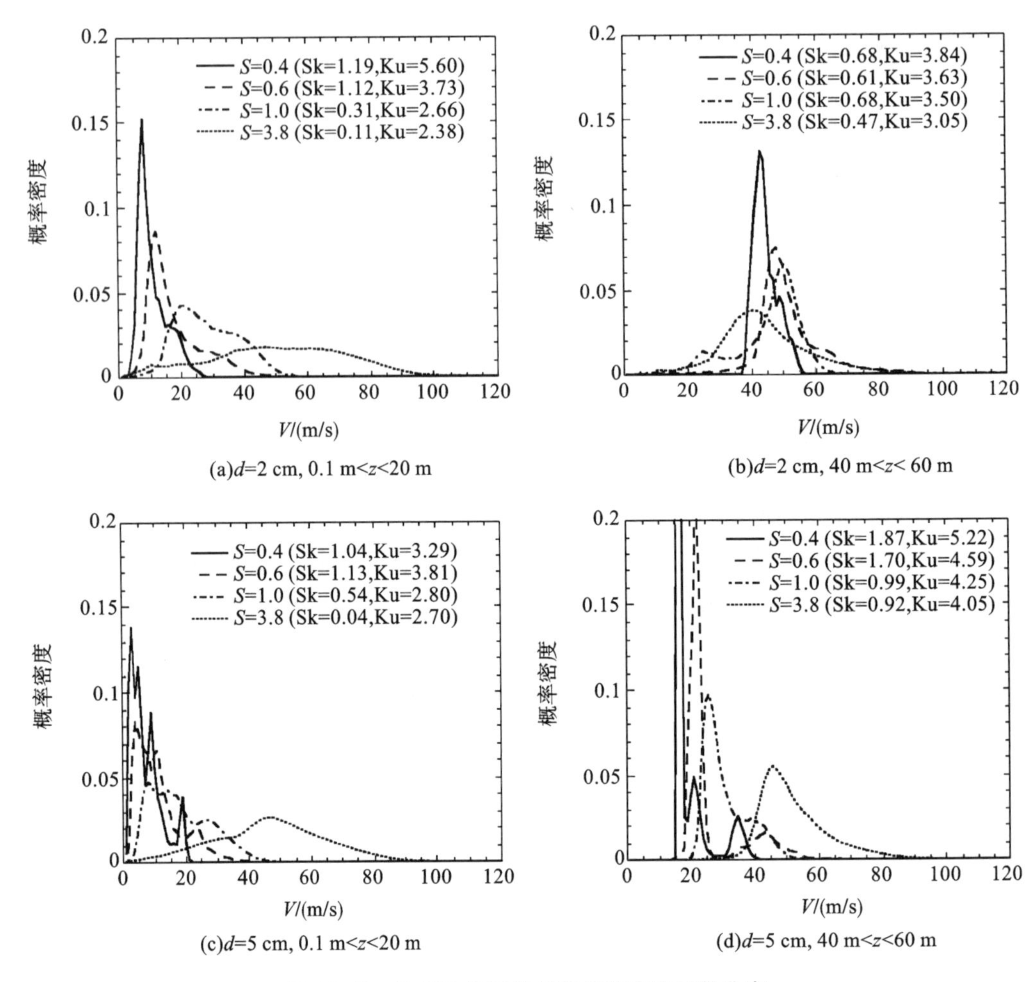

图 10.18　飞掷物瞬时速度的概率密度函数分布

10.3　总　　结

龙卷风引起的飞掷物是造成建筑结构破坏的主要因素之一。因此，弄清龙卷风引起的飞掷物的特征对于抗龙卷风设计具有重要意义。然而，龙卷风模拟器的体积较小，使龙卷风中飞掷物的研究更加困难。本章采用大涡模拟的方法探讨了龙卷风中飞掷物的分布及其速度，结论如下。

(1) 当龙卷风处于单核、涡旋破裂和触地阶段时，尺寸较小的飞掷物呈锥形漏斗形状。对于单核龙卷风和涡旋破裂阶段的龙卷风，直径为 5 cm 的飞掷物很难飞到超过 150 m 的高度。同时，随着飞掷物直径和涡流比的增大，飞掷物覆盖的区域面积也随之增大。在龙卷风核心区域，几乎没有飞掷物。

(2) 在龙卷风的外围区域，随着飞掷物直径和涡流比的增大，飞掷物在外围区域的下落速度变大。在触地龙卷风的内部区域，直径为 5 cm 的飞掷物可以 23.0 m/s 的速度下落。

(3) 只有当龙卷风处于多核阶段，且飞掷物尺寸足够小时，飞掷物中的切向速度分布才接近于龙卷风中的切向速度分布。在龙卷风核心区域，飞掷物的平均切向速度总是大于龙卷风中的平均切向速度，这应该是造成龙卷风观测值与实验值不一致的原因。

(4) 飞掷物的平均径向外流速度大于龙卷风中的对应速度。在涡旋破裂阶段，飞掷物平均径向外流速度达到 34.5 m/s，大约是龙卷风的 3 倍。飞掷物近地表平均径向内流速度随飞掷物直径的增大而减小，但始终小于龙卷风中对应的速度分量。

(5) 龙卷风在涡旋破裂阶段，飞掷物速度极大，直径为 2 cm 飞掷物的上升速度达 50.1 m/s，直径为 5 cm 飞掷物的上升速度达 48.8 m/s。这些值甚至大于相应的切向速度，说明在抗龙卷风设计中，不能忽略飞掷物的垂直速度。

(6) 只有当龙卷风处于多核阶段时，飞掷物速度的概率密度才呈高斯分布。另外，随着涡流比的增大，飞掷物速度更加集中。最后，对于尺寸较大的飞掷物，概率密度的曲线通常会更陡峭。

在本章中，假设飞掷物是紧致的，但在现实中，飞掷物形状各异，形状效应将在以后的研究中加以探讨。除此之外，建筑物的引入不仅会扰乱龙卷风中的流场，还会改变飞掷物的运动。因此，弄清飞掷物与建筑物之间的相互作用同样具有重要意义和研究价值。

第 11 章　多涡龙卷风引起的紧致型飞掷物

在本章中，通过 LES 重现特定龙卷风湍流流场，从 4 个不同高度释放 3 种不同直径的紧致型木质物体。本章内容如下：第 1 节介绍了模拟的工况设置，并对龙卷风中的流场和飞掷物运动进行建模；第 2 节介绍了数值结果，包括飞掷物的瞬时位置、浓度和速度统计信息；第 3 节总结了研究结果并提出了未来的研究方向。

11.1　工况设置

本书前面章节已详细介绍了龙卷风流场、飞掷物运动控制方程，以及龙卷风模拟器、网格划分和边界条件设置，本节对此将不再赘述；统计方法以及解决方案也可参照前面章节。

通过比较 Hangan 和 Kim[2008][37]提出的尺度比，模拟器中流入角等于 84.4°的龙卷风可对应前文研究中的全尺度 Spencer 龙卷风(Liu 和 Ishihara，2015a)[65]。确定龙卷风模拟器的尺度比 λ_L和速度比 λ_V分别为 1∶1900 和 1∶3.05。在每个时间步长结束时都记录全尺度龙卷风流场信息，然后，在此全尺度龙卷风中计算飞掷物运动。飞掷物释放位置如图 11.1 所示。飞掷物释放区域为 400 m 宽的正方形，正方形中心与模拟器中心重合。在正方形区域中，相邻飞掷物之间的距离为 20 m，每个时间步长总计释放 441 个飞掷物。飞掷物密度ρ_{d}假定为 500 kg/m^3，与木材相似。在这项研究中选取了 3 个直径的飞掷物，分别为 2 cm、5 cm 和 10 cm。因此，总共模拟了 12 个工况。Tachikawa 数(Tachikawa，1983[106])T_a，即空气动力与颗粒重力的无量纲比为：

$$T_a=\rho A V_a^2/2m_{\mathrm{d}}g \tag{11.1}$$

式中，V_a是特征风速，为全尺度旋转平衡区的最大切向速度，大小为 57 m/s。因此，直径为 2 cm、5 cm 和 10 cm 粒子的T_a分别为 32.1、12.8 和 6.4。表 11.1 列出了飞掷物的建模设置及相关参数。

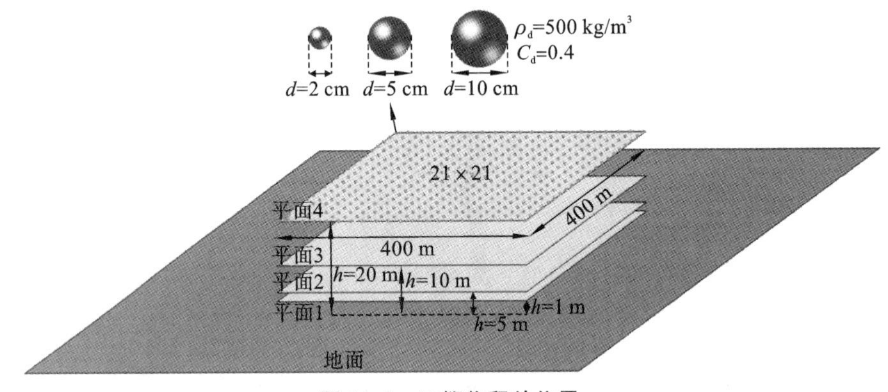

图 11.1　飞掷物释放位置

表 11.1 飞掷物的建模设置及相关参数

编号	飞掷物释放高度 h /m	飞掷物直径 d /cm	质量 m_d/kg	Tachikawa 数值 T_a	每个时间步长释放的飞掷物数/个	释放飞掷物的时间步长	阻力系数 C_d
1	1	2	0.0021	32.1	441	5000	0.4
2	5	2	0.0021	32.1			
3	10	2	0.0021	32.1			
4	20	2	0.0021	32.1			
5	1	5	0.0327	12.8			
6	5	5	0.0327	12.8			
7	10	5	0.0327	12.8			
8	20	5	0.0327	12.8			
9	1	10	0.2616	6.4			
10	5	10	0.2616	6.4			
11	10	10	0.2616	6.4			
12	20	10	0.2616	6.4			

11.2 结果和讨论

11.2.1 龙卷风流场

龙卷风模型稳定阶段的瞬时流场通过 x-z 平面($y=0$)和 x-y 平面($z=100$ m)上的速度进行可视化,可视化龙卷风瞬时流场如图 11.2 所示,在 x-z 平面($y=0$)上,可以清楚地观察到高风速区域,这个区域通常被称为"涡核边界",半径约为 200 m。在龙卷风核心区域中,气流向下移动,风速远低于涡核边界处的风速。内部向下气流接触地面后,会反转向上移动,与外部区域流向核心区域的上升气流汇合,垂直速度为正的气流将飞掷物吹起。必须指出的是,龙卷风内部气流主要在外部区域向上并朝向涡核边界流动,只在角部区域向外流动。这种向外的流动对飞掷物起到散布作用,这对于直径为 10 cm 的飞掷物非常明显。在 x-y 平面($z=100$ m),从龙卷风外部区域开始的流线停滞在涡核边界,龙卷风核心区域相对静止,这表明飞掷物穿透涡核边界的概率较小。

切向速度是龙卷风状涡旋的主要组成部分,其在 22 m 和 114 m 高度处的平均切向速度的径向分布如图 11.3 所示。全尺度龙卷风的代表性参数,包括涡流比 $S=\tan\theta\, r_0/2\, h_c$,其值为 3.8;全局最大平均切向速度 $V_{t,\max}$,其值为 81 m/s;旋转平衡区域的最大平均切向速度 V_c,其值为 57 m/s;出现 $V_{t,\max}$ 的径向位置 $r_{v,\max}$,其值为 119 m;出现 $V_{t,\max}$ 的高度 $h_{v,\max}$,其值为 19 m;出现 V_c 的径向位置 r_c,其值为 213 m。表 11.2 中列出了这些数据,以及 Alexander 和 Wurman[2005][1] 观测到的 Spencer 龙卷风中的相应值。

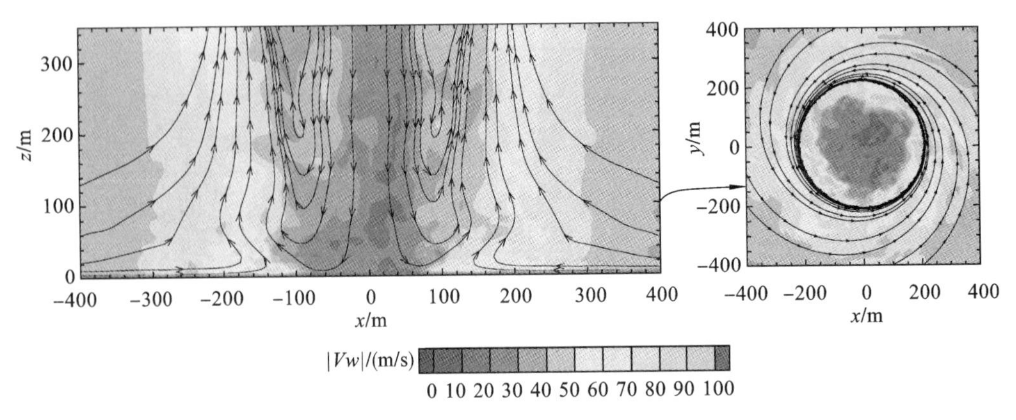

图 11.2 可视化的模型龙卷风的瞬时流场

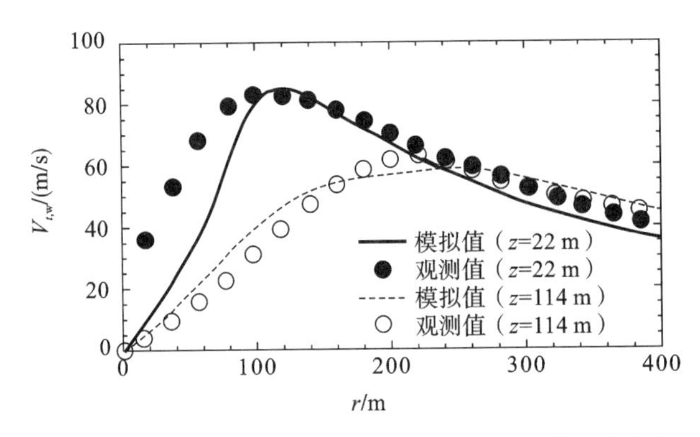

图 11.3 22 m 和 114 m 高度处平均切向速度的径向分布

表 11.2 全尺度龙卷风代表性参数

	θ/(°)	S	$V_{t,\max}$ /(m/s)	V_c /(m/s)	$r_{v,\max}$/m	$h_{v,\max}$/m	r_c/m	λ_L	λ_V	$r_L=\frac{r_{v,\max}}{h_{v,\max}}$
模拟	84.4	3.8	81	57	119	19	213	1∶1905	1∶3.05	6.3
观测	—	—	81	65	120	20	220	—	—	3.0

11.2.2 飞掷物一般特征

飞掷物在 $t=500$ s 时的分布情况如图 11.4 所示，随着飞掷物尺寸的增大或释放高度的减小，飞掷物变得稀疏。当 $d=2$ cm 时，飞掷物可以达到 350 m 以上的高度；当 $d=5$ cm 时，飞掷物的最大高度小于 300 m；当 $d=10$ cm 时，飞掷物的最大高度仅为约 100 m。如果从 $h=1$ m 的高度释放 $d=10$ cm 的飞掷物，则不会有飞掷物飞起。当增大飞掷物直径，被飞掷物覆盖的径向区域将变窄。当 $d=2$ cm 时，飞掷物覆盖的径向区域直径将超过 400 m，当 $d=10$ cm 时，覆盖的径向区域直径仅为 300 m。从视频动画中还可以观察到，随着飞掷物尺寸的增大或释放高度的减小，飞掷物的飞起变得更加困难。原因是飞掷物质量与d^3成正比，空气动力与d^2成正比。因此，对于尺寸较大的飞掷物，需要更高的垂直风速启动它们。此

外，在接近地面的区域，竖向风很弱，使得飞掷物难以飞起。正如在速度图中所观察到的，无论飞掷物尺寸有多大，或飞掷物释放高度有多高，飞掷物都会在龙卷风角部区域以最快速度移动，这表明在此处飞掷物将引起较大的破坏作用。

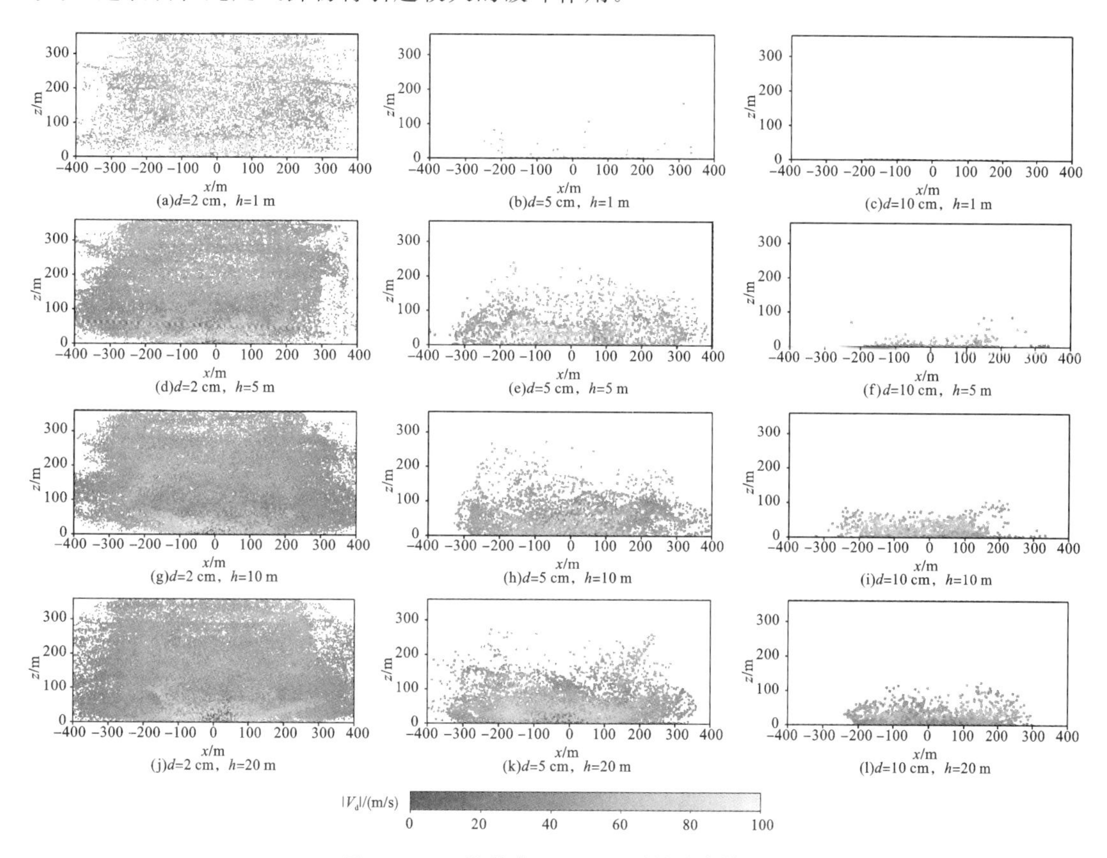

图 11.4 飞掷物在 $t=500$ s 时的分布情况

如图 11.5 所示为在 r-z 平面上绘制飞掷物的平均轨迹(忽略切向分量)。可以发现，当 $d=2$ cm 时，轨迹对释放高度不敏感。当 $d=2$ cm 的飞掷物在 50 m$<r<$150 m 处释放时，开始以较大的向外速度飞行，然后以垂直运动为主。当 $d>2$ cm 的飞掷物在 $r>150$ m 处释放时，由于龙卷风角部区域的垂直速度较小，其一旦到达约 50 m 高度处就会掉落地面。如果 $d=2$ cm 的飞掷物在 $r<50$ m 处释放，则由于垂直速度太小以至于飞掷物无法飞起，并且一旦飞掷物被释放，便会掉落地面；对于直径为 5 cm 和 10 cm 的飞掷物，也可以观察到相同情况。随着飞掷物尺寸的增大，龙卷风涡核边界处的飞掷物向上运动减弱，以向外运动为主。但是，与直径为 2 cm 的飞掷物不同，直径为 5 cm 和 10 cm 的飞掷物轨迹对释放高度较敏感。随着高度的增加，直径为 5 cm 和 10 cm 的飞掷物更容易向上飞起。

r-z 平面上飞掷物的径向分布及其浓度如图 11.6 所示。$z=10$ m 时的飞掷物浓度是 $z=50$ m 时的飞掷物浓度的四倍以上。对于直径为 2cm 的飞掷物，较高的释放高度使飞掷物聚集在距龙卷风中心较远的位置。当 $z=10$ m，飞掷物在 1 m、5 m 和 10 m 高度处释放时，飞掷物聚集在约 $r=100$ m 处；但是在 20 m 高度处释放时，飞掷物聚集在约 $r=170$ m 处。对于 $d=5$ cm 和 $d=10$ cm 的飞掷物，也能发现类似的趋势。

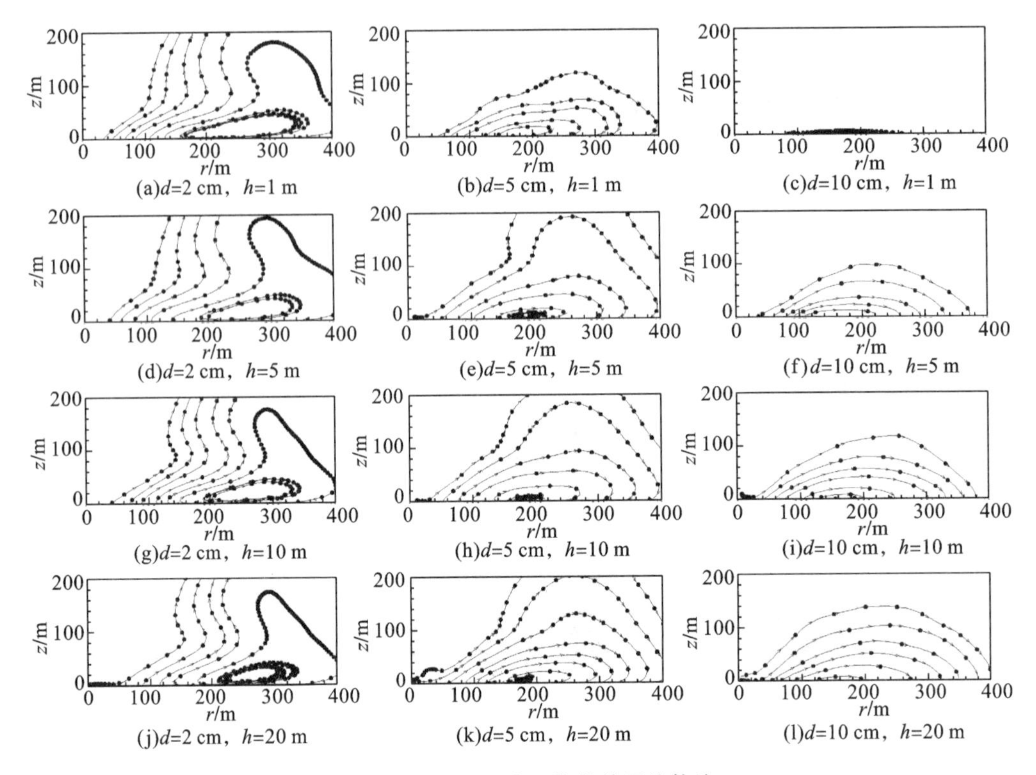

图 11.5　r-z 平面上飞掷物的平均轨迹

11.2.3　切向速度

图 11.7 为 r-z 平面上飞掷物平均切向速度的分布图。在径向廓线图中，附加了龙卷风平均切向速度$V_{t,\mathrm{w}}$以清楚地显示它们之间的差异。通常，$V_{t,\mathrm{d}}$的峰值约比$V_{t,\mathrm{w}}$的峰值小 10～20 m/s，除 10 m 高度处直径为 2 cm 的飞掷物外，峰值$V_{t,\mathrm{d}}$出现的径向位置距龙卷风中心都约为 40 m。在 200 m＜r＜300 m 范围内，无论飞掷物尺寸或释放高度为何值，$V_{t,\mathrm{w}}$都比$V_{t,\mathrm{d}}$大。当 z＝50 m 时，在所有工况中，$V_{t,\mathrm{d}}$在 100 m＜r＜300 m 的范围内几乎为定值 45 m/s。Alexander 和 Wurman[2005][1]在研究中采用了多普勒记录了飞掷物运动以计算风速。图 11.3 显示了平均切向速度在观测值和模拟中的差异，部分误差可能是由于风速测量方法所致。

r-z 平面上飞掷物切向脉动速度的均方根分布如图 11.8 所示。通常，除了龙卷风中心处直径为 2 cm 的飞掷物，当 r＜250 m 时，$\sigma_{vt,\mathrm{d}}$都小于$\sigma_{vt,\mathrm{w}}$。但是，随着径向距离的增大，$\sigma_{vt,\mathrm{d}}$和$\sigma_{vt,\mathrm{w}}$的曲线趋于重合。由于飞掷物质量的原因，飞掷物速度变化滞后于风速变化，因此飞掷物的切向速度脉动较小。并且由于飞掷物质量与d^3成正比、空气动力与d^2成正比，随着飞掷物尺寸的增大，滞后效应更加明显。因此，龙卷风风场脉动传递到飞掷物的过程中，尺寸越大的飞掷物，其脉动越趋于平缓。这就是当飞掷物直径从 2 cm 增大到 5 cm 和 10 cm 时，脉动减弱的原因。

r-z 平面上飞掷物最大切向速度的分布如图 11.9 所示，最大切向速度$v_{t,\max}$是评估飞掷

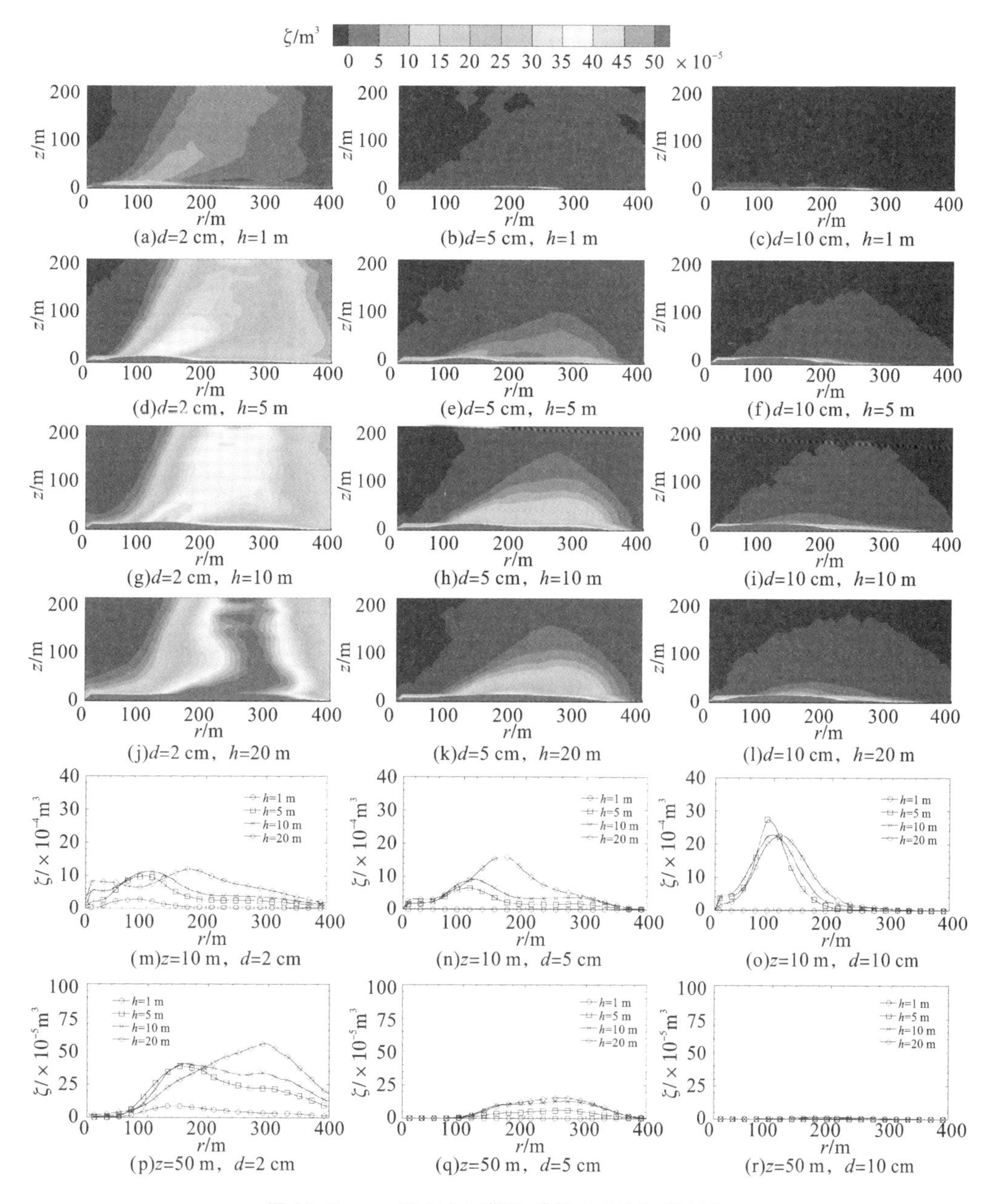

图 11.6 r-z 平面上飞掷物的径向分布及其浓度

物破坏力的重要参数。在龙卷风核心区域，飞掷物的最大切向速度$v_{t,\max,\mathrm{d}}$小于龙卷风的最大切向速度$v_{t,\max,\mathrm{w}}$，然而，两者在 $z=10$ m 处几乎相同。$v_{t,\max,\mathrm{d}}$的峰值由 $d=2$ cm 时的约 110 m/s 降低到 $d=5$ cm 时的 100 m/s 和 $d=10$ cm 时的 80 m/s。此外，当 $h\geqslant5$ m 时，$v_{t,\max,\mathrm{d}}$对 h 并不敏感。当 $z=10$ m 时，不同尺寸飞掷物的$v_{t,\max,\mathrm{d}}$几乎在相同的径向位置 $r=100$ m 处达到峰值。当 $z=50$ m 时，$v_{t,\max,\mathrm{d}}$表现出与 $z=10$m 时相似的趋势。当$d=10$ cm时，飞掷物释放高度会明显影响$v_{t,\max,\mathrm{d}}$。例如，当 $d=10$ cm 时，释放高度为5 m时，飞掷物的$v_{t,\max,\mathrm{d}}$约比释放高度为 10 m 和 20 m 时的$v_{t,\max,\mathrm{d}}$小 10 m/s。

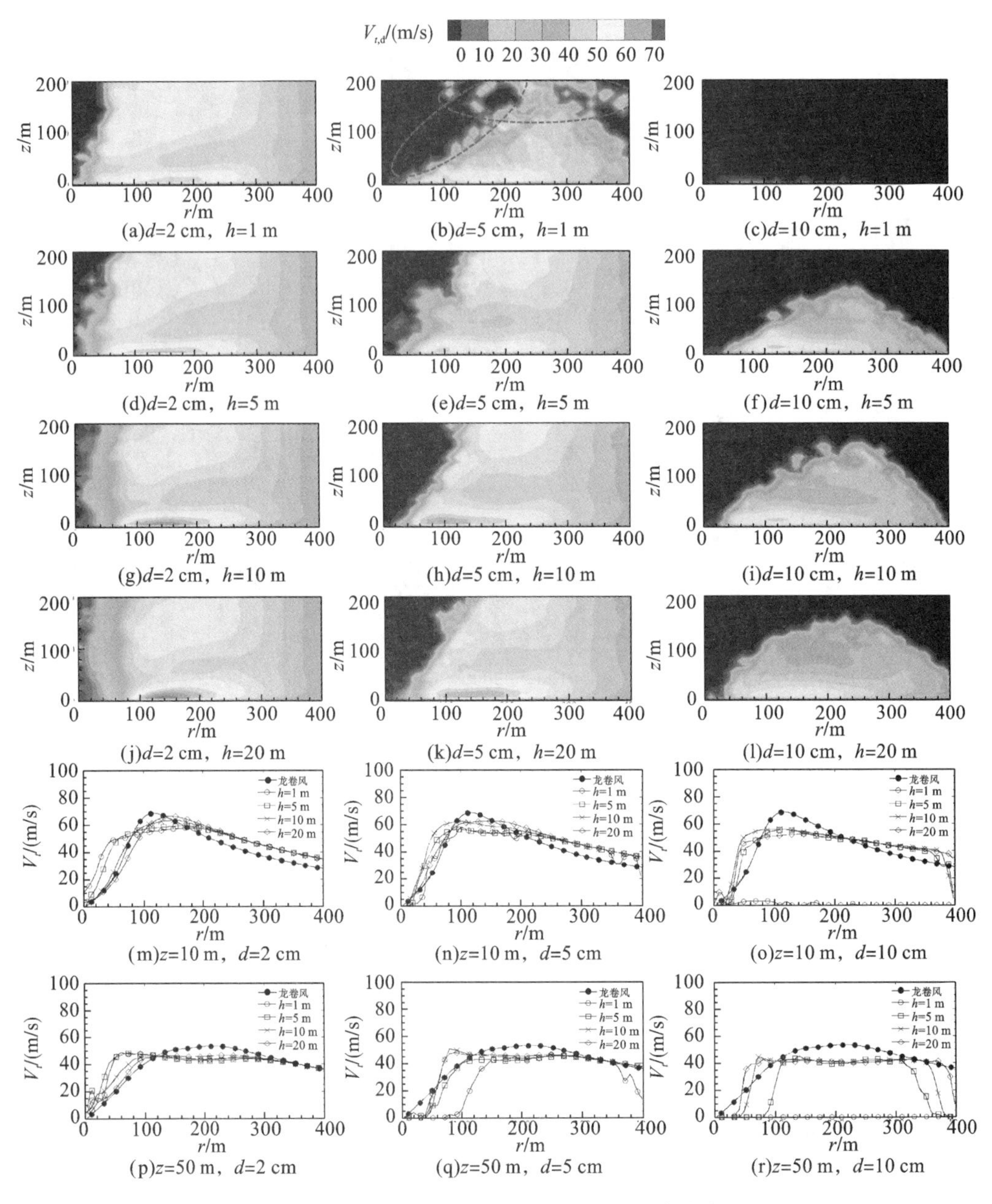

图 11.7　r-z 平面上飞掷物平均切向速度的分布图

在较高海拔处及靠近龙卷风中心区域，飞掷物分布极为稀疏。因此，使用 10 m×10 m×10 m 的网格在采样期间可能无法捕获到飞掷物，飞掷物的分布也不是连续的，如图 11.7 中虚线椭圆标记的区域所示。要消除不合理的速度数据，可以采用两种方法：一是在每个时间步长释放更多的物体，二是增加采样时间。但是，考虑到较高海拔处及靠近龙卷风中心区域的飞掷物速度较小，其破坏力不及其他区域飞掷物，因此，本章的数据仍有参考价值。

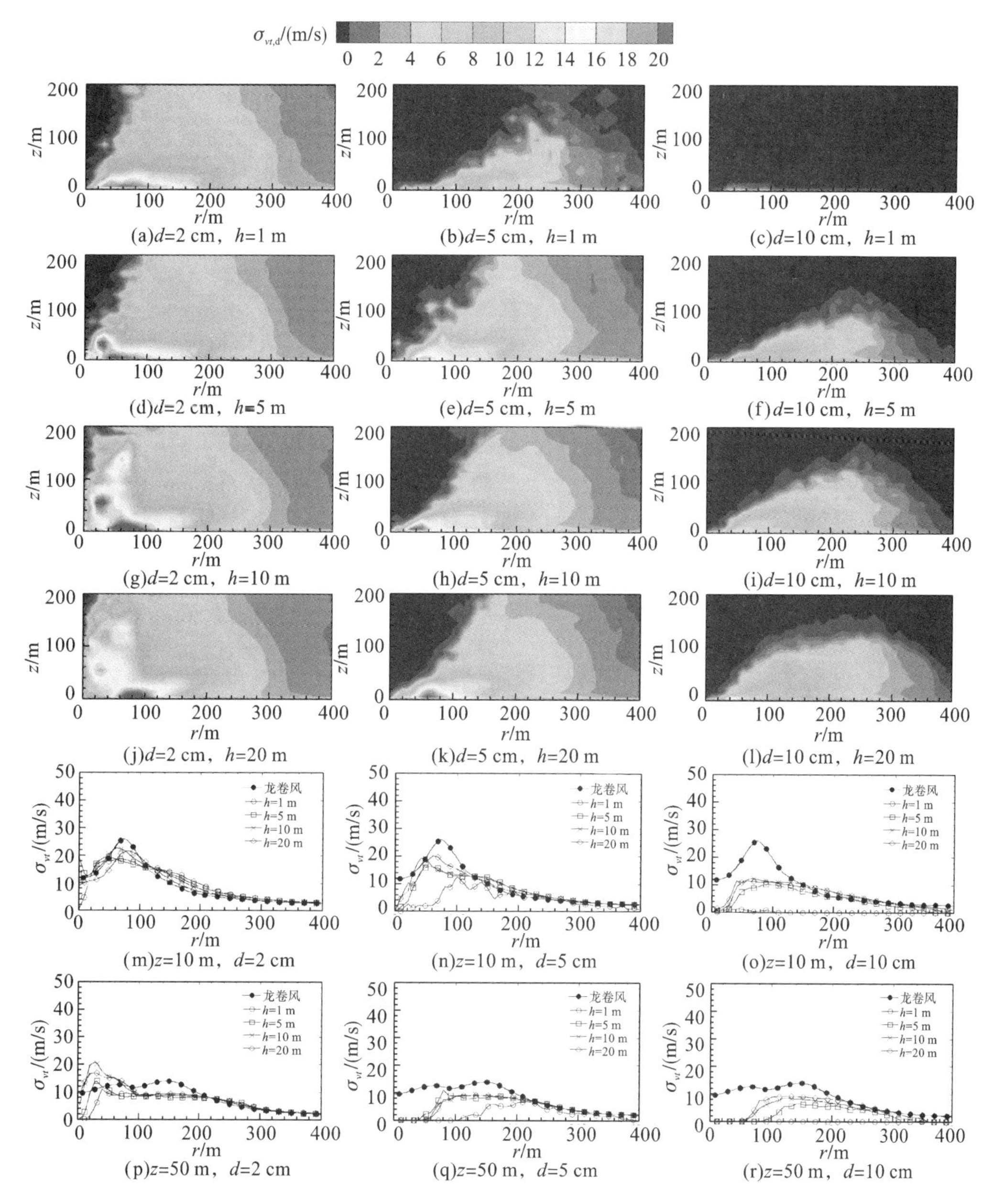

图 11.8 r-z 平面上飞掷物切向脉动速度的均方根分布图

11.2.4 径向速度

图 11.10 为 r-z 平面上飞掷物平均径向速度的分布图。当 $z=10$ m 时，$V_{r,w}$ 主要为负值，这表明该高度处的气流主要指向龙卷风中心。在 $r<80$ m 处存在一个 $V_{r,w}$ 为正值的区域，这个区域是由龙卷风核心中的下降气流接触地面，且由于质量守恒和龙卷风的对称性而改变其向外运动的方向而产生的。在 $z=10$ m 处，当 $d=2$ cm 时，飞掷物的向内运动在 $r=180$ m 处停止；当 $d=5$ cm 时，飞掷物的向内运动在 $r=210$ m 处停止。当 $d=10$ cm 时，向

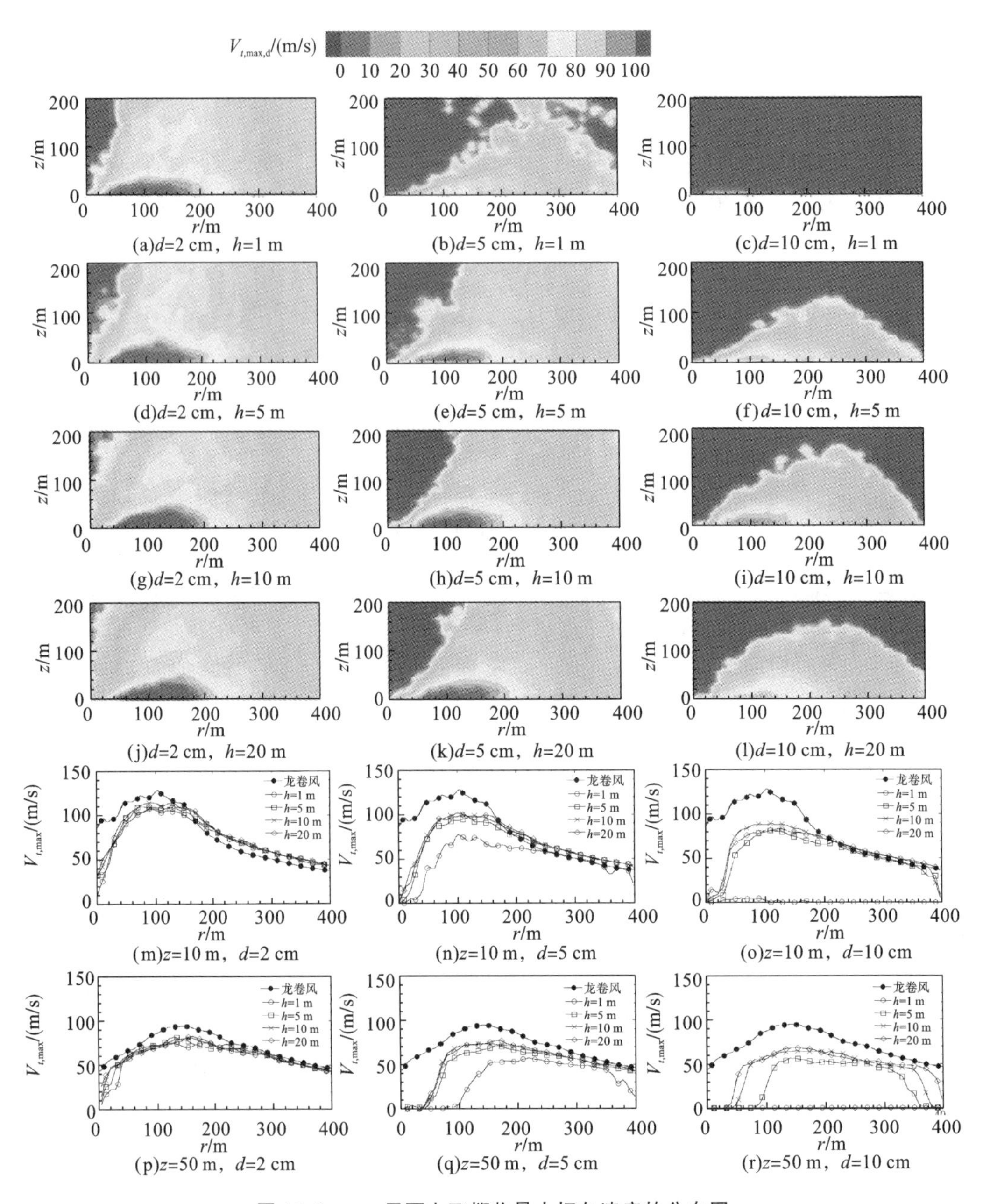

图 11.9　r-z 平面上飞掷物最大切向速度的分布图

内运动几乎消失。实际上，由于飞掷物径向气动力需与其离心力保持平衡，作用在飞掷物上的气流必然指向龙卷风中心。如图 11.7 所示，随着飞掷物尺寸的增大，$V_{t,\mathrm{d}}$变化不大。因此，可以粗略假定作用在物体上的离心力与d^3成正比。但径向气动力与$|V_{r,\mathrm{d}}-V_{r,\mathrm{w}}|^2\cdot d^2$成正比，这表明，飞掷物尺寸增大会导致龙卷风和飞掷物之间的相对径向速度增大，如图 11.10所示。对于 $d=10$ cm 的飞掷物，$V_{t,\mathrm{d}}$在龙卷风涡核边界处可达到 35 m/s，这接近于 40 m/s 的平均切向气流速度。因此，仅使用切向速度来评估飞掷物的破坏力是不够的。

r-z 平面上飞掷物径向脉动速度的均方根分布图如图 11.11 所示。由图11.8和图11.11

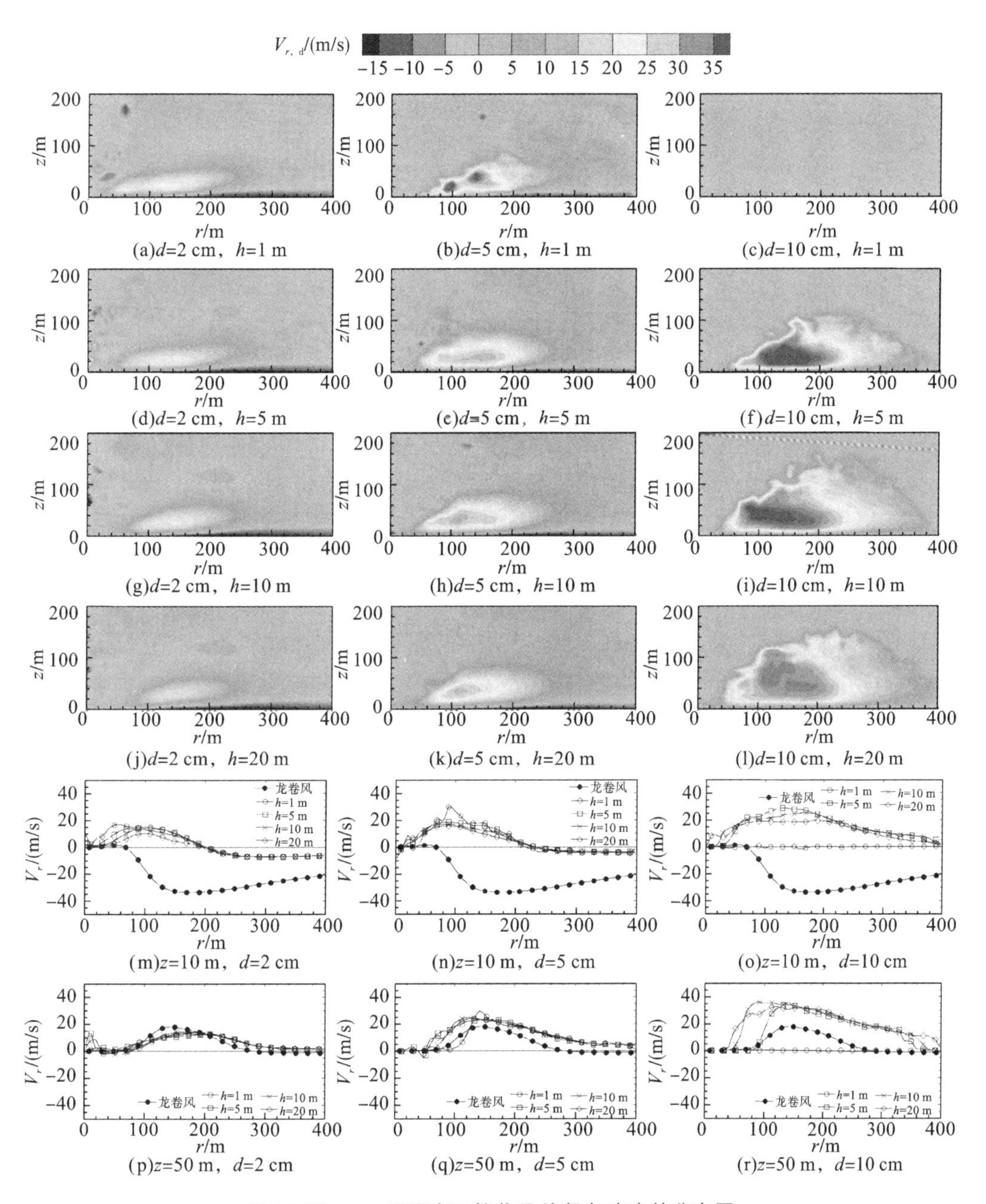

图 11.10　r-z 平面上飞掷物平均径向速度的分布图

可知，$\sigma_{vr,d}$与$\sigma_{vt,d}$的分布情况非常相似。考虑到龙卷风中$\sigma_{vt,w}$和$\sigma_{vr,w}$几乎相同的分布主要是由龙卷风核心的徘徊运动引起的（Ashton 等，2019[4]），可以得知龙卷风核心的徘徊运动是飞掷物水平脉动分量的主要驱动力。

r-z 平面上飞掷物最大径向速度的分布图如图 11.12 所示。由图 11.9 和图 11.12 可知，$v_{r,\max,w}$和$v_{r,\max,d}$均小于相应的$v_{t,\max,w}$和$v_{t,\max,d}$，$v_{t,\max}$的趋势在$v_{r,\max}$中仍然成立，例如$v_{r,\max,d}$小于$v_{r,\max,w}$，$v_{r,\max,d}$与$v_{r,\max,w}$几乎在相同的位置达到峰值。此外，$v_{t,\max,d}$对飞掷物尺寸较敏感，而$v_{r,\max,d}$相反。对于直径为 2 cm 的飞掷物，可以根据龙卷风的相应值大致预测$v_{r,\max,d}$。

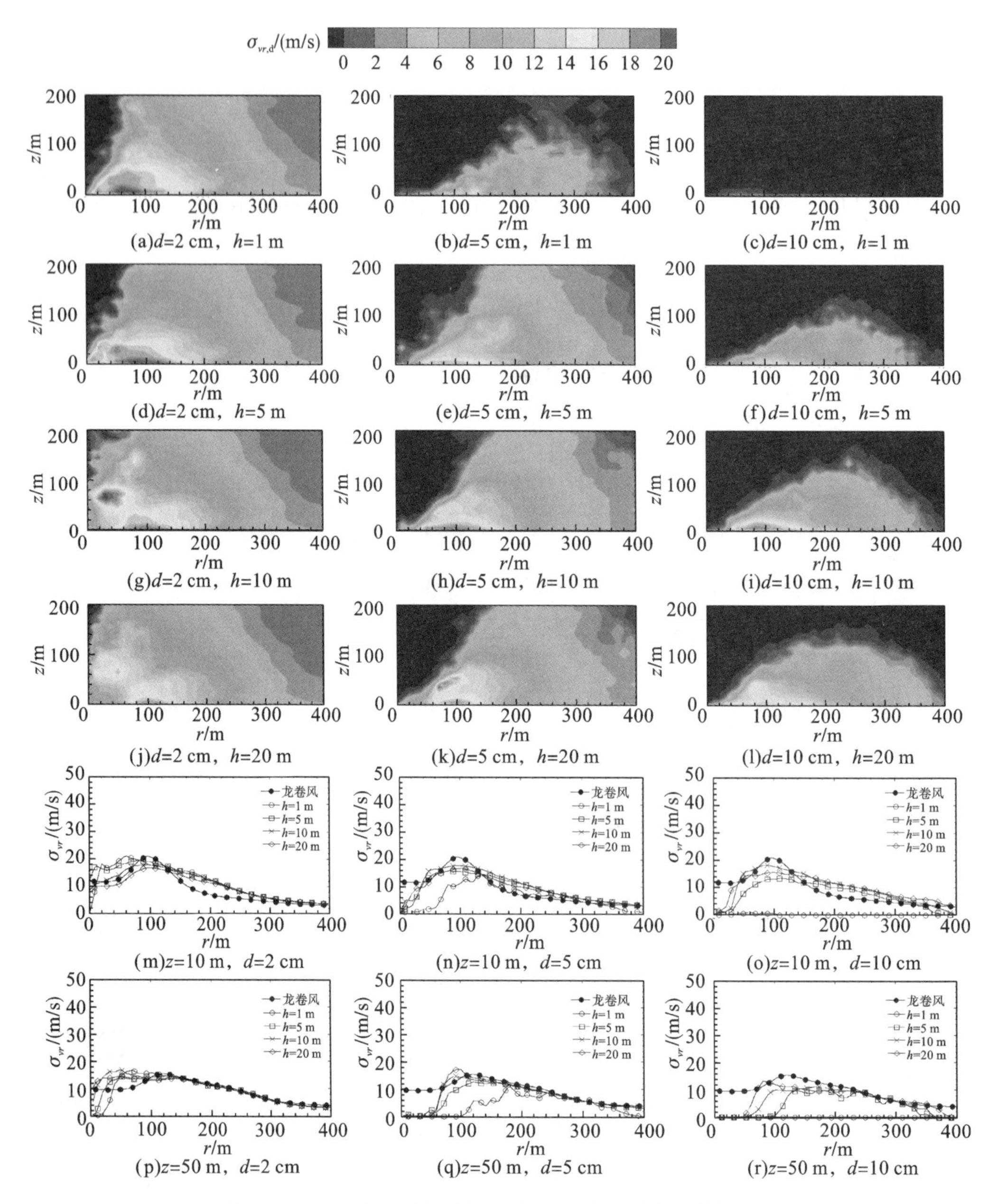

图 11.11　*r*-*z* 平面上飞掷物径向脉动速度的均方根分布图

对于直径为 10 cm 的飞掷物，仅当 $h \geqslant 10$ m 时，可通过龙卷风估计$v_{r,\max,\mathrm{d}}$。

11.2.5　垂直速度

当飞掷物直径为 2 cm 且在 $h=20$ m 处释放时，飞掷物的平均垂直速度$V_{z,\mathrm{d}}$几乎与龙卷风的平均垂直速度$V_{z,\mathrm{w}}$相同，*r*-*z* 平面上飞掷物平均垂直速度的分布图如图 11.13 所示。在龙卷风 $r>200$ m 的外部区域，气流无垂直运动。但在高度 $z=10$ m 的位置，当 $d=2$ cm 时，

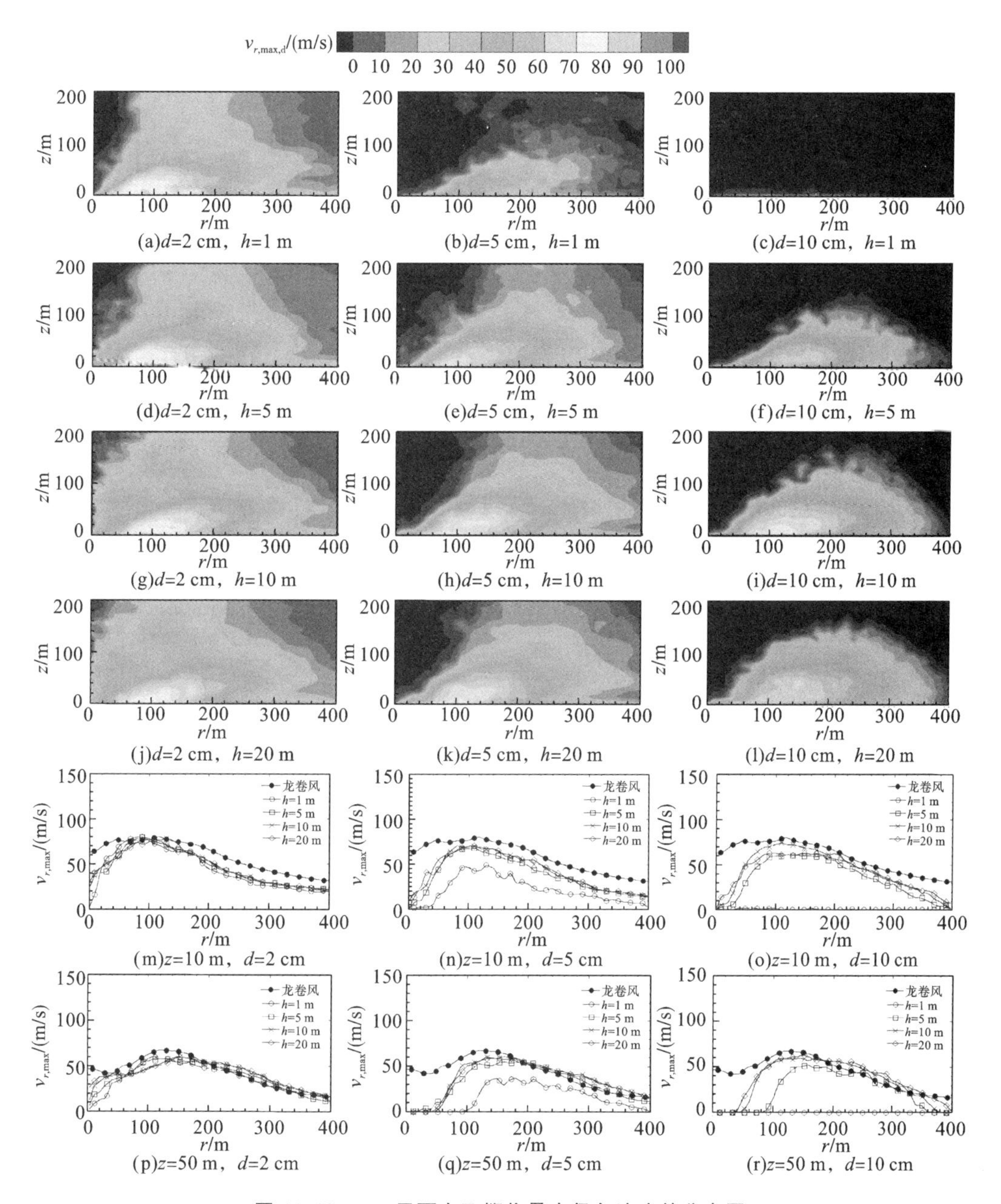

图 11.12　r-z 平面上飞掷物最大径向速度的分布图

在 $r=250$ m 处$V_{z,\mathrm{d}}$出现负值；当 $d=5$ cm 时，在 $r=200$ m 处$V_{z,\mathrm{d}}$出现负值；当 $d=10$ cm 时，在 $r=160$ m 处$V_{z,\mathrm{d}}$出现负值。与 $z=10$ m 相比，$z=50$ m 处飞掷物$V_{z,\mathrm{d}}$出现负值时距离龙卷风中心约 50 m。$V_{z,\mathrm{d}}$随飞掷物尺寸的增大而增大。

飞掷物垂直脉动速度均方根$\sigma_{vz,\mathrm{d}}$表现出与$\sigma_{vt,\mathrm{d}}$和$\sigma_{vr,\mathrm{d}}$类似的分布，但$\sigma_{vz,\mathrm{d}}$的幅值较小，r-z 平面上飞掷物垂直脉动速度的均方根分布图如图 11.14 所示。对于 $d=5$ cm 和 $d=10$ cm 的飞掷物，$\sigma_{vz,\mathrm{d}}$与$\sigma_{vt,\mathrm{d}}$和$\sigma_{vr,\mathrm{d}}$之间的不同特征为：高度 $z=50$ m 处的$\sigma_{vz,\mathrm{d}}$比高度 $z=10$ m 处的

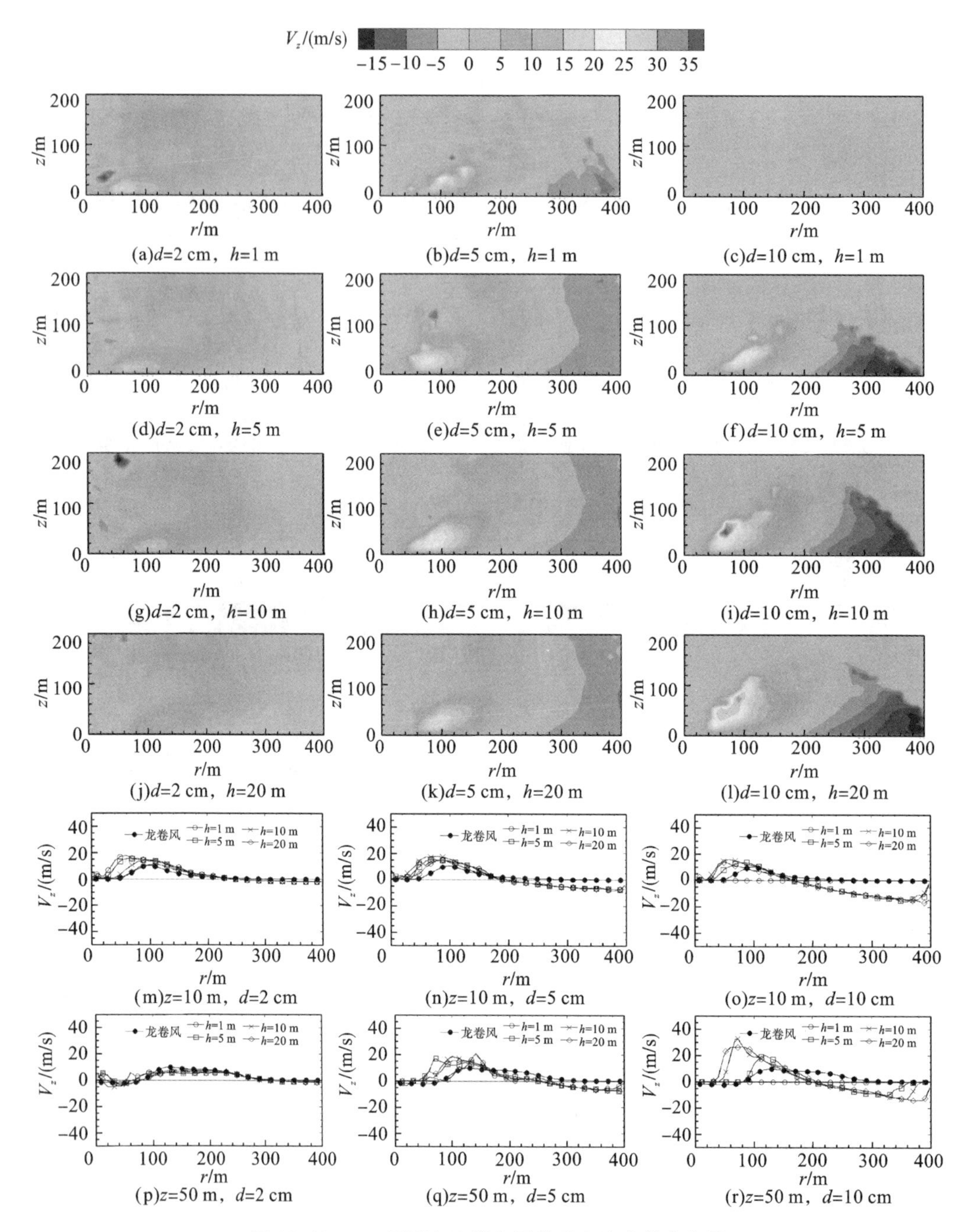

(a)d=2 cm，h=1 m (b)d=5 cm，h=1 m (c)d=10 cm，h=1 m

(d)d=2 cm，h=5 m (e)d=5 cm，h=5 m (f)d=10 cm，h=5 m

(g)d=2 cm，h=10 m (h)d=5 cm，h=10 m (i)d=10 cm，h=10 m

(j)d=2 cm，h=20 m (k)d=5 cm，h=20 m (l)d=10 cm，h=20 m

(m)z=10 m，d=2 cm (n)z=10 m，d=5 cm (o)z=10 m，d=10 cm

(p)z=50 m，d=2 cm (q)z=50 m，d=5 cm (r)z=50 m，d=10 cm

图 11.13 r-z 平面上飞掷物平均垂直速度的分布图

大 4 m/s。这主要是由于 z=10 m 处龙卷风的垂直湍流较弱，其垂直运动受地面限制。

r-z 平面上飞掷物最大垂直速度的分布图如图 11.15 所示，飞掷物尺寸的增大可使其最大垂直速度 $v_{z,\max,\mathrm{d}}$ 减小。但在龙卷风外部区域，与 $v_{t,\max,\mathrm{d}}$ 和 $v_{r,\max,\mathrm{d}}$ 不同，$v_{z,\max,\mathrm{d}}$ 大于 $v_{z,\max,\mathrm{w}}$。在 z=10 m 处，当 d=10 cm 时，外部区域的 $v_{z,\max,\mathrm{d}}$ 甚至是 $v_{z,\max,\mathrm{w}}$ 的三倍。外部区域较大的 $v_{z,\max,\mathrm{d}}$ 是由于飞掷物的下落运动引起的。

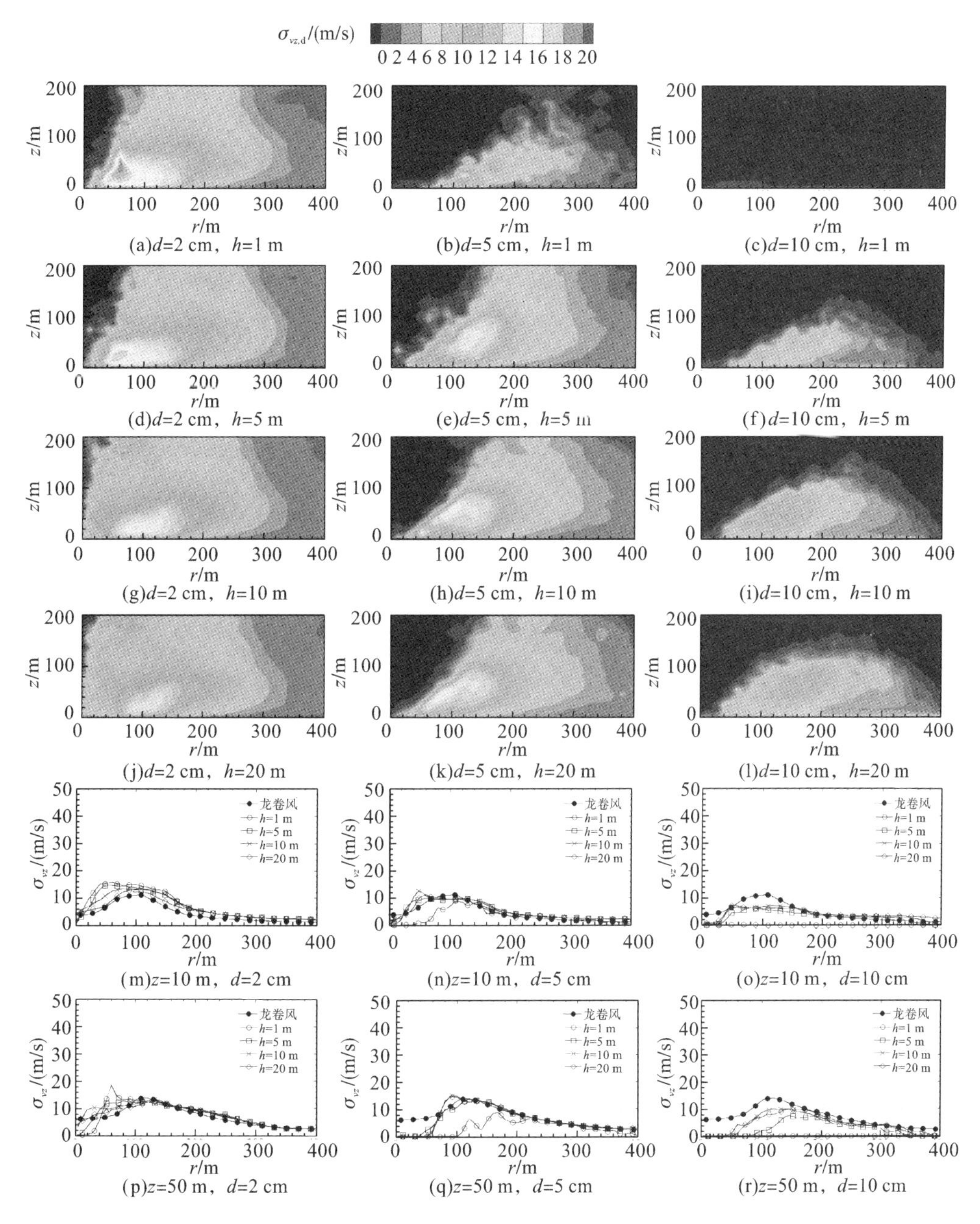

图 11.14　r-z 平面上飞掷物垂直脉动速度的均方根分布图

11.2.6　飞掷物速度的概率密度函数

飞掷物速度的概率密度函数对工程师来说是了解特定速度发生概率的重要指标。选择 $0.1\ \mathrm{m}<z<20\ \mathrm{m}$（区域 1）和 $40\ \mathrm{m}<z<60\ \mathrm{m}$（区域 2）两个区域用于计算统计量。在区域 1 中，排除小于 0.1 m 位置的飞掷物是考虑到在这个位置，当 $d\geqslant 5\ \mathrm{cm}$ 时，大部分飞掷物会落到地面而无法启动。

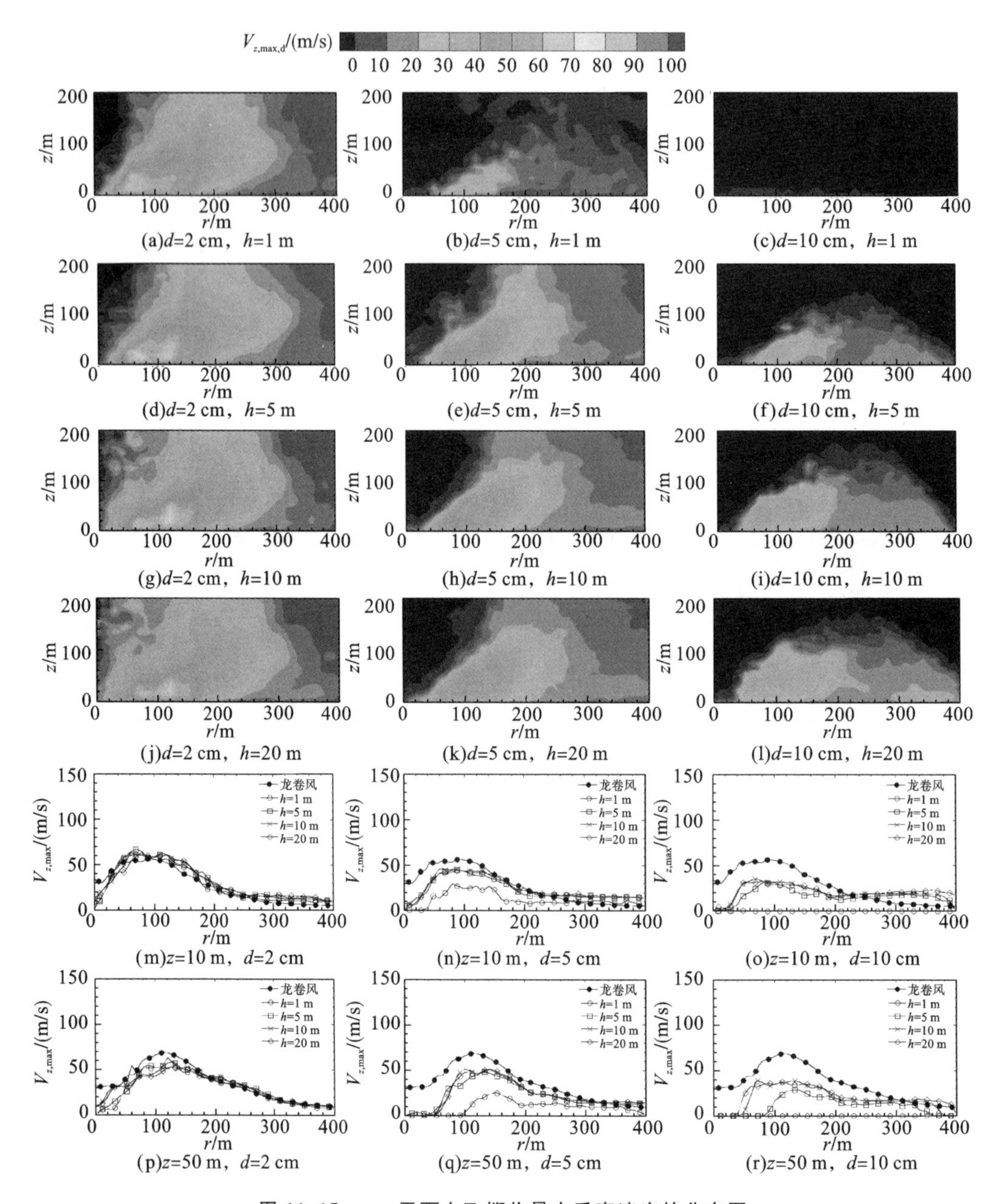

图 11.15　r-z 平面上飞掷物最大垂直速度的分布图

飞掷物速度的概率密度函数如图 11.16 所示。对于 $d=2$ cm 的飞掷物，从不同高度释放的飞掷物其概率密度在两个区域中表现出几乎相同的分布情况。在区域 1 中，表现出接近高斯形状的概率密度曲线，其峰值约为 50 m/s；而区域 2 的概率密度曲线向低速区域偏斜，峰值约 40 m/s，曲线更陡。

对于 $d=5$ cm 的飞掷物，区域 2 的概率密度对飞掷物的释放高度不敏感，峰值约为 45 m/s。与 $d=2$ cm 的飞掷物不同，区域 2 中 $d=5$ cm 的飞掷物速度分布更集中。在区域 1 中，释放高度的变化会改变概率密度曲线形状。当飞掷物在 $h=1$ m 处释放时，概率密度峰

值速度为 30 m/s。此外，当 h=5 m 时，概率密度峰值约为 45 m/s；当 h=20 m 时，概率密度峰值约为 60 m/s。

对于 d=10 cm 的飞掷物，区域 2 中的概率密度曲线呈现出与 d=2 cm 和 d=5 cm 相似的形状，但区域 1 中概率密度曲线更陡峭，如图 11.16(c)所示。另外，当 h=1 m 时，区域 1 中会出现非常陡峭的曲线，这表明重的飞掷物在高度较低的位置难以加速。

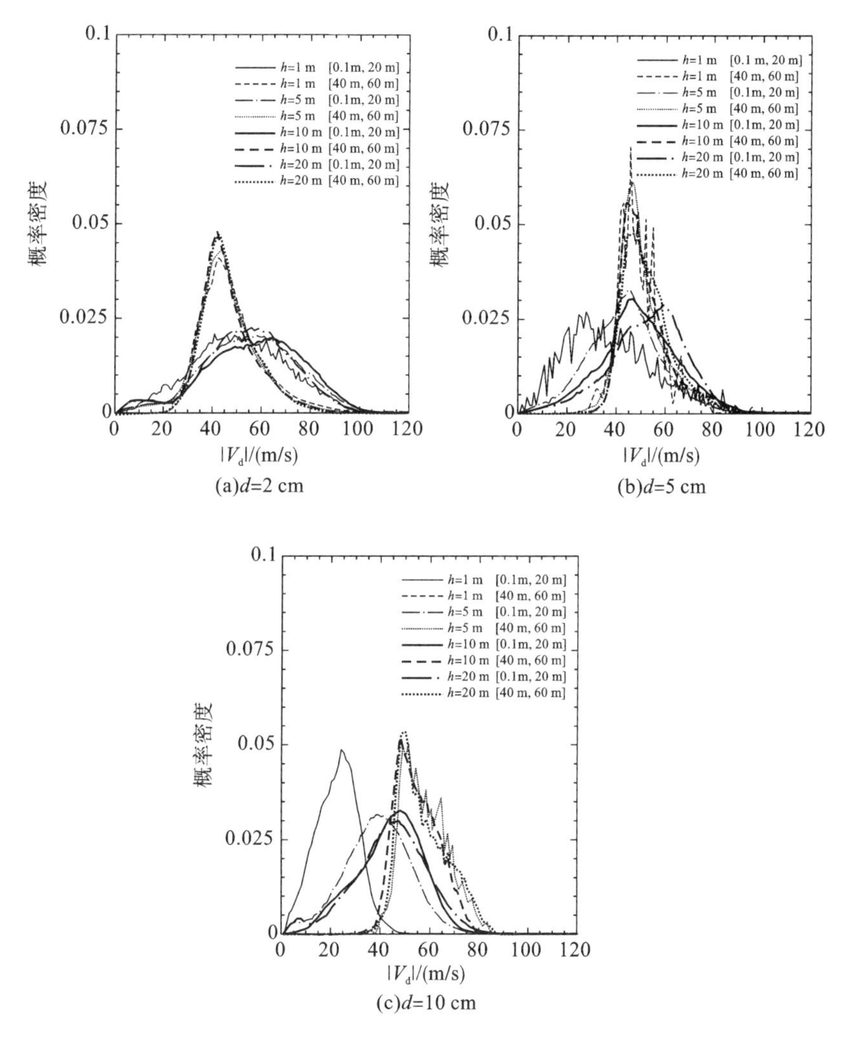

图 11.16 飞掷物速度的概率密度函数

11.3 总 结

飞掷物是在龙卷风灾害期间对建筑造成重大破坏的主要因素之一。了解龙卷风中飞掷物的特征有助于推进建筑的抗龙卷风设计。因此，在本章中，研究了紧致型飞掷物的分布及其速度特性，探讨了飞掷物直径和释放高度的影响。使用大涡模拟再现 Alexander 和 Wurman[2005][1] 观测到的 Spencer 龙卷风，并提供飞掷物的统计数据。本章得出的结论如下。

(1) 飞掷物释放高度会影响其浓度和速度。在高度较低处释放飞掷物会导致飞掷物分布变得稀疏，且速度更低。对于尺寸较小的飞掷物，释放高度的影响更为明显。

(2) 用龙卷风的平均速度预测飞掷物的平均速度是不合适的，特别是在龙卷风核心区域。对于平均切向速度 V_t，当 $r<50$ m 时，飞掷物 V_t 比龙卷风中 V_t 高近 10 m/s。但是，在涡核边界处，飞掷物V_t比龙卷风中V_t低 10 m/s。对于平均径向速度V_r，当 $z=10$ m 时，飞掷物V_r和龙卷风中V_r的正负符号不尽相同。在 $r>200$ m 的区域，当 $d=5$ cm 和 $d=10$ cm 时，飞掷物平均垂直速度V_z为负值，且达到 7 m/s 以上；但龙卷风中V_z为 0。

(3) 飞掷物脉动速度通常小于龙卷风脉动速度，特别是在龙卷风中心及当飞掷物尺寸较大时。当 $d=10$ cm，位于龙卷风中心的飞掷物的切向脉动速度、径向脉动速度和垂直脉动速度分别比风速低 10 m/s、10 m/s 和 5 m/s。

(4) 飞掷物的最大切向速度和径向速度均低于风速，特别是在龙卷风中心。当 $d=10$ cm 时，飞掷物的最大切向速度和径向速度比龙卷风中的最大切向速度和径向速度分别低 50 m/s。

(5) 当 $d=2$ cm 时，可以由龙卷风大致估计出飞掷物速度的平均值、均方根和最大值；并且在 $r>200$ m 的情况下，除了平均径向速度，使用风速可以近乎准确地估算飞掷物速度。

飞掷物通常会破坏建筑物，建筑物也会扰乱龙卷风中的流场。因此，有必要研究建筑物对飞掷物的影响，并分析飞掷物造成的破坏程度。在本章的模拟中，飞掷物最大尺寸仅为 10 cm，但是，自然界中的龙卷风可以卷起更大的飞掷物。另外，本章的研究也没有考虑飞掷物对其他运动物体(例如汽车)的影响，这也值得将来进一步探讨。

第 12 章　龙卷风飞掷物对低层建筑的影响

Bourriez 等[2020][9]通过实验室模拟和数值模拟分别研究了存在和不存在低层建筑模型情况下的龙卷风状涡旋中飞掷物的飞行情况。但是，他们的研究中采用了轴对称流场的假设，并只考虑了平均流场。因此，需要开展更复杂的数值模拟来再现龙卷风飞掷物对建筑的作用。

12.1　工况设置

本节所使用流体和飞掷物的控制方程、龙卷风模拟器和网格的配置、建筑物网格的配置、解决方案以及统计方法均与第 11 章的相同，在此不再赘述，本节仅介绍工况设置。

在模拟过程中，需要考虑的另一个重要参数是建筑模型与龙卷风模拟器中心之间的距离 r，如图 12.1(a)所示。设置建筑模型处于三个不同位置，即龙卷风中心($r=0$)，龙卷风中心边界($r=r_{v,\max}$)，两倍龙卷风中心边界($r=2\,r_{v,\max}$)。建筑表面 ID 如图 12.1(b)所示。表 12.1 列出了工况设置及其代表性参数。

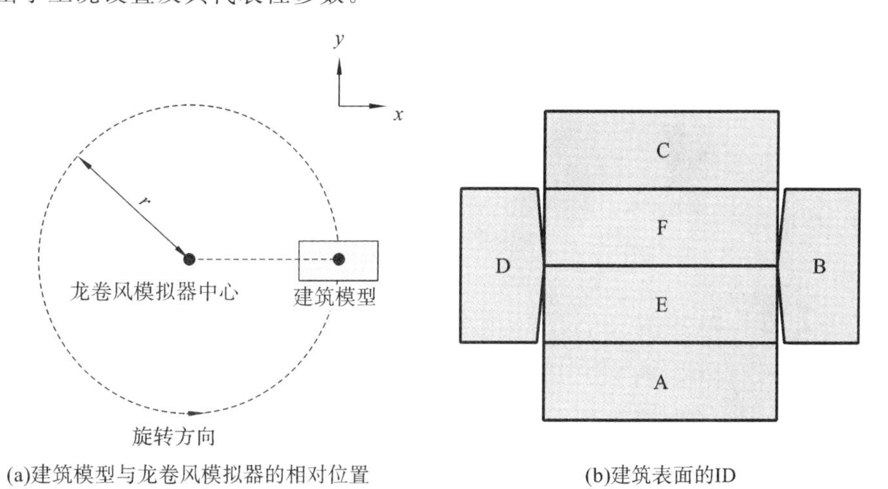

图 12.1　建筑模型和龙卷风中心的示意图

表 12.1　工况设置及其代表性参数

编号	释放飞掷物高度 h/m	飞掷物直径 d/cm	建筑模型位置	质量 m_d /kg	Tachikawa 数值 T_a	每个时间步长释放的颗粒数/个	释放飞掷物的时间步长	阻力系数 C_d
1	20	2	$r=0$	0.0021	32.1	441	5000	0.4
2		2	$r=r_{v_{\max}}$	0.0021	32.1			

续表

编号	释放飞掷物高度 h/m	飞掷物直径 d/cm	建筑模型位置	质量 m_d /kg	Tachikawa 数值 T_a	每个时间步长释放的颗粒数/个	释放飞掷物的时间步长	阻力系数 C_d
3	20	2	$r=2r_{v_{max}}$	0.0021	32.1	441	5000	0.4
4		5	$r=0$	0.0327	12.8			
5		5	$r=r_{v_{max}}$	0.0327	12.8			
6		5	$r=2r_{v_{max}}$	0.0327	12.8			
7		10	$r=0$	0.2616	6.4			
8		10	$r=r_{v_{max}}$	0.2616	6.4			
9		10	$r=2r_{v_{max}}$	0.2616	6.4			

12.2 结果和分析

12.2.1 飞掷物撞击建筑表面的分布与速度

图 12.2 显示了撞击建筑表面的入射飞掷物分布。结果表明，飞掷物的直径大小和建筑与龙卷风中心的相对位置都会影响入射飞掷物的分布。当建筑位于龙卷风中心时，$d=2$ cm

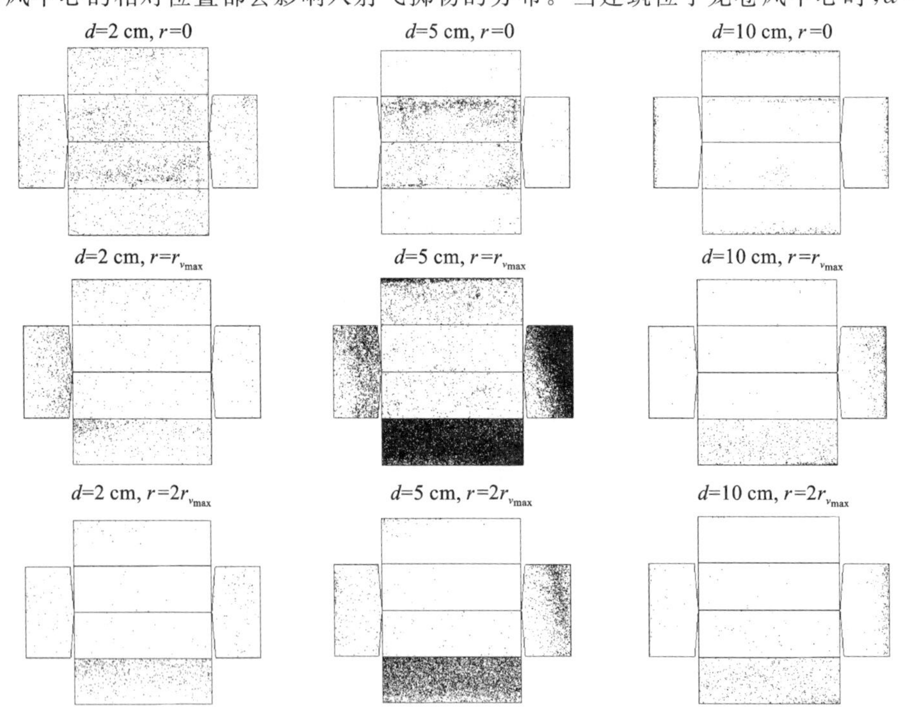

图 12.2 撞击建筑表面的入射飞掷物分布

的飞掷物均匀分布在6个建筑表面，$d=5$ cm的飞掷物仅撞击屋顶表面，$d=10$ cm的飞掷物撞击墙体底部。同时，对于相同直径的飞掷物，其位置不同时，飞掷物分布的差异也较大。如当$d=5$ cm时，建筑位于龙卷风中心边界($r=r_{v_{max}}$)处时飞掷物击中建筑的概率远大于建筑位于龙卷风中心($r=0$)时，并且撞击A面和B面的飞掷物最为集中。

为了了解飞掷物撞击建筑表面的运动方向，图12.3显示了平行于建筑墙壁的入射飞掷物速度矢量。箭头尾部表示飞掷物的入射位置，箭头长度表示速度矢量大小。当$d=2$ cm时，撞击A面和D面的飞掷物最多；当$d=5$ cm和$d=10$ cm时，撞击A面和B面的飞掷物最多。可以发现，除靠近屋顶区域外，飞掷物撞击墙体的运动方向主要与地面平行。

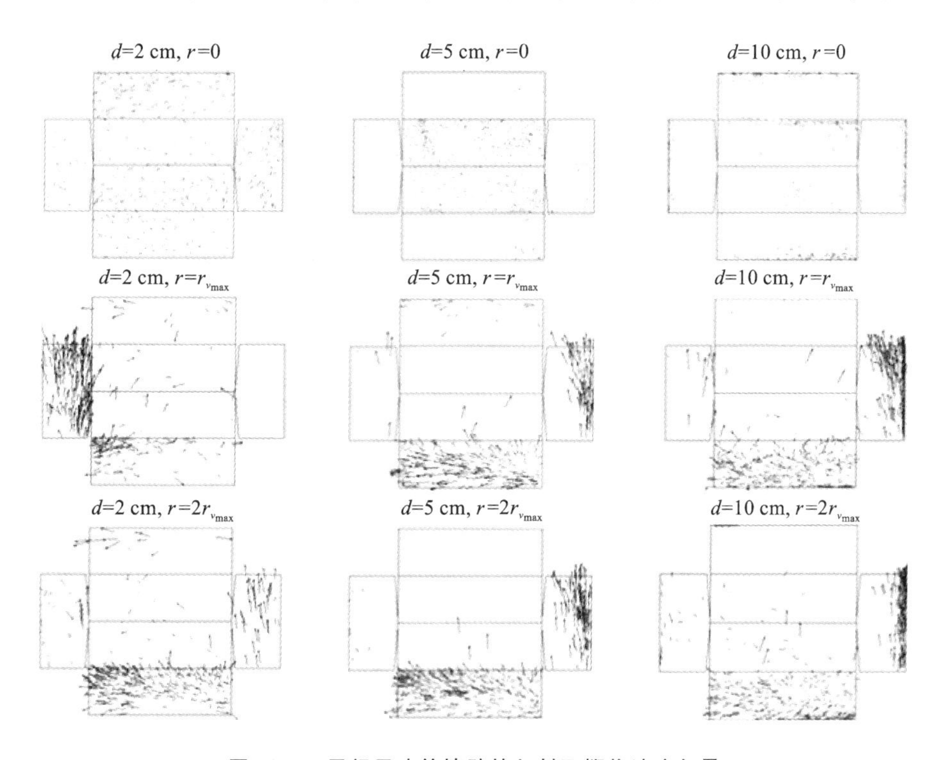

图12.3 平行于建筑墙壁的入射飞掷物速度矢量

图12.4和图12.5分别显示了与建筑墙壁垂直和平行的入射飞掷物瞬时速度，分别表示为V_N和V_T。当$r=r_{v_{max}}$时，V_N和V_T出现最大值。虽然不同直径情况下飞掷物的速度相差不大，但$d=5$ cm时，高速飞掷物撞击建筑表面的数量远多于其他两种直径情况。表12.2汇总了入射飞掷物速度的平均值和最大值以及出现最大值的表面ID。在所有情况中，由于龙卷风中心风速较低，所以$r=0$时的入射飞掷物速度平均值和最大值最小，而$r=r_{v_{max}}$时的入射飞掷物速度的平均值和最大值最大。进一步增大r，飞掷物平均速度和最大速度再度降低。在$r=r_{v_{max}}$处，当$d=2$ cm和$d=5$ cm时，V_N和V_T的最大值均出现在迎风面A上；当$d=10$ cm时，V_N和V_T的最大值分别出现在迎风面A和D上。图12.6显示了V_N和V_T最大值的确切位置。结果表明，建筑迎风面的入射飞掷物强度最大，当$d=5$ cm，$r=r_{v_{max}}$时，V_N可达126.6 m/s；当$d=2$ cm，$r=r_{v_{max}}$时，V_T可达139.4 m/s。

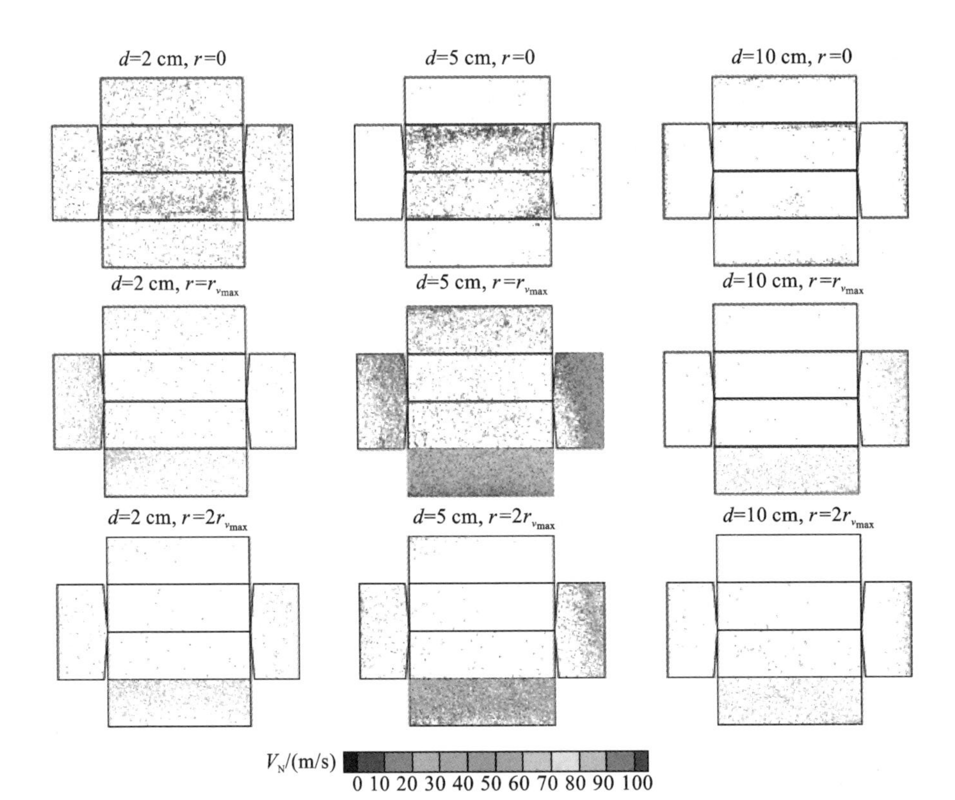

图 12.4　与建筑墙壁垂直的入射飞掷物瞬时速度

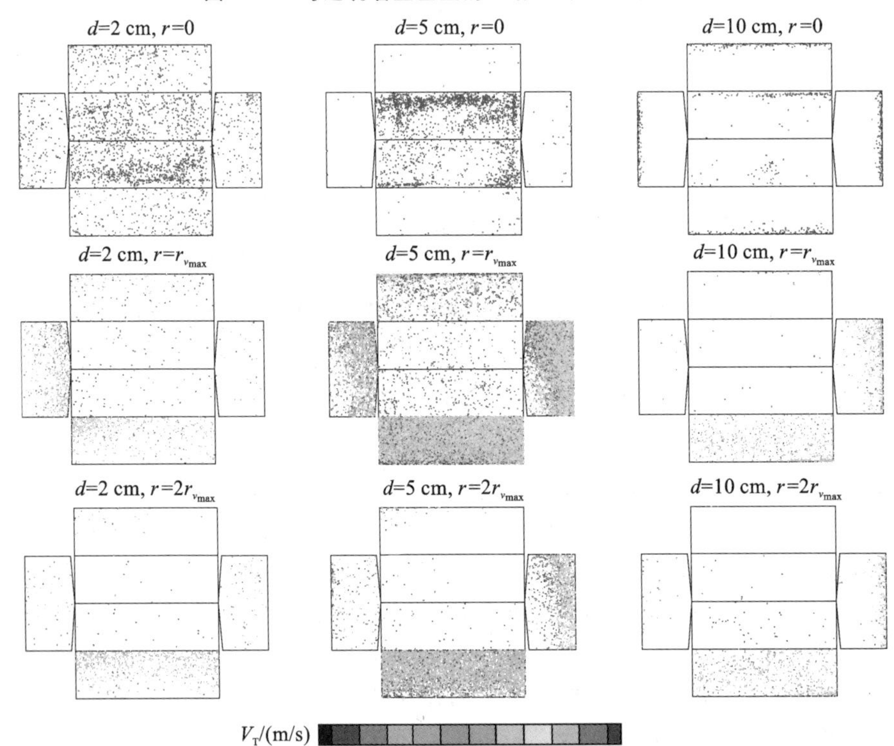

图 12.5　与建筑墙壁平行的入射飞掷物的瞬时速度

表 12.2　入射飞掷物速度的平均值和最大值以及出现最大值的表面 ID

	$V_{N,mean}$ /(m/s)	$V_{T,mean}$ /(m/s)	$V_{N,max}$ /(m/s)	$V_{T,max}$ /(m/s)	$V_{N,max}$ 的表面 ID	$V_{T,max}$ 的表面 ID
d=2 cm，r=0	1.4	3.7	19.4	24.6	A	C
d=5 cm，r=0	0.7	1.7	10.1	11.9	C	E
d=10 cm，r=0	1.4	2.4	10.1	12.3	D	C
d=2 cm，$r=r_{v_{max}}$	24.8	32.6	102.9	139.4	A	A
d=5 cm，$r=r_{v_{max}}$	40.4	35.1	126.6	121.5	A	A
d=10 cm，$r=r_{v_{max}}$	32.8	29.0	88.8	77.7	A	D
d=2 cm，$r=2r_{v_{max}}$	33.5	22.0	68.9	76.3	A	C
d=5 cm，$r=2\ r_{v_{max}}$	32.0	21.5	73.8	71.1	A	D
d=10 cm，$r=2r_{v_{max}}$	30.2	18.6	70.4	63.0	A	E

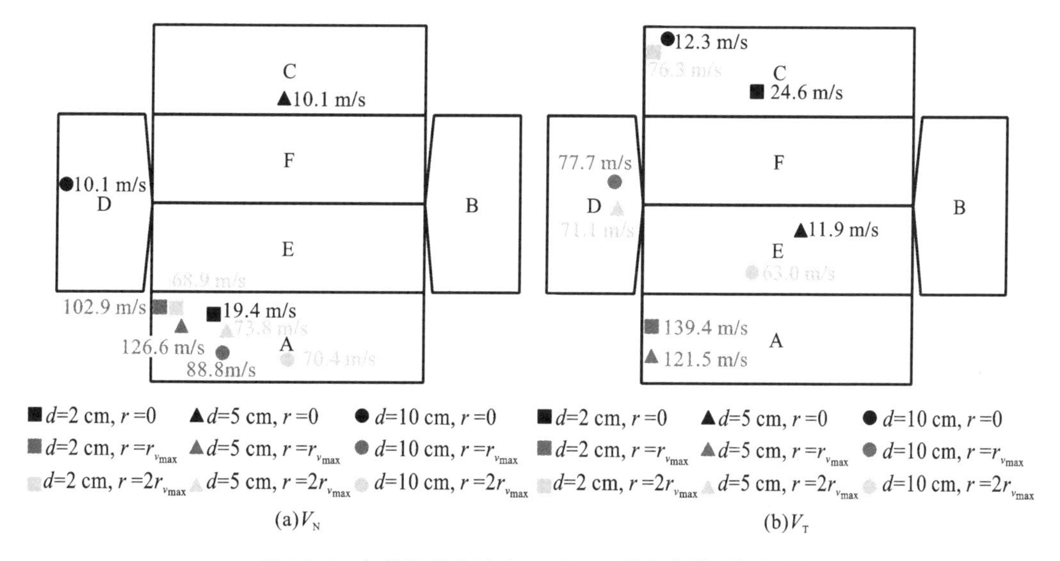

图 12.6　入射飞掷物速度 V_N 和 V_T 最大值的确切位置

12.2.2　$r=r_{v_{max}}$ 时建筑周围飞掷物

在讨论 $r=r_{v_{max}}$ 时撞击建筑的入射飞掷物速度概率分布之前，应首先探明建筑周围飞掷物的瞬时速度和分布，如图 12.7 所示。图中显示了建筑表面 ID 和风向(虚线箭头)，有助了解建筑和龙卷风的相对位置。随着飞掷物直径的增大，飞掷物更集中于近地面区域。考虑到建筑高度相对较低，飞掷物在近地面的集中现象表明飞掷物击中建筑的可能性较大。此外，龙卷风飞掷物与建筑之间的相互作用随着飞掷物直径的增大而增强。当 d=10 cm 时，可清晰识别出高速飞掷物聚集的马蹄形区域。

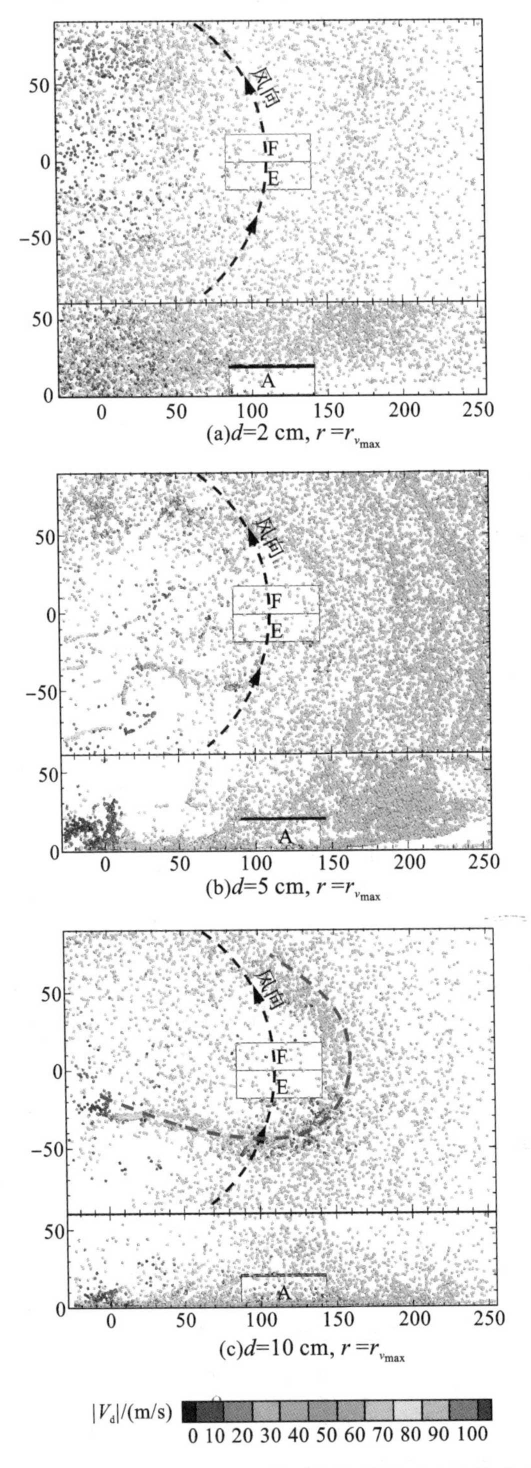

图 12.7　$r=r_{v_{\max}}$ 时建筑周围飞掷物的瞬时速度和分布

12.2.3 入射飞掷物概率分布

为了弄清没有建筑时龙卷风飞掷物是否可以直接用于预测撞击建筑的飞掷物速度和分布，图 12.8～图 12.13 左列子图是考虑龙卷风与建筑之间的相互作用后直接从模拟中获得的结果，右列子图是在没有建筑情况下，龙卷风飞掷物穿过假定建筑表面位置的速度和分布。需要指出的是，在绘制右列子图时，须假设飞掷物只能击中建筑一次，即撞击建筑后，飞掷物将被迫消失。这一假设是考虑到如果撞击建筑的飞掷物不消失，它将再次撞击下游建筑表面，A 面和 C 面、E 面和 F 面上则将显示出几乎相同的飞掷物分布情况，B 面和 D 面上则将显示出对称分布，而这与实际情况不符。

图 12.8 提供了当 $r=r_{v_{\max}}$ 时，垂直于建筑墙壁的 $d=2$ cm 的入射飞掷物速度的概率密度函数。概率密度函数曲线分为 6 个部分，累积概率分别为 0～2.3%、2.3%～15.9%、15.9%～50%、50%～84.1%、84.1%～97.7%和 97.7%～100%。对累积概率的划分是考虑到对于正态分布，2.3%、15.9%、50%、84.1%和 97.7%分别对应于 $E-2\sigma$、$E-\sigma$、E、$E+\sigma$ 和 $E+2\sigma$，其中 E 为均值，σ 为标准差。曲线上还显示了这 6 个速度幅值范围相应的上下限。此外，描绘了与上述 6 个速度幅值范围对应的入射飞掷物的速度和分布，以反映不同入射速度大小的飞掷物分布情况。$V_N=20$ m/s 时出现一个峰值，V_N较低(例如 $V_N<10$ m/s 时)的飞掷物分布比较均匀，而V_N较大(例如 V_N 在 10～43 m/s 之间时)的飞掷物主要集中在两个迎风面上(A 面和 D 面)，且在迎风面 A 处观测到V_N极大值。与有建筑的情况不同，无建筑的飞掷物V_N呈双峰分布，在 $V_N=7$ m/s(集中在 D 面和 E 面)和 $V_N=37$ m/s(集中在 A 面和 D 面)附近有两个峰值。此外，在不考虑建筑与龙卷风相互作用的情况下，飞掷物撞击建筑的V_N最大值($V_N=70$ m/s)远小于考虑相互作用时的V_N最大值($V_N=102$ m/s)，这可能是建筑拐角处的流体加速所致。上述研究结果表明，建筑对龙卷风飞掷物的速度和分布有不可忽视的影响。

将图 12.8 中 $d=2$ cm 的入射飞掷物速度和分布结果分别与图 12.9 和图 12.10 中的结果进行比较，可以发现飞掷物直径大小不同将改变其分布情况。对于 $d=5$ cm 的飞掷物，有建筑时，V_N在 0～72 m/s 范围内的概率密度变化不大，当$V_N>72$ m/s 时，V_N的概率密度变小，而 $d=2$ cm 的飞掷物仅集中在迎风面上。与 $d=2$ cm 的飞掷物相比，没有建筑的情况下双峰分布的第一个峰值在图 12.9 中不再显著。对于 $d=10$ cm 的飞掷物，其V_N概率密度函数曲线与 $d=2$ cm 的飞掷物相似，只是大部分飞掷物撞击建筑的位置变为 A 面和 B 面，且在无建筑的情况下，飞掷物只分布在地面附近，这意味着建筑的引入干扰了飞掷物，使飞掷物更容易击中建筑表面。

图 12.11～图 12.13 分别为当 $r=r_{v_{\max}}$ 时，直径为 2 cm、5 cm 和 10 cm 的入射飞掷物V_T的概率密度函数。对于V_T，无论飞掷物直径如何，在有建筑和没有建筑的情况下，概率密度函数和飞掷物分布的差异并不明显。最重要的是，飞掷物撞击速度最快的区域集中在建筑迎风面的近核心部分。

图 12.14 描述了当 $r=r_{v_{\max}}$ 时，不同建筑表面上飞掷物速度的概率密度函数，以判断受撞击程度最大的表面及其相应的入射速度。当 $d=2$ cm 时，飞掷物主要落在迎风面 A 和 D 上；而当 $d=5$ cm 和 $d=10$ cm 时，飞掷物主要集中在迎风面 A 和 B 上。当 $d=5$ cm 时，A

面、B 面的V_N分别由 70 m/s 和 32 m/s 减小到 d=10 cm 时的 52 m/s 和25 m/s。值得关注的是，当 d=5 cm 和 d=10 cm 时，A 面和 B 面上的V_T与 B 面和 A 面上相应的V_N几乎相同。

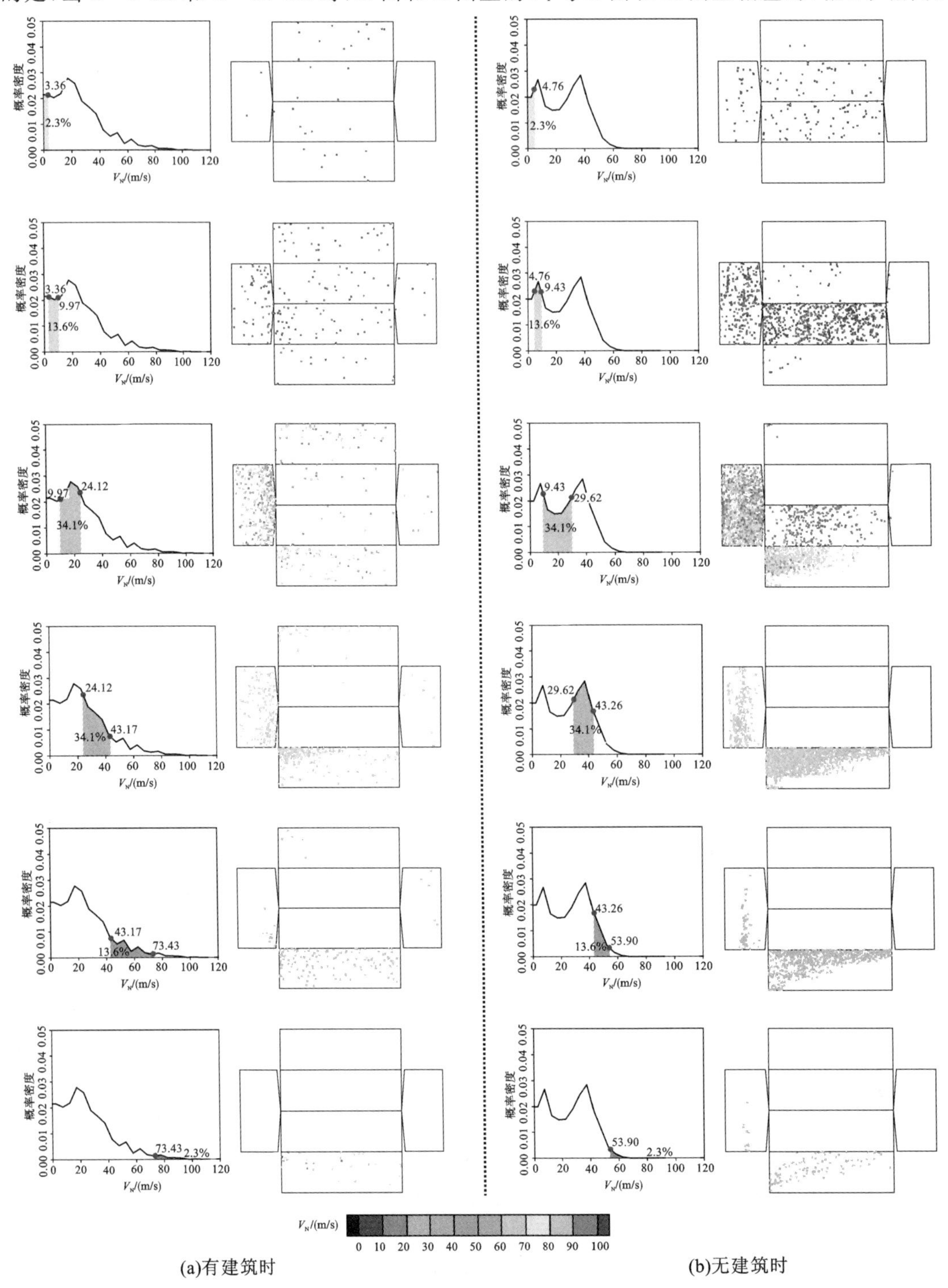

图 12.8　有建筑和无建筑时入射飞掷物速度V_N的概率密度函数(d=2 cm,$r=r_{v_{max}}$)

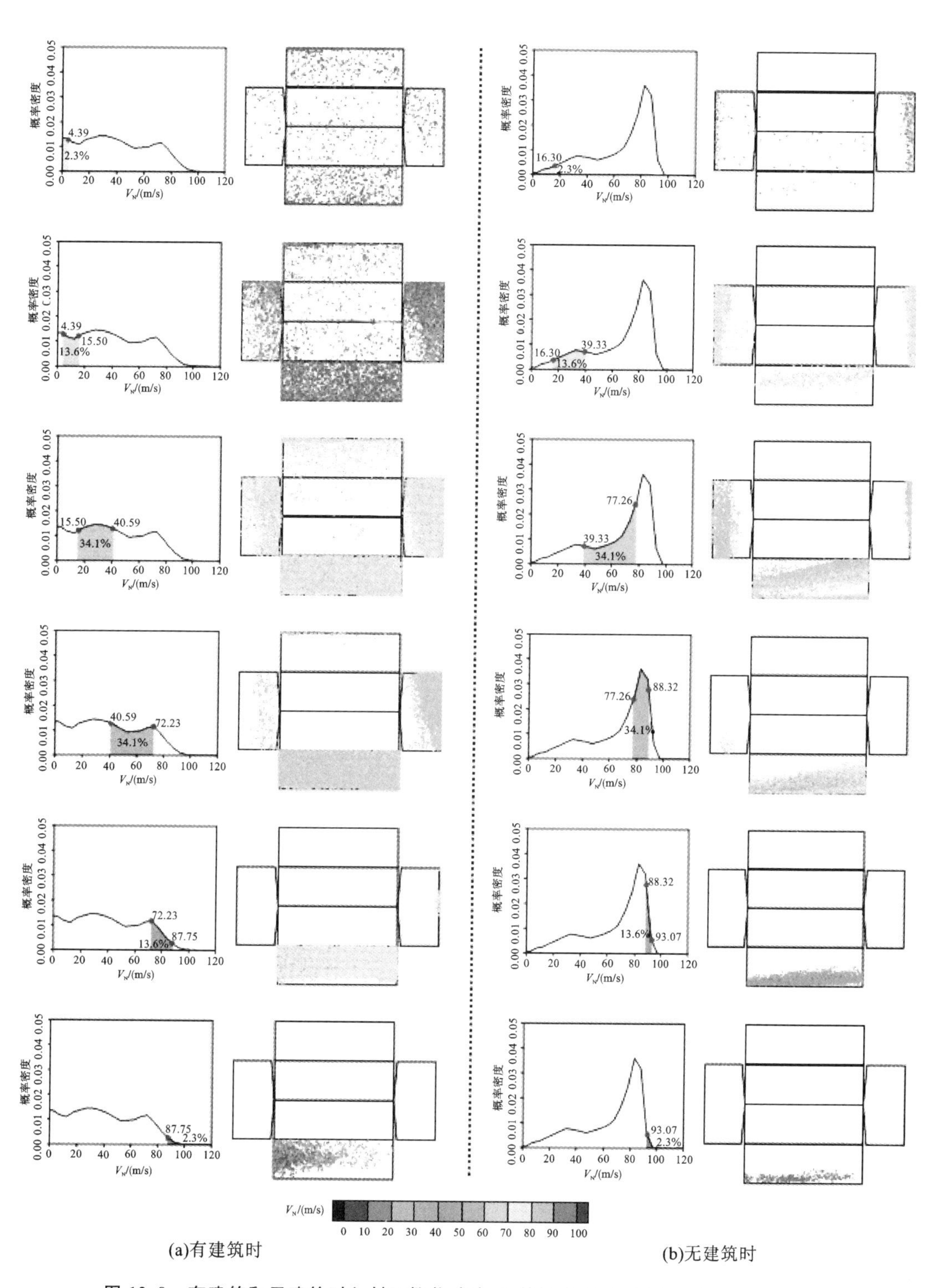

图 12.9 有建筑和无建筑时入射飞掷物速度 V_N 的概率密度函数(d=5 cm, $r=r_{v_{max}}$)

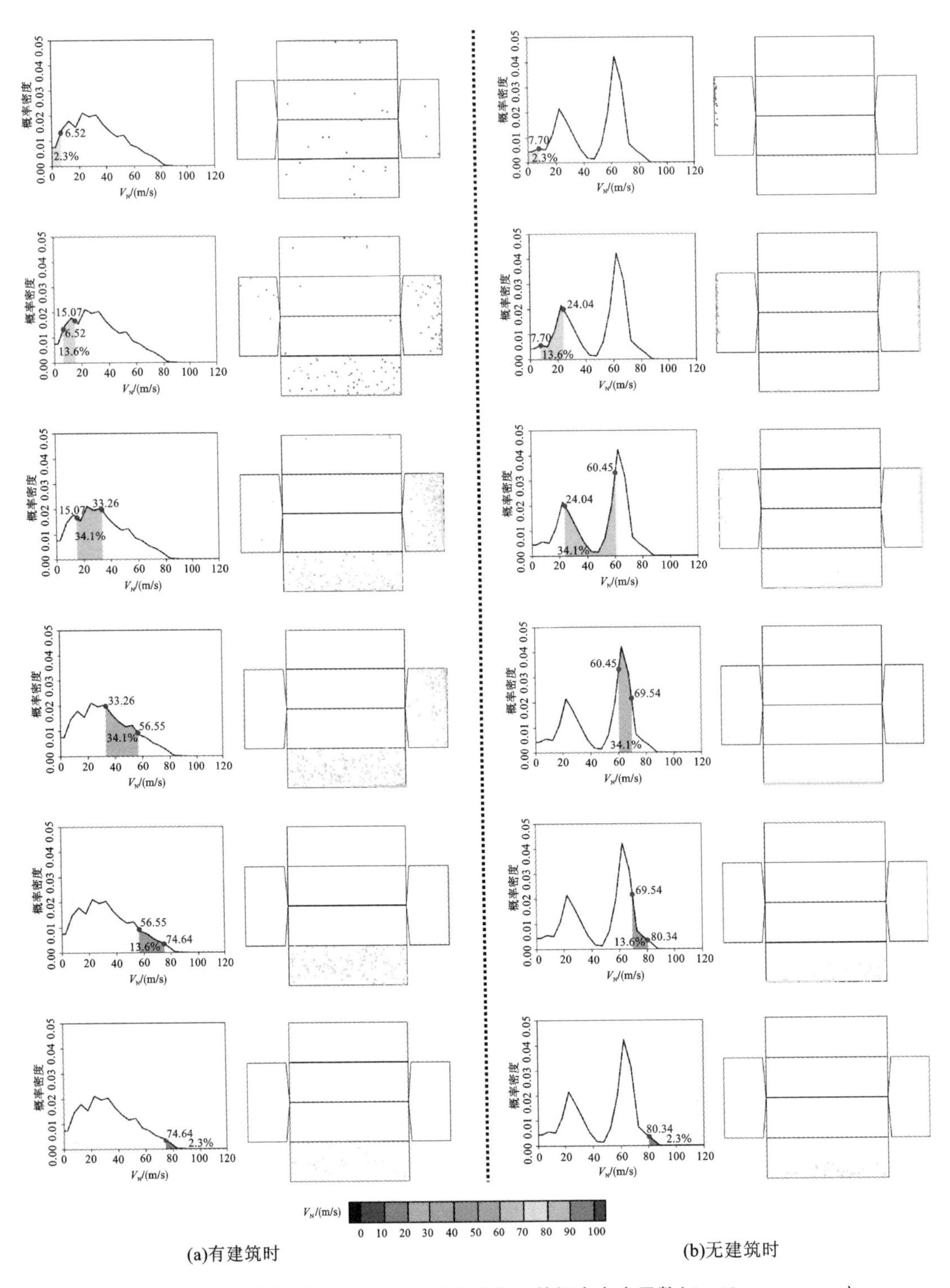

图 12.10　有建筑和无建筑时入射飞掷物速度V_N的概率密度函数($d=10$ cm,$r=r_{v_{max}}$)

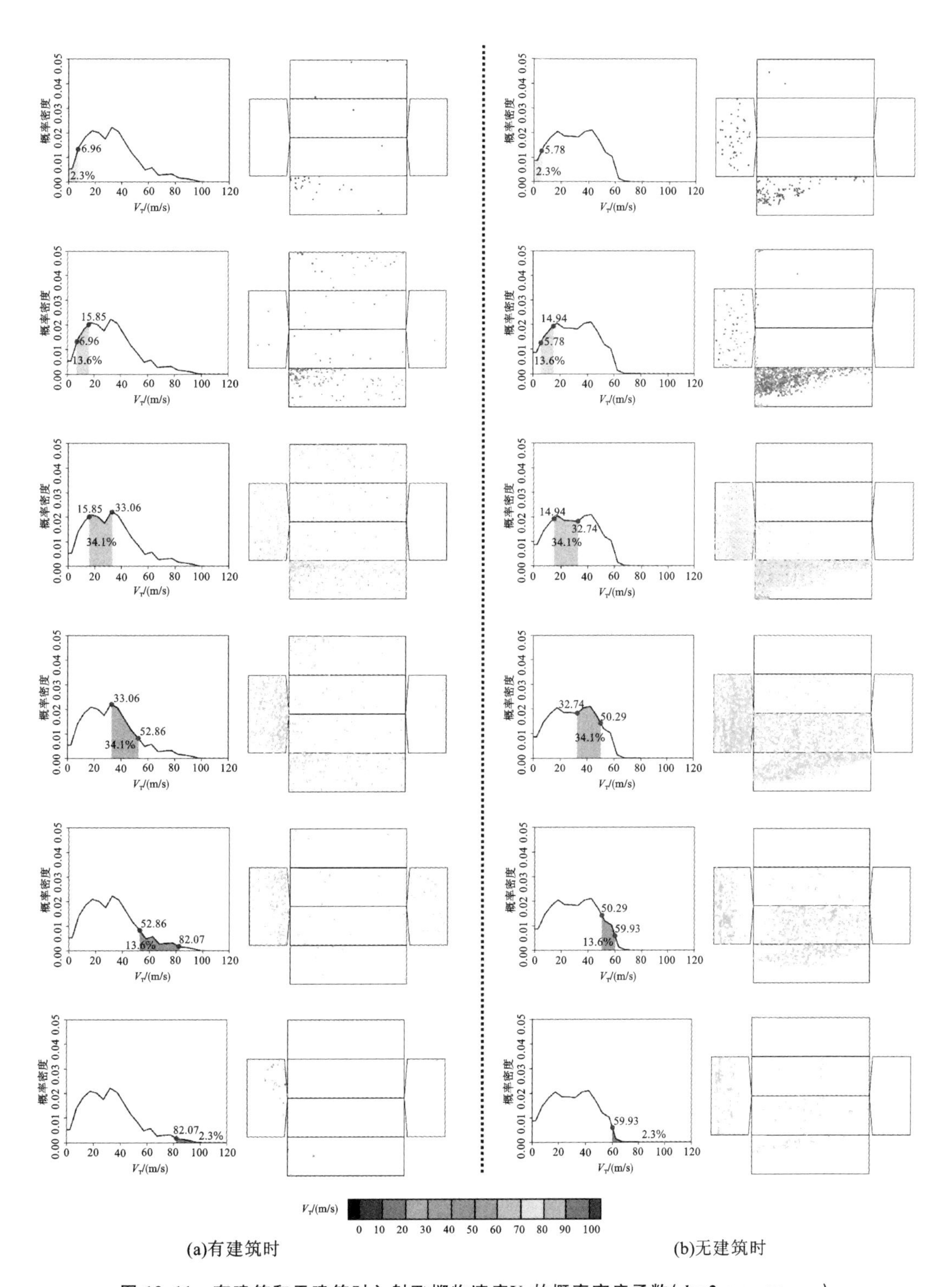

图 12.11 有建筑和无建筑时入射飞掷物速度V_T的概率密度函数($d=2$ cm,$r=r_{v_{max}}$)

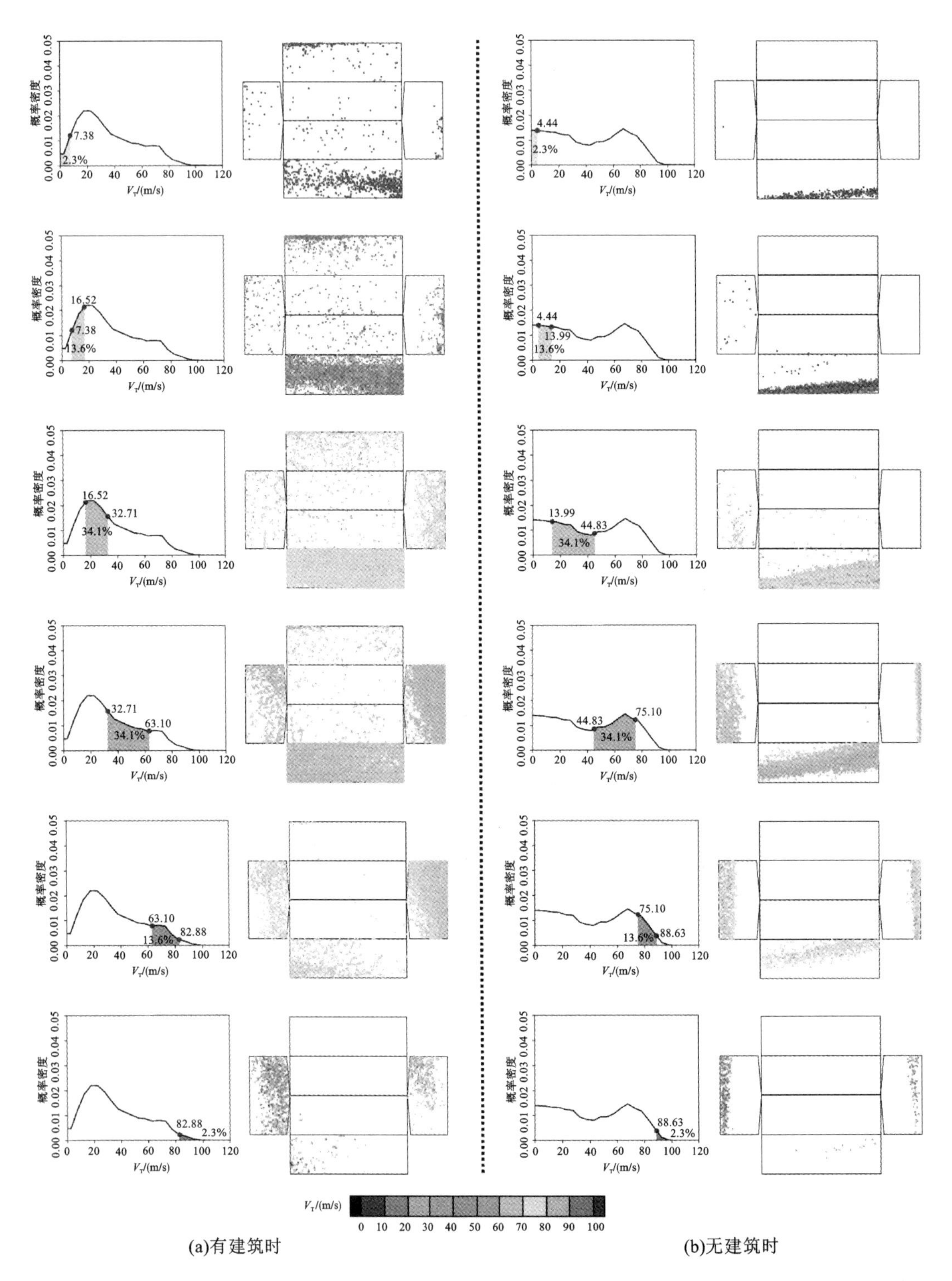

图 12.12 有建筑和无建筑时入射飞掷物速度 V_T 的概率密度函数($d=5$ cm, $r=r_{v_{max}}$)

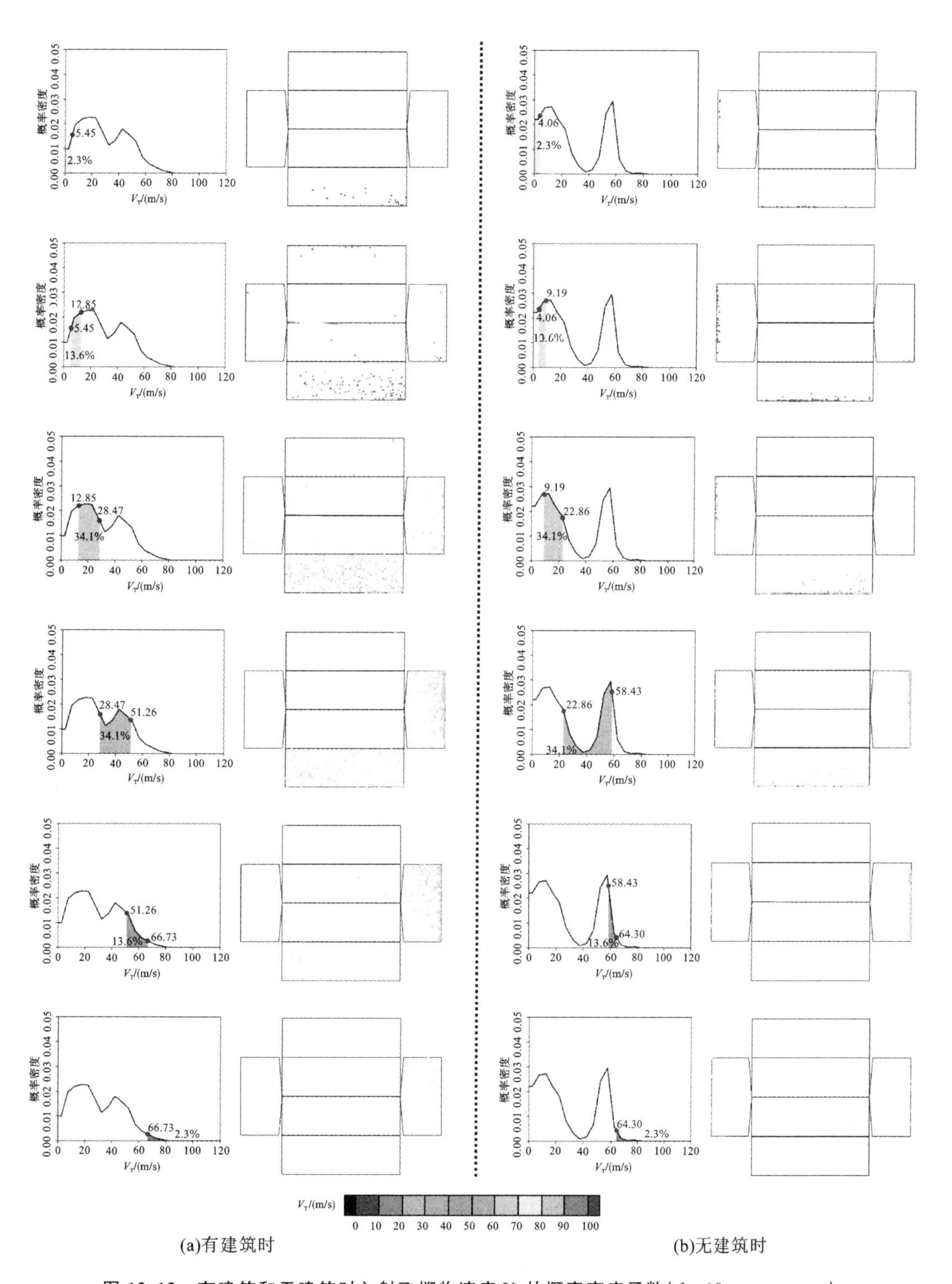

(a)有建筑时 (b)无建筑时

图 12.13 有建筑和无建筑时入射飞掷物速度 V_T 的概率密度函数($d=10$ cm, $r=r_{v_{max}}$)

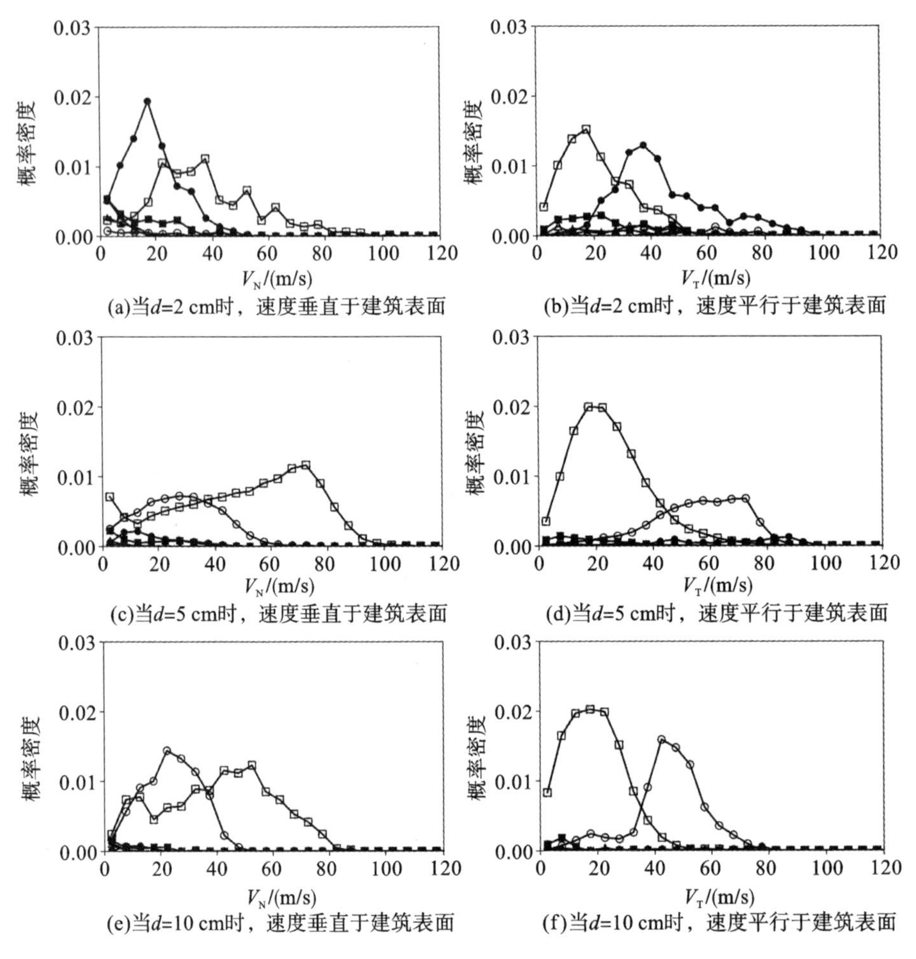

图 12.14　当 $r=r_{v_{\max}}$ 时,不同建筑表面上飞掷物速度的概率密度函数

12.3　总　　结

本章为了量化飞掷物对低层建筑的影响,在考虑飞掷物直径大小和龙卷风中心与建筑模型之间的距离两个因素的情况下,通过大涡模拟研究了飞掷物的一般特征、入射位置和速度分布及其概率分布。本章得出的结论如下。

(1) 除龙卷风中心区域外,$d=2$ cm 的飞掷物很少接触地面。在龙卷风外部区域,飞掷物主要在 20 m 以上高度飞行,这是 $d=2$ cm 的飞掷物撞击建筑强度较小的原因。当 $d=10$ cm 时,重力在飞掷物运动中起着更重要的作用。只有当垂直阵风足够强时,$d=10$ cm 的飞掷物才能被吹起。因此,$d=10$ cm 的飞掷物撞击建筑的数量少于 $d=2$ cm 的飞掷物。$d=5$ cm的飞掷物撞击建筑的强度最大,并主要撞击建筑的迎风面和远离龙卷风的背风面。

(2) 龙卷风中心的下沉气流迫使飞散的飞掷物向地面移动，向下运动的飞掷物是 $r=0$ 处建筑屋顶受破坏的原因，当建筑移动到中心外部区域，建筑屋顶很少被飞掷物击中。当 $r=2r_{v_{\max}}$ 时，撞击建筑屋顶的飞掷物几乎消失。当建筑物处于 $r=r_{v_{\max}}$ 处时，飞掷物撞击建筑的速度最高。建筑的迎风面通常遭受最强烈的飞掷物撞击，当 $d=5$ cm 和 $r=r_{v_{\max}}$ 时，V_N 可以达到 126.6 m/s；当 $d=2$ cm 和 $r=r_{v_{\max}}$ 时，V_T 可以达到 139.4 m/s。

(3) 龙卷风和建筑之间的相互作用干扰了飞掷物飞行。随着飞掷物直径的增大，干扰效应变得更加显著。当 $d=10$ cm 时，如果不考虑龙卷风与建筑的相互作用，飞掷物将主要撞击建筑角部。考虑龙卷风与建筑的相互作用后，飞掷物更容易被吹散，且飞掷物撞击建筑的位置几乎可覆盖整个迎风面。这表明在评估建筑物上龙卷风飞掷物破坏强度的同时需要考虑龙卷风与建筑的相互作用。

(4) 撞击建筑表面的飞掷物速度概率密度函数显示非高斯分布。对于 $d=5$ cm 和 $d=10$ cm 的飞掷物，可以观察到概率密度函数的相似性。随着飞掷物直径从 5 cm 增大到 10 cm，飞掷物速度的众数值减小，概率密度函数曲线变陡。最危险的区域被确定为迎风建筑物表面的近核心部分。

在本章中，仅考虑了多核涡阶段的龙卷风。目前尚不清楚由其他阶段龙卷风引起的飞掷物撞击建筑的特性。此外，本章假定飞掷物是紧致的，而实际上龙卷风中的飞掷物具有各种形状，因此还应研究飞掷物的形状效应。对于一些对土木结构造成灾难性影响的典型飞掷物，例如汽车、广告牌、窗户、集装箱等，还应进行专门探讨。

附录 A　轴对称 N-S 方程动量收支平衡的计算

龙卷风中心线处径向轴对称 N-S 方程中的 $-V^2/r$、$-v^2/r$ 和 u^2/r 以及在垂直方向轴对称的 N-S 方程中的 $\partial uw/\partial r$ 和 uw/r 的计算方法如下，采用下标 x、y 和 z 来区分笛卡尔坐标中 x、y 和 z 方向上的变量。

假定平均切向速度与涡旋中心附近的半径成正比（Ishihara 等[2011][47]），并且可以表示为：

$$V=\alpha r \tag{A.1}$$

式中，α 是一个常数。离心力项 V^2/r 在中心附近等于 $\alpha^2 r$，在涡流中心接近 0。

径向轴对称 N-S 方程的湍流力项应等于中心在笛卡尔坐标中 x 方向上的 N-S 方程的湍流力项，表示为：

$$\frac{\partial u^2}{\partial r}+\frac{\partial uw}{\partial z}-\frac{v^2}{r}+\frac{u^2}{r}=\frac{\partial u_x^2}{\partial x}+\frac{\partial u_x v_y}{\partial y}+\frac{\partial u_x w_z}{\partial z} \tag{A.2}$$

根据雷诺应力的对称性，笛卡尔坐标中变量的对称性见表 A.1，$\partial u_x^2/\partial x$ 和 $\partial u_x v_y/\partial y$ 应等于 0，而 $\partial uw/\partial z$ 应等于 $\partial u_x w_z/\partial z$，因此湍流力项的总和 $\partial u^2/\partial r-v^2/r+u^2/r$ 等于 0。

垂直方向轴对称 N-S 方程的湍流力项应等于中心在笛卡尔坐标中 z 方向上的 N-S 方程的湍流力项，表示为：

$$\frac{\partial uw}{\partial r}+\frac{uw}{r}+\frac{\partial w^2}{\partial z}=\frac{\partial u_x w_z}{\partial x}+\frac{\partial v_y w_z}{\partial y}+\frac{\partial w_z^2}{\partial z} \tag{A.3}$$

式中，$\partial w^2/\partial z$ 应等于 $\partial w_z^2/\partial z$，所以 $\partial uw/\partial r+uw/r$ 可通过 $\partial u_x w_z/\partial x+\partial v_y w_z/\partial y$ 计算。

笛卡尔坐标中变量的对称性见表 A.1。

表 A.1　笛卡尔坐标中变量的对称性

变量	u_x^2	v_y^2	w_z^2	$u_x v_y$	$u_x w_z$	$v_y w_z$
对称性	S	S	S	S	A	A

注：S 和 A 分别表示对称性和不对称性。

附录B　一种模拟地面粗糙度的方法

本书通过在第2章建立的N-S方程中加入阻力来模拟地面粗糙度。在这里可以通过一个简单的案例来验证该方法。研究案例如图B.1和图B.2所示。图B.1中计算域的高度为2 m,长度为21 m。图B.2中粗糙度块尺寸为0.03 m×0.03 m,每个粗糙度块间距为0.03 m。由此计算出粗糙度块体积密度γ为0.25。入流风速为1 m/s,阻力系数定义见第2章。首先将第一层网格设置在离地面高度1 mm处以及块体表面高度3 mm处,这是因为这两个区域的速度梯度和脉动梯度均较大。然后进行大涡模拟,建立三维模型,跨向宽度设定为1 m,物理计算时间为40 s,采用10 s数据进行统计。图B.1中绘制的数据是从P点位置跨度中心提取的。图B.3显示了平均风速$\sqrt{\overline{u}^2+\overline{v}^2+\overline{w}^2}$和湍动能$\frac{1}{2}(u'^2+v'^2+w'^2)$在距离入口12.95 m处P点位置的模拟与试验的剖面比较,以检验模拟地面粗糙度方法的有效性。

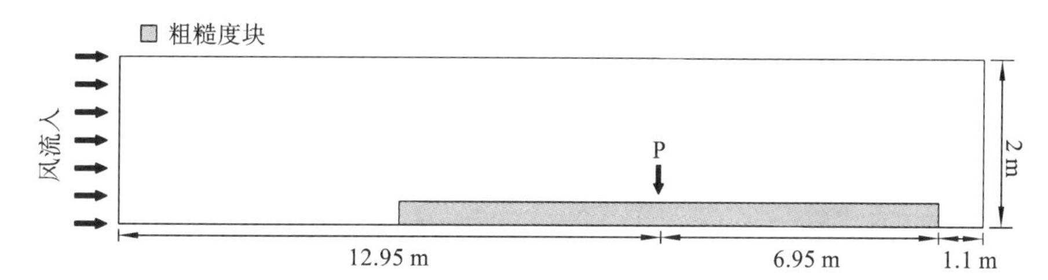

图B.1　模拟地面粗糙度方法数值检验示意图(侧视图)

注:灰色阴影区域表示粗糙度块,P点位于距入口12.95 m处。

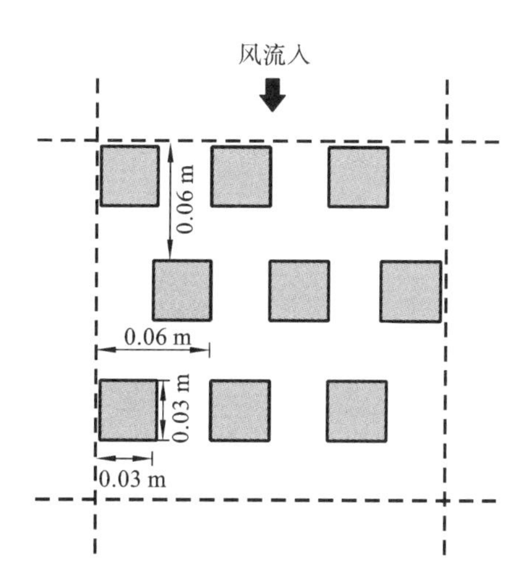

图B.2　模拟地面粗糙度方法的数值检验示意图(俯视图)

注:灰色阴影区域表示粗糙度块。

实验结果表明,在N-S方程中加入适当的动量源项可成功地模拟粗糙度。此方法可使用一个网格系统来分别模拟平坦和粗糙的地面情况，而且改变粗糙度区域的高度也非常容易，仅需指定要添加的动量源区域。

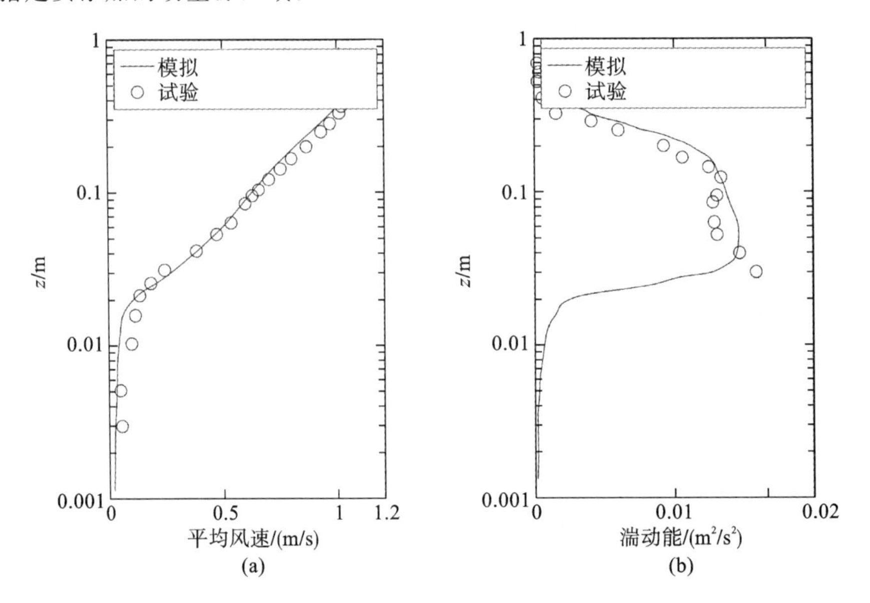

图 B.3　P 点位置的平均风速和湍动能模拟与试验的剖面比较

注：实验数据取自 Maruyama[1993][70]的研究。

附录C　直线风荷载

第8章的研究目的是阐明龙卷风-结构相互作用与直线风-结构相互作用之间的关系，因此建立了一个与龙卷风模拟器几何尺寸相同的描述直线风况的模型。其计算区域的宽度和长度分别为20D和60D，其中D是建筑模型较长一侧的长度，为20 mm；高度与龙卷风模拟器中汇流区的高度相同。为了将数值计算结果与Pierre等[2005][88]的实验结果进行比较，在入口处施加了均匀的风廓线，通过改变进气口与建筑模型中心的相对位置，使建筑模型位置处的平均速度分布与实验测得的平均速度分布相吻合，如图C.1所示。计算域被分成两个区块，内圆柱体块插入到外部长方体块中，通过旋转圆柱体块体，可任意指定攻角α。这两个区块的交汇面使用网格交接面。

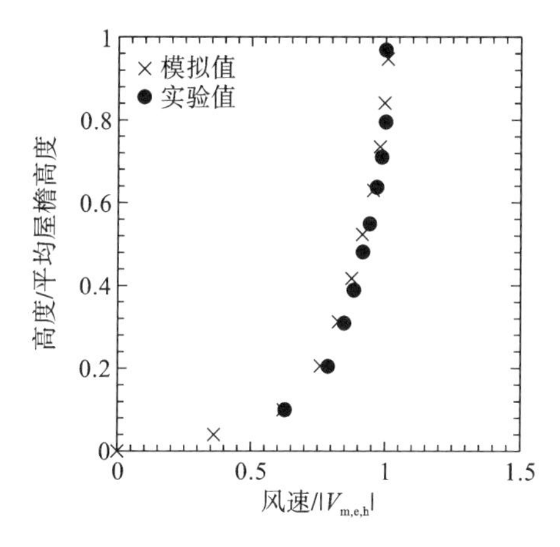

图C.1　模拟和实验中建筑安装位置风廓线的比较

采用结构化网格时，出口附近网格较粗，建筑模型周围网格较细，在垂直和水平方向上的最小网格尺寸、网格增长率以及建筑表面的网格分布与龙卷风模拟器相同，以消除网格的影响。数值风洞参数见表C.1。

表C.1　数值风洞参数

参数	数值
网格数量/个	521100
时间步长/s	0.0005
平均屋檐高度处的平均风速$V_{m,e,h}$/(m/s)	15
体积平均速度V_{vol}/(m/s)	12.5
尺度比λ_l	1/1900

根据龙卷风模拟器的模拟结果，攻角范围为10°～50°，因此在直线风模型中，仅在10°～50°的5个攻角下对建筑进行测试。

Pierre 等[2005][88]系统研究了几何比例为 1∶100 且与本书具有相同几何形状的山墙屋顶建筑的风荷载。这里直接将数值计算的空气动力与实验中的空气动力进行比较。由于数值计算只提供了作用于如图 C.2 所示末端区域的响应结果，因此仅对该区域作比较验证。本书中使用的末端区域水平推力系数和垂直力系数定义为：

$$C_{H,\mathrm{e.b.}}=\frac{F_{H,\mathrm{e.b.}}}{\frac{1}{2}\rho|V_{\mathrm{m,e,h}}|^2 b'H} \tag{C.1}$$

$$C_{V,\mathrm{e.b.}}=\frac{F_{V,\mathrm{e.b.}}}{\frac{1}{2}\rho|V_{\mathrm{m,e,h}}|^2 b'W} \tag{C.2}$$

式中，下标 e.b. 表示末端区域，b'是该区域的长度，$|V_{\mathrm{m,e,h}}|$是建筑平均屋檐高度处的平均风速。

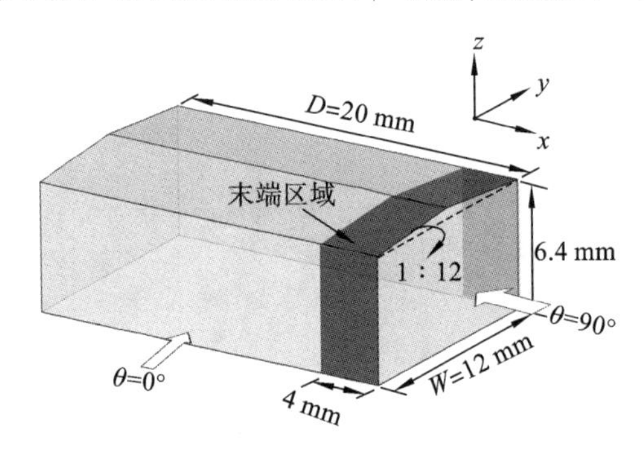

图 C.2　末端区域气动力示意图

在实验中，气动力系数是通过平均屋檐高度处的峰值速度对峰值响应进行归一化处理而计算出来的，因此被命名为“等效平均响应系数”，其结果与数值计算的平均响应系数近似匹配，因此将平均响应系数与实验中的等效平均响应系数进行比较是合理的。

对攻角为 10°～50°的 5 种情况进行数值模拟，图 C.3 绘制出了末端区域的气动力系数，并在图中叠加了实验结果。结果表明，数值结果与实验结果吻合较好，证明数值风洞可以提供可靠的计算数据，可用于第 8 章的研究。

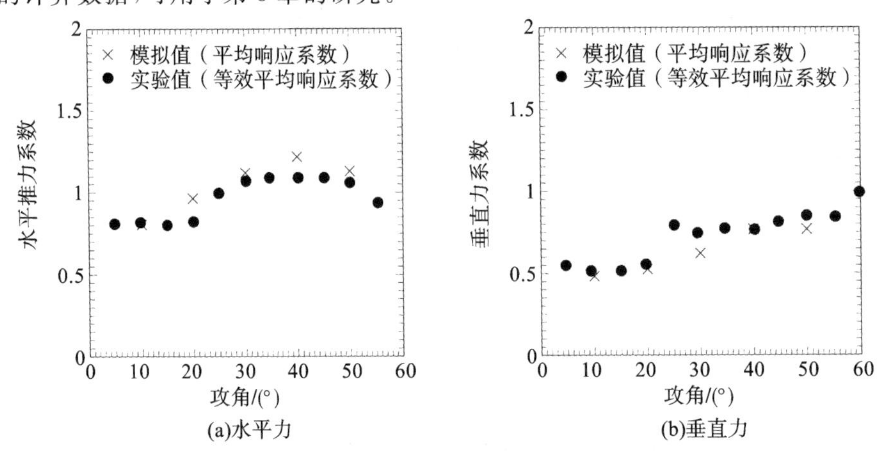

(a)水平力　　(b)垂直力

图 C.3　数值结果与实验结果末端区域气动力系数比较

参考文献

[1] ALEXANDER C R, WURMAN J. The 30 May 1998 Spencer, South Dakota, storm. Part Ⅰ: The structural evolution and environment of the tornadoes[J]. Monthly Weather Review, 2005, 133(1): 72-97.

[2] ALEXANDER C R. A mobile radar based climatology of supercell tornado structures and dynamics[D]. Norman: University of Oklahoma, 2010.

[3] ALRASHEEDI N H, SELVAM R P. Tornado forces on different building sizes using computer modeling[Z]. In ASME early career technical conference, 2011.

[4] ASHTON R, REFAN M, IUNGO G V, et al. Wandering corrections from PIV measurements of tornado-like vortices [J]. Journal of Wind Engineering and Industrial Aerodynamics, 2019, 189: 163-172.

[5] BAKER C J, STERLING M. Modelling wind fields and debris flight in tornadoes[J]. Journal of Wind Engineering and Industrial Aerodynamics, 2017, 168: 312-321.

[6] BAKER G L. Boundary Layers in Laminar Vortex Flows [D]. Indiana: Purdue University, 1981.

[7] BENJAMIN T B. Theory of the vortex breakdown phenomenon[J]. Journal of Fluid Mechanics, 1962, 14(4): 593-629.

[8] BLUESTEIN H B, LEE W, BELL M, et al. Mobile Doppler radar observations of a tornado in a supercell near Bassett, Nebraska, on 5 June 1999. Part Ⅱ: Tornado-vortex structure[J]. Monthly Weather Review, 2003, 131(12): 2968-2984.

[9] BOURRIEZ F, STERLING M, BAKER C. Windborne debris trajectories in tornado-like flow field initiated from a low-rise building[J]. Journal of Wind Engineering and Industrial Aerodynamics, 2020, 206: 104358.

[10] BROWN R A, LEMON L R, BURGESS D W. Tornado detection by pulsed Doppler radar[J]. Monthly Weather Review, 1978, 106(1): 29-38.

[11] BRYAN G H, DAHL N A, NOLAN D S, et al. An eddy injection method for large-eddy simulations of tornado-like vortices[J]. Monthly Weather Review, 2017, 145(5): 1937-1961.

[12] CAO S Y, WANG J, CAO J X, et al. Experimental study of wind pressures acting on a cooling tower exposed to stationary tornado-like vortices[J]. Journal of Wind Engineering and Industrial Aerodynamics, 2015, 145: 75-86.

[13] CARETTO L S, GOSMAX A D, PATANKAR S V, et al. Two calculation procedures for steady, three-dimensional flows with recirculation [M]. Berlin: Springer, 1973: 60-68.

[14] CASE J M. Effect of building geometry on wind loads on low-rise buildings in a laboratory-simulated tornado with a high swirl ratio [D]. Ames: Iowa State University, 2011.

[15] CHURCH C R, SNOW J T, AGEE E M. Tornado vortex simulation at Purdue University [J]. Bulletin of the American Meteorological Society, 1977, 58 (9): 900-909.

[16] CHURCH C R, SNOW J T. Laboratory models of tornadoes [J]. Geophysical Monograph Series, 1993, 79: 277-295.

[17] CHURCH C, SNOW J T, BAKER G L, et al. Characteristics of tornado-like vortices as a function of swirl ratio: A laboratory investigation [J]. Journal of the Atmospheric Sciences, 1979, 36(9): 1755-1776.

[18] CRAWFORD K. Experimental and analytical trajectories of simplified debris models in tornado winds[D]. Ames: Iowa State University, 2012.

[19] DAHL N A, NOLAN D S, BRYAN G H, et al. Using high-resolution simulations to quantify underestimates of tornado intensity from in situ observations[J]. Monthly Weather Review, 2017, 145(5): 1963-1982.

[20] DAVIES-JONES R P. The dependence of core radius on swirl ratio in a tornado Simulator[J]. Journal of the Atmospheric Sciences, 1973, 30(7): 1427-1430.

[21] DESSENS J J. Influence of ground roughness on tornadoes: A laboratory simulation[J]. Journal of Applied Meteorology, 1972, 11(1): 72-75.

[22] DIAMOND C J, WILKINS E M. Translation effects on simulated tornadoes[J]. Journal of the Atmospheric Sciences, 1984, 41(17): 2574-2580.

[23] DONG R, ZHAO L, GE Y J, et al. Investigation of surface roughness and its influence to flow dynamic characteristics of hyperbolic cooling tower [J]. Acta Aerodynamica Sinica, 2013, 31(2): 250-259.

[24] DOWELL D C, ALEXANDER C R, WURMAN J M, et al. Centrifuging of hydrometeors and debris in tornadoes: Radar-reflectivity patterns and wind-measurement errors[J]. Monthly Weather Review, 2005, 133(6): 1501-1524.

[25] DURANONA V, STERLING M, BAKER C J. An analysis of extreme non-synoptic winds [J]. Journal of Wind Engineering and Industrial Aerodynamics, 2007, 95 (9-11): 1007-1027.

[26] EGUCHI Y, HATTORI Y, NAKAO K, et al. Numerical pressure retrieval from velocity measurement of a turbulent tornado-like vortex [J]. Journal of Wind Engineering and Industrial Aerodynamics, 2018, 174: 61-68.

[27] ENGLISH E C, HOLMES J D. Non-dimensional solutions for trajectories of wind-driven compact objects[J]. EACWE 4, 2005: 104.

[28] ENOKI K, ISHIHARA T. A generalized canopy model and its application to the prediction of urban wind climate[J]. Journal of Japan Society of Civil Engineers,

2012,68(1):28-47.

[29] FALGOUT R D. An introduction to algebraic multigrid computing[J]. Computing in Science & Engineering,2006,8(6):24-33.

[30] FERZIGER J H,PERI C M,Street R L. Computational methods for fluid dynamics [M]. Berlin:Springer,2002.

[31] FIEDLER B. Suction vortices and spiral breakdown in numerical simulations of tornado-like vortices[J]. Atmospheric Science Letters,2009,10(2):109-114.

[32] FUJITA T T. Workbook of tornadoes and high winds for engineering applications [D]. Chicago:University of Chicago. 1978.

[33] GAIROLA A, BITSUAMLAK G. Numerical tornado modeling for common interpretation of experimental simulators[J]. Journal of Wind Engineering and Industrial Aerodynamics,2019,186:32-48.

[34] GONG B. Large-eddy simulation of the effects of debris on tornado dynamics[D]. West Virginia:West Virginia University,2006.

[35] HAAN F L,BALARAMUDU V K,SARKAR P P. Tornado-induced wind loads on a low-rise building[J]. Journal of structural engineering,2010,136(1):106-116.

[36] HAAN F L,SARKAR P P,GALLUS W A. Design,construction and performance of a large tornado simulator for wind engineering applications[J]. Engineering Structures,2008,30(4):1146-1159.

[37] HANGAN H,KIM J D. Swirl ratio effects on tornado vortices in relation to the Fujita scale[J]. Wind and Structures,2008,11(4):291-302.

[38] HANGAN H. The wind engineering energy and environment (WindEEE) dome at western university,Canada[J]. Wind Engineers JAWE,2014,39(4):350-351.

[39] HARVEY J K. Some observations of the vortex breakdown phenomenon[J]. Journal of Fluid Mechanics,1962,14(4):585-592.

[40] HOECKER W H. Wind speed and air flow patterns in the Dallas Tornado of April 2,1957[J]. Monthly Weather Review,1960,88(5):167-180.

[41] HOECKER W H. Three-dimensional pressure pattern of the Dallas tornado and some resultant implications[J]. Monthly Weather Review,1961,89(12):533-542.

[42] HOLMES J D,ENGLISH E,LETCHFORD C. Aerodynamic forces and moments on cubes and flat plates,with applications to wind-borne debris[J]. Proceedings of Bluff Body Aerodynamics and Applications,2004:103-106.

[43] HUANG D P,ZHAO S S,GAO G,et al. Disaster characteristics of tornadoes over China during the past 30 years[J]. Torrential Rain and Disaster,2016,35(2):97-101.

[44] HU H,YANG Z,SARKAR P,et al. Characterization of the wind loads and flow fields around a gable-roof building model in tornado-like winds[J]. Experiments in Fluids,2011,51(3):835-851.

[45] HUSCHKE R E. Glossary of meteorology[J]. Weatherwise,1959.

[46] ISHIHARAT,LIU Z Q. Numerical study on dynamics of a tornado-like vortex with touching down by using the LES turbulent model[J]. Wind and Structures,2014,19(1):89-111.

[47] ISHIHARA T,OH S,TOKUYAMA Y. Numerical study on flow fields of tornado-like vortices using the LES turbulence model[J]. Journal of Wind Engineering and Industrial Aerodynamics,2011,99(4):239-248.

[48] JISCHKE M C,LIGHT B D. Laboratory simulation of tornadic wind loads on a rectangular model structure[J]. Journal of Wind Engineering and Industrial Aerodynamics,1983,13(1):371-382.

[49] KASHEFIZADEH M H,VERMA S,SELVAM R P. Computer modelling of close-to-ground tornado wind-fields for different tornado widths[J]. Journal of Wind Engineering and Industrial Aerodynamics,2019,191:32-40.

[50] KAWAGUCHI M,TAMURA T,KAWAI H. Analysis of tornado and near-ground turbulence using a hybrid meteorological model/engineering LES method[J]. International Journal of Heat and Fluid Flow,2019,80:108464.

[51] KAY S M, MARPLE S L. Spectrum analysis—A modern perspective[J]. Proceedings of the IEEE,1981,69(11):1380-1419.

[52] KIKITSU H,SARKAR P P,HAAN F L. Experimental study on tornado-induced loads of low-rise buildings using a large tornado simulator[Z]. Amsterdam:The 13th International Conference on Wind Engineering,2011.

[53] KOSIBA K,WURMAN J. The three-dimensional axisymmetric wind field structure of the Spencer, South Dakota, 1998 tornado[J]. Journal of the Atmospheric Sciences,2010,67(9):3074-3083.

[54] KUAI L,HAAN F L,GALLUS W A,et al. CFD simulations of the flow field of a laboratory-simulated tornado for parameter sensitivity studies and comparison with field measurements[J]. Wind and Structures,2008,11(2):75-96.

[55] KUMAR M. Minimum design loads for buildings and other structures (ASCE Standard 7-05)[Z]. Reston,VA,2010.

[56] KUO H L. On the dynamics of convective atmospheric vortices[J]. Journal of the Atmospheric Sciences,1965,23(1):25-42.

[57] KUO H L. Axisymmetric flows in the boundary layer of a maintained vortex[J]. Journal of the Atmospheric sciences,1970,28(1):20-41.

[58] KUO H L. Vortex boundary layer under quadratic surface stress[J]. Boundary-Layer Meteorology,1982,22(2):151-169.

[59] LESLIE F W. Surface roughness effects on suction vortex formation: A laboratory simulation[J]. Journal of the Atmospheric Sciences,1977,34(7):1022-1027.

[60] LEWELLEN D C, LEWELLEN W S. Near-surface intensification of tornado

vortices[J]. Journal of the Atmospheric Sciences,2007,64(7):2176-2194.

[61] LEWELLEN D C,LEWELLEN W S,XIA J Y. The influence of a local swirl ratio on tornado intensification near the surface[J]. Journal of the Atmospheric Sciences, 2000,57(4):527-544.

[62] LEWELLEN W S, LEWELLEN D C, SYKES R I. Large-eddy simulation of a tornado's interaction with the surface[J]. Journal of the Atmospheric Sciences, 1997,54(5):581-605.

[63] LI T,YAN G,FENG R,et al. Investigation of the flow structure of single-and dual-celled tornadoes and their wind effects on a dome structure[J]. Engineering Structures,2019,209:109999.

[64] LILLY D K. Tornado dynamics[Z]. NCAR,1969.

[65] LIU Z Q,ISHIHARA T. Numerical study of turbulent flow fields and the similarity of tornado vortices using large-eddy simulations[J]. Journal of Wind Engineering and Industrial Aerodynamics,2015,145:42-60.

[66] LIU Z Q,ISHIHARA T. A study of tornado induced mean aerodynamic forces on a gable-roofed building by the large eddy simulations[J]. Journal of Wind Engineering and Industrial Aerodynamics,2015,146:39-50.

[67] LIU Z Q, ISHIHARA T. Study of the effects of translation and roughness on tornado-like vortices by large-eddy simulations[J]. Journal of Wind Engineering and Industrial Aerodynamics,2016,151:1-24.

[68] LIU Z Q, LIU H, CAO S. Numerical study of the structure and dynamics of a tornado at the sub-critical vortex breakdown stage[J]. Journal of Wind Engineering and Industrial Aerodynamics,2018,177(2):306-326.

[69] LUGT H J. Vortex breakdown in atmospheric columnar vortices[J]. Bulletin of the American Meteorological Society,1989,70(12):1526-1537.

[70] MARUYAMA T. Optimization of roughness parameters for staggered arrayed cubic blocks using experimental data[J]. Journal of Wind Engineering and Industrial Aerodynamics,1993,46-47:165-171.

[71] MARUYAMA T. Simulation of flying debris using a numerically generated tornado-like vortex[J]. Journal of Wind Engineering and Industrial Aerodynamics, 2011,99(4):249-256.

[72] MATSUI M,TAMURA Y. Influence of swirl ratio and incident flow conditions on generation of tornado-like vortex[J]. Proceedings of EACWE 5,2009.

[73] MAXWORTHY T. A vorticity source for large-scale dust devils and other comments on naturally occurring columnar vortices[J]. Journal of the Atmospheric Sciences,1973,30(8):1717-1722.

[74] MAXWORTHY T. The laboratory modelling of atmospheric vortices: A critical review[M]. Berlin:Springer,1982:229-246.

[75] MIN C,CHOI H. Suboptimal feedback control of vortex shedding at low Reynolds numbers[J]. Journal of Fluid Mechanics,1999,401:123-156.

[76] MISHRA A R,JAMES D L,LETCHFORD C W. Physical simulation of a single-celled tornado-like vortex,Part B: Wind loading on a cubical model[J]. Journal of Wind Engineering and Industrial Aerodynamics,2008,96(8-9):1258-1273.

[77] MITSUTA Y,MONJI N. Development of a laboratory simulator for small scale atmospheric vortices[J]. Journal of Natural disaster science,1984,6(1):43-53.

[78] MONJI N. Laboratory simulation of the tornado:Like vortices[J]. Journal of Wind Engineering,1982,12:3-19.

[79] MONJI N. A laboratory investigation of the structure of multiple vortices[J]. Journal of the Meteorological Society of Japan,1985,63(5):703-713.

[80] MONJI N,WANG Y K. A laboratory investigation of characteristics of tornado-like vortices over various rough surfaces[J]. Journal of Meteorological Research,1989,3(4):506-515.

[81] NATARAJAN D,HANGAN H. Large eddy simulations of translation and surface roughness effects on tornado-like vortices[J]. Journal of Wind Engineering and Industrial Aerodynamics,2012,104-106:577-584.

[82] NODA M,OKAMOTO R,YAMANAKA D,et al. Visualization of tornadoes based on characteristics of funnel clouds and flying debris[Z]. [S. l. :s. n.]2015.

[83] NOLAN D S,DAHL N A,BRYAN G H,et al. Tornado vortex structure,intensity, and surface wind gusts in large-eddy simulations with fully developed turbulence [J]. Journal of the Atmospheric Sciences,2017,74(5):1573-1597.

[84] NOLAN D S,FARRELL B F. The structure and dynamics of tornado-like vortices [J]. Journal of the Atmospheric Sciences,1999,56(16):2908-2936.

[85] OKA S,ISHIHARA T. Numerical study of aerodynamic characteristics of a square prism in a uniform flow [J]. Journal of Wind Engineering and Industrial Aerodynamics,2009,97(11-12):548-559.

[86] ORWIG K D,SCHROEDER J L. Near-surface wind characteristics of extreme thunderstorm outflows [J]. Journal of Wind Engineering and Industrial Aerodynamics,2007,95(7):565-584.

[87] PAULEY R L. Laboratory measurements of axial pressures in two-celled tornado-like vortices[J]. Journal of the Atmospheric Sciences,1989,46(21):3392-3399.

[88] PIERRE L S,KOPP G A,SURRY D,et al. The UWO contribution to the NIST aerodynamic database for wind loads on low buildings: Part 2. Comparison of data with wind load provisions [J]. Journal of Wind Engineering and Industrial Aerodynamics,2005,93(1):31-59.

[89] PRESS W H,Teukolsky S A,Vetterling W T,et al. Numerical recipes with source code CD-ROM 3rd edition: The art of scientific computing[M]. London:Cambridge

university press,2007.

[90] RAJASEKHARAN S G, MATSUI M, TAMURA Y. Characteristics of internal pressures and net local roof wind forces on a building exposed to a tornado-like vortex[J]. Journal of Wind Engineering and Industrial Aerodynamics,2013,112:52-57.

[91] RAJASEKHARAN S G,MATSUI M,TAMURA Y. Ground roughness effects on internal pressure characteristics for buildings exposed to tornado-like flow[J]. Journal of Wind Engineering and Industrial Aerodynamics,2013,122:113-117.

[92] RASMUSSEN E N,STRAKA J M. Evolution of low-level angular momentum in the 2 June 1995 Dimmitt,Texas,tornado cyclone[J]. Journal of the Atmospheric Sciences,2007,64(4):1365-1378.

[93] RAZAVI A,SARKAR P P. Laboratory study of topographic effects on the near-surface tornado flow field[J]. Boundary-Layer Meteorology,2018,168(2):189-212.

[94] REFAN M, HANGAN H. Characterization of tornado-like flow fields in a new model scale wind testing chamber[J]. Journal of Wind Engineering and Industrial Aerodynamics,2016,151:107-121.

[95] REFAN M, HANGAN H. Near surface experimental exploration of tornado vortices[J]. Journal of Wind Engineering and Industrial Aerodynamics,2018,175:120-135.

[96] REFAN M,HANGAN H,WURMAN J. Reproducing tornadoes in laboratory using proper scaling[J]. Journal of Wind Engineering and Industrial Aerodynamics,2014,135:136-148.

[97] RICHARDS P J,WILLIAMS N,LAING B,et al. Numerical calculation of the three-dimensional motion of wind-borne debris[J]. Journal of Wind Engineering and Industrial Aerodynamics,2008,96(10-11):2188-2202.

[98] ROTUNNO R. Numerical simulation of a laboratory vortex[J]. Journal of the Atmospheric Sciences,1977,34(12):1942-1956.

[99] ROTUNNO R, BRYAN G H, NOLAN D S, et al. Axisymmetric tornado simulations at high Reynolds Number[J]. Journal of the Atmospheric Sciences,2016,73(10):3843-3854.

[100] ROTZ J V,YEH G C,BERTWELL W. Tornado and extreme wind design criteria for nuclear power plants[Z]. Bechtel Power Corp., San Francisco, Calif. (USA),1974.

[101] SABAREESH G R,MATSUI M,YOSHIDA A,et al. Pressure acting on a cubic model in boundary-layer and tornado-like flow fields[Z]. [S. l. :s. n.]2009.

[102] SMAGORINSKY J. General circulation experiments with the primitive equations: Ⅰ. The basic experiment[J]. Monthly Weather Review,1963,91(3):99-164.

[103] SMITH D R. Effect of boundary conditions on numerically simulated tornado-like

vortices[J]. Journal of the Atmospheric Sciences,1987,44(3):648-656.

[104] SNOW J T. On inertial instability as related to,the multiple-vortex phenomenon [J]. Journal of the Atmospheric Sciences,1978,35(9):1660-1677.

[105] SNOW J T. A review of recent advances in tornado vortex dynamics[J]. Reviews of Geophysics,1982,20(4):953-964.

[106] TACHIKAWA M. Trajectories of flat plates in uniform flow with application to wind-generated missiles [J]. Journal of Wind Engineering and Industrial Aerodynamics,1983,14(1-3):443-453.

[107] TANG Z, FENG C D, WU L, et al. Characteristics of tornado-like vortices simulated in a large-scale ward-type simulator[J]. Boundary-Layer Meteorology, 2018,166(2):327-350.

[108] TANG Z, ZUO D L, JAMES D, et al. Effects of aspect ratio on laboratory simulation of tornado-like vortices[J]. Wind and Structures,2018,27(2):111-121.

[109] TARI P H,GURKA R,HANGAN H. Experimental investigation of tornado-like vortex dynamics with swirl ratio: The mean and turbulent flow fields[J]. Journal of Wind Engineering and Industrial Aerodynamics,2010,98(12):936-944.

[110] THAMPI H. Interaction of a translating tornado with a low-rise builsing[D]. Ames:Iowa State University,2010.

[111] WAN C A,CHANG C C. Measurement of the velocity field in a simulated tornado-like vortex using a three-dimensional velocity probe[J]. Journal of the Atmospheric Sciences,1972,29(1):116-127.

[112] WANG J,CAO S Y,PANG W,et al. Wind-load characteristics of a cooling tower exposed to a translating tornado-like vortex[J]. Journal of Wind Engineering and Industrial Aerodynamics,2016,158:26-36.

[113] WANG J, CAO S Y, PANG W, et al. Experimental study on effects of ground roughness on flow characteristics of tornado-like vortices [J]. Boundary-Layer Meteorology,2017,162(2):319-339.

[114] WANG K Y. Flying debris behavior[D]. Lubbock:Texas Tech University,2003.

[115] WARD N B. The exploration of certain features of tornado dynamics using a laboratory model[J]. Journal of the Atmospheric Sciences,1972,29(6):1194-1204.

[116] WILLS J,LEE B E, WYATT T A. A model of wind-borne debris damage[J]. Journal of Wind Engineering and Industrial Aerodynamics,2002,90(4-5):555-565.

[117] WILSON T. Tornado structure interaction: a numerical simulation[Z]. California Univ. ,Livermore (USA). Lawrence Livermore Lab,1977.

[118] WILSON T,ROTUNNO R. Numerical simulation of a laminar end-wall vortex and boundary layer[J]. The Physics of fluids,1986,29(12):3993-4005.

[119] WURMAN J, ALEXANDER C R. The 30 May 1998 Spencer, South Dakota, storm. Part Ⅱ: Comparison of observed damage and radar-derived winds in the

tornadoes[J]. Monthly Weather Review,2005,133(1):97-119.

[120] XU W, YUAN G Z, LIU Z, et al. Prevalence and predictors of PTSD and depression among adolescent victims of the Summer 2016 tornado in Yancheng City [J]. Archives of Psychiatric Nursing,2018,32(5):777-781.

[121] YANG Z F,SARKAR P,HU H. Visualization of flow structures around a gable-roofed building model in tornado-like winds[J]. Journal of Visualization,2010,13(4):285-288.

[122] YANG Z F,SARKAR P,HU H. An experimental study of a high-rise building model in tornado-like winds[J]. Journal of Fluids and Structures,2011,27(4):471-486.

[123] YUAN F P, YAN G R, HONERKAMP R, et al. Numerical simulation of laboratory tornado simulator that can produce translating tornado-like wind flow [J]. Journal of Wind Engineering and Industrial Aerodynamics, 2019, 190: 200-217.

[124] ZENG L Y,BALACHANDAR S,FISCHER P. Wall-induced forces on a rigid sphere at finite Reynolds number[J]. Journal of Fluid Mechanics,2005.

[125] ZHANG W,SARKAR P P. Effects of ground roughness on tornado like vortex using PIV[Z]. Proceedings of the AAWE workshop,2008.

[126] ZHANG W,SARKAR P P. Influence of surrounding buildings on tornado-induced wind loads of a low-rise building[J]. Engineering Structures,2009.

[127] ZHANG W,SARKAR P P. Near-ground tornado-like vortex structure resolved by particle image velocimetry (PIV)[J]. Experiments in Fluids,2012,52(2):479-493.

[128] PARANG M. Fluid dynamics of a tornado-like vortex flow [D]. Norman: University of Oklahoma,1975.